KB239837

독도 및 울릉도
竹島及鬱陵島

竹島及鬱陵島

죽도 및 울릉도

오쿠하라 헤키운(奧原碧雲) 저 | 권오엽 역주

한국학술정보[주]

한국학술정보[주]

편집상의 注記

* 본서는 명치 40년 5월 8일에 前田得一, 報光社에서 발행한 「竹島及鬱陵島」를 원본 그대로 인쇄하였습니다.

* 본문 중에는 분명한 오자·탈자가 보입니다만, 원본의 자료적 가치의 保持를 위해, 그대로 두었습니다.

* 본문 중에는 금일의 인권옹호의 견지에서 부당·부적격으로 생각되는 어구나 표현이 보입니다만, 초판 발행 시의 시대배경을 고려하여 그대로 두었습니다.

* 장정·제본은 열람성, 보존성을 향상시키기 위하여, 초판본과는 다른 제조법으로 하였습니다.

* 목차·논부루(페이지 번호)는 새로 기입했습니다.

이 역서는 1907년에 출판된 것으로 저자 奧原碧雲은 1935년에 몰하였음.

역서의 구상

奧原碧雲의 『竹島及欝陵島』는 일본이 독도를 침탈한 후에, 최초로 시찰한 저자가 기록한 것으로, 독도를 탈취한 시대적 배경과 사상을 이해할 수 있는 기록이다. 이런 기록을 통해 당시 일본이 의도했던 저의와 일본이 필요로 했던 논리를 이해하는 것이, 우회적인 방법 같지만, 일본의 의도를 파악하는 첩경이라고 생각한다. 그런 노력이 없었기에, 일본은 지금도 우리의 논리에 귀를 기울이기보다는 냉소하고 있다. 우리가 저지른 우가, 일본의 자료를 소화하지 못하고 반론을 편다는 것이다.

번역의 형태
1. 원문을 게재하고 그것을 해석한다.
1. 원문의 용어나 문맥이 의미하는 내용을 주로 해서 해설한다.
1. 일본어 표기는 원음에 가까운 표기를 위하여 일반적으로 생략하는 장음 「이」·「우」·「오」 등을 표기하기로 한다.
1. 「かきくけこ」는 「카키쿠케코」로, 「たちつてと」은 「타치쓰테토」, 「しゃしゅしょ」는 「샤슈소」, 「ちゃちゅちょ」는 「챠츄쵸」로 표기한다.
1. 본서를 해설하는 논문 奧原碧雲의 『竹島及欝陵島』를 부록으로 한다.

竹島及鬱陵島

　竹島は、森々たる北海の波上、天涯一沫の巖嶼たるのみ。しかも、日本海々戰に依て、全世界に紹介せられ、永く戰史にその名を貽すに至れり。之より先き數月、該島は、本邦領土に編人、仝時に鳥根縣所屬に定めらる、亦以て名譽の紀念となすへし。松永鳥根縣知事は、昨夏、先つ之を視察し、次て、今春、余等に命して、再ひ之か視察調査を爲さしめらる。こゝに於てか、余及ひその他の視察員並に便乘者一行四十余名、一小滊船第二隱岐丸を艤して航程に上る、時恰も荒天三月、海上穩かならす、怒濤狂瀾の澎湃鞺鞳として、動もすれば、進路を妨けんとするものありしも。幸に船長以下の熟錬と盡瘁とに賴て、險を冒し、苦を忍ひ、遂にその目的を達し、進んて韓國鬱陵島一班の視察を了へ、その視察調査せしところを復命せり。當時を回想をすれば、轉た凄愴たるものなきにあらす、編者奧原君は、筆を載せて同行セし一人なり、今般之か復命書等を參酌し、茲に「竹島及鬱陵島」を編纂公にせらる。而して、その沿革情勢を叙すること最も適實、盖し、世に資益するところ尠からさるを信す、その勞多とすへし。一言以て序となす

　明治三十九年七月

島根縣事務官

神西由太郎

　　죽도는 드높은 북해의 파도 위에 아득히 멀리 떨어진 곳에 있는 일말의 바위섬일 뿐이다. 그것도 일본해 해전으로 전 세계에 소개되어 전사에 길게 그 이름을 후세에 남기게 되었다. 이보다 수개월 먼저 이 섬은 본방녕토에 편입하어 동시에 롯토리켄 소속으로 정해져, 더욱 명예롭고 기념할 만하다. 마쓰나가 시마네켄 지사는 지난 여름에 우선 이를 시찰하고, 이어 올봄에 우리들에게 명하여, 다시 시찰 조사를 하게 하셨다. 여기서 나와 다른 시찰원 및 편승자 일행 40여 명은, 하나의 소기선 제2오키마루를 정비하여 항정에 올랐다.[주1] 마침 때가 악천후의 3월이라 해상이 잔잔하지 않고 파도가 치고 물결이 치솟아 소리가 요란하여, 움직이기라도 하면 진로를 방해하려고 하는 것 같다. 다행히 선장 이하 숙련과 노력에 의지하여, 위험을 무릅쓰고, 고통을 참아, 결국 그 목적을 이루어, 한국 울릉도 전반(一斑)의 시찰을 마치고, 그 시찰 조사한 것을 복명했다. 당시를 회상하면 사뭇 처참한 일이 없는 것이 아니다. 편자 오쿠하라 군은 붓을 들고 동행한 한 사람이다. 이번에 이 복명서를 참작하여, 여기에 『죽도 및 울릉도』를 공히 편찬하게 한다. 그리고 그 연혁 정세를 서술하는 것이 가장 적실(실제에 맞는다)하여, 아마도 세상을 도와 이롭게 하는 일이 적지 않을 것으로 믿는다. 그 노고가 많았을 것이다. 한마디를 서문으로 한다.

메이지 39년 7월

시마네켄 사무관

진자이 유타로우

동해와 니혼카이와 독도

독도문제는 연구하면 할수록 이해가 안 된다. 그중에서도 일본인들의 이중적인 상황논리라고 밖에 말할 수 없는 독도에 대한 그들의 정통성이다. 우리의 입장이 되어 한번만 생각해보면 금방 해결될 수 있는 것이 독도문제이다. 그럼에도 한일 간의 최대 문제로 남아 있다는 것은 일본이 한국을 대등한 상대로 보지 않거나, 이것으로 다른 문제가 제기되는 상황을 예방하는 방법인지도 모른다. 일본은 자신들이 주장하는 독도에 대한 정통성이 침략에 근거한다는 것 정도는 잘 알고, 침략이 전쟁을 방법으로 하는 침탈행위라는 것도 잘 알기 마련이다.

일본을 여행해본 한국사람이라면, 가장 시청하기 어려운 방송프로가 일기예보라는 것을 금방 느낄 것이다. 천기예보 천기정보 등으로 불리는 일기예보에는 반드시 「일본해」, 「일본해연안」이라는 말이 등장한다. 그 프로가 말하는 「일본해」란 우리의 동해이다. 우리가 사용하는 동해라는 말도 일본의 입장에서 보면 서해에 해당하여 모순이 없는 것은 아니다. 그러나 이 호칭은 중국을 중심으로 하는 19세기말까지의 천하사상에서 보면 크게 모순되는 것은 아니다. 적어도 「일본해」라는 말이 갖는 모순과는 비교가 되지 않는다.

「일본해」란 [日本之海]로 「일본의 바다」라는 의미이다. 우리와 일본 사이에 존재하는 바다를 일본의 바다라고 하는 것은 상대편에 존재하는 우리의 존재를 인정하지 않는다는 것이다. 일본이 동해를 일본해라고 고집하는 것은, 우리도 그렇게 호칭해달라는 것인데, 우리가 청진이나 흥남·원산·강릉·울산·부산 등의 해안에 서서 「아아름다운 일본해」라고 말할 수 있겠는가. 진정 일본은 그것을 원하는 것인가. 도저히 실현 불가능하다는 것은 일본이 더 잘 알 것이다. 그럼에도 매일같이 일기예보 시간을 통해 「일본해」라는 용어를 남발하는 것은, 일본이 자국민에게 침탈정책을 강요하는 것과 같은 일이다. 아무런 생각 없이 「일본해」라는 용어에 익숙해져 가는 일본인들은 자신도 모르게 영토전쟁에 몰입되어 가고 있는 것이다.

1980년대 초에 만경봉호로 유명한 니이가타를 구경간 일이 있다. 그곳에서 만난 후배 하나가 「선배님 이것이 그 낭만의 일본해입니다」라며 「일본해」라는 말을 익숙하게 사용했다. 내가 지적해도 거침이 없는 것으로 보아, 일기예보를 매개로 하는 일본의 침략정책에 함락된 것이 분명했다. 그 후에 만나는 유학생들도 별다른 저항감이 없이 사용하고 있었다.

나는 많은 일본친구를 가지고 있다. 일본에서 생활한 시간이 많으니 어쩔 수 없는 현상이겠으나, 같은 경험을 한 사람과 비교해도 나에게는 일본친구가 많은 것 같다. 그들에게는 많은 신세를 지고 있는데, 그들도 역시 「일본해」라는 말에 익숙하다. 그런데 내가 있으면 「일본해」라고 말했다 서둘러「아 동해, 동해다」라며 허둥댄다. 나에 대한 배려라고 생각하고「괜찮습니다. 일본해라고 하세요」라는 말로 대응한다. 일본은 상담이라는 말을 좋아한다. 그러면서도 나와 내친구가 불편하게 여기는 바다 이름하나 상담하는 기회를 만들어내지 않고 있다. 그러면서 연안지역의 지방자치단체들은「환일본해」의 교류를 도모한 일이 있다. 그것을 주관한 일본이, 그 명칭으로 일본과 중국 러시아 한국이 참여하는 모임이 원만히 이루어지리라고 생각했다면 큰 오산이었다. 일찍이 오오니시(大西)가 그 모순을 들고 해결방법까지 제시했으나 일본의 일기예보는 변함없이「일본해」라는 말을 남발하며 적대의식을 고양시키고 있다.

지난 1월에 아키다 출신의 일본친구와 함께, 그야말로「일본해연안」을 여행한 일이 있다. 음식도 맛있고 경치도 좋고 지역주민들도 평화스러웠다. 우리땅에 건너와서 침탈해갔던 자들의 후예라고는 도저히 생각할 수 없을 만큼 순박하고 친절한 얼굴을 하고 있었다. 일본의 각지를 여행해보았지만, 다음에 또 오겠다고 생각한 일은 그리 많지 않았는데, 아키다시에서 니카호시로 이어지는 지방의 아름다운 풍광과 인정, 그리고 맛있는 음식들은 나를 강력하게 유혹했다. 많은 사람들이「일본해」라는 용어를 애용하는 것에 불만을 느끼고 저항하는 내가 찾아갔기 때문인지, 동해의 동단, 즉「일본해」는 무섭게 으르렁댔다. 나에 대한 분노인가 아니면 호칭하나 정하지 못한 한일 양국민에 대한 조소인가는 모르겠지만, 하연 거품을 내뿜으며 날뛰고 있었다. 물새 한 마리가 바람에 거역하려 했으나 결국 날지 못하고 땅바닥에 내 팽개쳐지고 말았다. 내가 탄 기차까지도 정지시켰다. 지혜를 모아 슬기롭게 살아가라는 바람의 꾸중 같았다.

『죽도 및 울릉도』는 1907년에 발행된 책으로, 한국침략의 절정을 이루는 시기에 만들어졌다. 읽다 보면 참을 수 없는 모욕을 느낀다. 아무런 거리낌없이 우리를 열등민족으로 취급하고, 우리영토에서 자행하는 침탈행위에 대해 아무런 가책도 느끼지 않는 내용이다. 시대적 산물, 그 시대의 인식이 그러했었다고 이해하려 해도 한없는 굴욕감을 느껴 방향을 알 수 없는 분노가 끓어 오른다. 당시인들 조정의 관리들이 조국과 민족을 사랑하지 않았을 리 없다. 그럼에도 그들은 우리 강토와 국민들이 표현할 수 없는 수모를 당하게 했다. 조정관리의 의도가 아니었다고 이해하려 해도 분노를 억제할 수 없게 하는 내용이다.

을사보호조약만이 우리의 살길이라고 외쳤던 자들도 우수한 우리 민족의 일원이었고, 그들의 지식이나 능력은 범상하지 않았다. 그들이 현세에 환생한다 해도 고관대작의 자리에 오를 사람들이고 권력과 재력을 자유자재로 농락할 수 있는 능력자가 되어 있을 것이다. 범인들은 그런 자리에 이르지 못하여 그들을 지탄하는 데 자유로우나, 그 자리에 올라갈 수 있었다면 자유스럽기는커녕 지탄의 대상이 될 수도 있을 것이다. 상황을 가상하면 지탄의 대상은 존재할 수 없다.

당시의 대원군과 민비는 권력장악에 필사적이었고, 그것에 도움이 된다면 외세와의 결탁에도 주저하지 않았다. 아니 그것을 통하여 정적을 무너뜨리기에 여념이 없었다. 그러다 결국 대원군은 중국에게 민비는 일본에게 상상도 못한 수모를 당하고 말았다. 별로 공부한 것 같지 않은 젊은 청년들도 분수에 넘치는 권력을 행사하다 외세의 꼭두각시가 되어 비참한 결과를 초래하고 말았다. 그들은 지옥에 있건 천당에 있건 간에 우리 역사에 지은 죄는 갚아야 한다. 대원군과 민비가 양보하고 협력했다면 어떠했을까. 무엇 때문에 서로 으르렁거리다 나라를 멸망시키고 부끄럽게 죽어갔는가. 그들은 자신들이 국가를 경영할 능력이 없었다는 사실도 몰랐을 것이다. 또 국민들의 행복이나 민족의 융성 같은 것은 생각한 일도 없었는지도 모른다.

일본에 갔을 때 만난 친구가 그날 실시하는 아쿠네시(阿久根市)의 시장선거에 큰 관심을 보였다. 그것은 시의 재정에 비해 공무원의 급료가 높은 모순과 일하는 것에 비해 급료가 높은 시의회의 개혁을 주장하여 당선된 시장이, 개혁을 실행하여 많은 지지를 받게 되었다. 그러자 개혁이라는 명목과 시민들의 지지를 배경으로 지켜야 할 절차까지 무시하고, 시장의 권한을 주장하며 독선을 강행하다 탄핵을 당했고, 그것으로 이루어진 선거에서 다시 당선되었다 한다. 그러자 시민들의 지원을 배경으로 하는 개혁을 단행했다. 이전보다 더한 독선과 탈법이 개혁이라는 명목하에서 이루어지자 정부의 총무대신과 현지사가 나서 독선과 탈법을 만류할 정도였다. 그래도 시민의 지지를 내세워 소신을 관철시키려 했고 그 과정에 많은 실수와 약자를 경시하는 언동에도 용감했다. 실질을 숭상하는 지지세력의 응원에 젖어, 시장의 권한으로 해서, 인사이동, 급여조정 등을 독단적으로 강행했다. 그것으로 지지세력을 강화하는 일에는 성공했으나, 독단과 독선이 공인의 자격을 의심하는 비판을 불러들이기 시작하여 또다시 선거하게 되었다는 것이다. 대항하는 신인 후보는 행정경험이 없어 불안하다고 걱정하면서도, 시민들은 새로운 사람을 선택했다. 선거에 패배한 시장은 불만의 기색을 띠우며, 자신을 지지해주는 시민들의 응원에만 감사하고 있었다. 새로 당선된 시장에 대한 협조는 없겠다는 것을 쉽게 알 수 있는 낙선소감을 말하고 있었다. 친구는 일본의 민주주의를 위해 잘된 일이라며 기뻐했다.

목적이 아무리 좋아도, 이루어낸 결과가 아무리 좋아도 상대를 인식하지 않는 성취는 언제든지 역풍을 맞을 수 밖에 없다는 것을 확인시켜주는 선거 같았다. 다수를 위하는 정책이라며 소수의 이익을 무시하고 실질을 숭상한다며 약자에 대한 배려에 소홀했던 자가 경험할 수 밖에 없는 선거였다고 생각했다. 어쩌면 현재의 우리 상황과 똑 같은지도 모른다.

우리는 타협하지 않는 대립을 통해 국가를 잃은 경험을 가지고 있으며, 독도문제도 그 망국이 남긴 역사의 잔재이다. 삼국이 정립되어 패권을 다투다 외세의 힘을 빌린 신라가 고구려와 백제를 멸망시켜 우리의 활동범위를 좁혀놓았고, 조선의 망국이 남북의 대치상황을 만들고, 우리는 그 분단상황에서 서로가 정통성을 주장하는 가운데 하루하루를 살아가고 있다. 이미 남북이 상잔한 경험을 가졌으면서도 아직도 화합의 방법을 찾지 못하고 있다. 과격한 구호를 외치며 성장했던 나는 요즘 또다시 그런 상황을 경험하며, 외세에 의지하다 망국을 자초했던 대원군과 민비를 생각하곤 한다. 참으로 끔직한 상상이다.

요즘의 테레비젼은 소말리아 해적에게 납치되었던 선원들을 구출한 우리 해군의 무용담을 전하기에 바쁘다. 위기에 처한 국민을 국가가 보호해주었다는 의미에서 아주 잘한 일이다. 허지만 작전성공에 대한 과찬은 천안함 사건이나 연평도 포격 때 드러난 안보역량의 상당부분 해소된 것처럼 인식시킬 가능성도 있다는 『경향신문』의 사설에 동감한다. 작전의 성공을 이야기하려면 실패한 점도 같이 짚어야 하는데, 일방적인 성공담을 되풀이하는 것에서는 고등학생의 무용담을 듣는 것 같다. 더군다나 지금 현재 우리의 또 다른 선박이 소말리아 해적에게 나포 당해 있고, 그들은 앞으로 납치하는 한국선원은 살해하겠다는 협박을 공언하고 있다는 상황이다.

이『죽도와 울릉도』를 읽다 보면 느끼는 바가 각각이겠지만, 내가 심각하게 느낀 것은, 울릉도에 온 일본인들과의 이별을 슬퍼하며 재회를 기원하는 소년 김계동의 이야기와 일본인 상인 조합원이 되어 일본 공무원을 환영하는 시를 지어바친 김광호의 존재이다. 그들이 일본제국에 함락된 시간과 공간 속에서 어떻게 살아갔을까는 그리 어렵지 않게 상상할 수 있는 일이다. 그들과 같은 존재를 원하는 일본의 필요에 따라, 그들은 원하는 생활을 영위했기 마련이다. 그것은 친일행각으로 부귀영화를 누렸던 사람들을 통해 확인할 수 있는 사실이다. 그들은 일본제국의 침략정책에 순응하지 못하는 동포나 저항하는 민족을 조소하고 경멸하며 자신들의 변화에 만족하고 있었을 것이다. 조국의 망국보다는 자신의 영달을 꾀하는 세력이 상존한다는 것은, 개인의 이익이 단체의 이익에 우선한다는 원칙에 의해 어느 시대에도 존재한다. 따라서 국가경영을 책임진 자들은 그런 상황을 만들지 말아야 한다. 그런데 상의하지 않고 토론하지 않는 현실 속에서 지지자들의 의견만을 듣는 상황이나 공정하지 못한 결정을 내리고도 가장 공정했다고 말하는 것 등을 보고 있노라면 걱정이 된다.

우리가 정리하여 논리를 세우지 못하면, 우리의 것이 분명한 독도를 일본과 영유권 분쟁이 있는 것처럼 생각하게 하는 상황을 정리하지 못할 수도 있다. 독도문제에 대해서 많은 사람들이 의견을 이야기하면서도, 일본인들이 어떤 주장을 하는지, 그 주장의 진위가 무엇인지를 알려고 하는 사람은 많지 않다. 심한 경우에는 일본인들도 그럴 만한 이유가 있으니까 주장하겠지 라고 생각하는 사람도 있다. 진실을 알기 위한 노력을 게을리하는 사람의 극치이다. 이 문제를 일본이 풀어줄 리가 없는 이상, 우리가 노력하여 일본도 납득하지 않을 수 없는 논리를 우리가 구축해야 할 것이다. 그런 의미에서 본서를 번역하여 소개하는 일의 의미가 크다 할 것이다.

2011년 1월 23일
우산봉 자락에서
권오엽

凡例

一、書題して「竹島及び鬱陵島」といふ。卽ち、兩島の地勢、物産、生業、浴革等の現況を叙述せるものなリ。

一、竹島は、日本海の中心にありて、住民なく、樹木なき岩嶼にして、古來、松島の名称を以て僅に、當地方の漁人間に知られたるものなリ。

一、鬱陵島は、韓國江原道の海上にある大島にして、樹木鬱蒼(大竹を産する由傳ふれども誤なり)多數の住民を有し、古來、竹島の名称を以て、當地方に洽く知られるものあり。

一、元來、地理に關する事項は、實地を踏査せされば、精確を缺くこと少からず。この兩島の如きも、水路誌に、鬱陵島一名松島と掲載せられてより、從來の記録に見にたる竹島の記事を以て、直ちに新竹島のことと誤解セルも少からず、これ、余か竹島の沿革につきて、特に詳說せし所以なり。

一、本島の材料は、余か、余春、竹島視察員一行に加はりて、親しく踏査セしもの、及び視察員の復命書によリ、加ふるに、隱岐島の文書、新竹島經營者中井養次郎氏の談話等を參酌して編纂せり。

一、本書の資料蒐集並に出版につきては、視察員の一人中島善夫氏に負ふ處多し。こ、に特記して、その厚意を謝す。

明治三十九年五月二十八日大海戰一周年紀念日

奥原碧雲識

범례

1. 서제를 『죽도 및 울릉도』라 한다. 즉 양도의 지세, 광물, 생업, 연혁 등의 현황을 서술한 것이다.
1. 죽도는 일본해의 중심에 있으며, 주민은 없고, 수목이 없는 암서로, 예부터 송도라는 명칭으로 겨우 당 지방의 어민들 사이에 알려진 것이다.
1. 울릉도는 한국 강원도의 해상에 있는 큰 섬으로 수목이 울창(大竹이 난다는 이야기가 전하나 잘못이다)하고 다수의 주민이 있다. 고래로 죽도라는 명칭으로 당 지방에 널리 알려진 것이다.
1. 원래 지리에 관한 사항은 실지를 조사하지 않으면 정확성을 결여하는 일이 적지 않다. 이 양도 같은 것도 수로지에, 울릉도의 일명 송도라고 게재되어 있는 것에서, 종래의 기록에 보이는 죽도의 기사를 가지고, 곧 신죽도의 일로 오해하는 일도 적지 않아, 이것이 내가 죽도의 연혁에 대해, 특별히 상세하게 이야기한 이유다.
1. 본도의 재료는 내가 금년 봄에 죽도시찰원 일행에 참가하여, 몸소 답사한 것 및 시찰원의 복명서에 의하고, 더하여 오키노시마의 문서, 신죽도 경영자 나카이 요우지로우 씨의 필화 등을 참작하여 편찬했다.
1. 본서의 자료 수집 및 출판에 대해서는 시찰원의 한 사람 나카지마 요시오에게 도움을 받은 것이 많다. 여기에 특기하여 그 후의에 감사한다.

메이지 39년 5월 28일 대해전 일주년 기념일

오쿠하라 헤키운 식

죽도의 발견, 隱州視聽合紀에 보이는 竹島는 鬱陵島이다, 水路誌와 란코우루 列岸, 水路誌와 鬱陵島, 古書 舊記에 보이는 竹島의 기사는, 모두 新竹島가 아니다, 元祿 亨保 年間에 있었던 米子人 濱田人의 竹島渡航, 竹島所領에 관한 日韓의 交涉, 幕府의 竹島渡海禁止, 中井養三郎의 新竹島 經營, 新竹島의 領土編入, 日本海大海戰과 新竹島

鬱陵島

시찰원 편승자 일행이 탑승하고 죽도를 향해 隱岐國西鄕港에서 출범하려고 한다.

第二隱岐丸[총톤수 228噸]

前列左에서 (1) 雪吹教諭 (2) 植田縣會議員 (4) 岡崎囑托醫師 (5) 吉田局長 (6) 中西事務官 (7) 東島司 (8) 賀山 警部 (9) 川澄屬 (10) 小喜多技手

2列左에서 (1) 船田書記 (2) 原稅務屬 (3) 吉田新聞記者 (7) 高橋重太郎 (8) 屬技手 (9) 小林農事試驗場技手 (10) 酒井淸太郎 (11) 大野寫眞師

3列左에서 (1) 藤井敎喩 (3) 和泉豊吉 (4) 角屬 (6) 上田屬 (7) 和久利屬 (8) 奧原碧雲 (9) 田中金太郎 (11) 松浦書記

4列左에서 (1) 香川敏德 (2) 中島技手 (3) 中井養三郎 (4) 面高水産試驗場技手 (5) 佐藤久次郎

竹島視察員一行[隱岐 島廳玄關에서 大野寫眞師撮影]

좌는 東嶼, 우는 西嶼
로 중간의 대암 뒤에
조그맣게 두각을 보이
는 것은 松永 지사가
명명하신 觀音岩이다.
수많은 암초가 좌우에
나열하고, 수백 년래의
새똥이 퇴적하여 암색
이 희다. 기천만의 海
鱸는 좌우 兩嶼 주위
및 부근 암초에 올라
잠을 잔다.

죽도전경 제2隱岐丸
갑판 위 오오노 사진사
촬영

판자로 지붕을 이은 가옥은 군위로 문전에 두 사람의 소아가 받쳐 들고 있는 것은 조선국기. 그 오른쪽에 조선복을 입고 서 있는 것은 군수. 그 오른쪽의 소년은 掌璽官이다. 도 전면의 좌단에서 (4)는 土商議所頭取 (5)는 진자이 사무관 (6)은 전 군수

鬱陵島郡衙門前(大野 사진사 촬영)

울릉도의 동북 해상에 있다.

三本立의 절경(大野 사진가 촬영)

圖　　海
38°
37°
36°
鬱陵島
竹島
隱岐
KOREA
朝鮮
竹邊津
浦項
迎日灣
釜山
松江
出
雲
石見
濱田
見
21-22
729°
730°
731°
732°
733°
734°

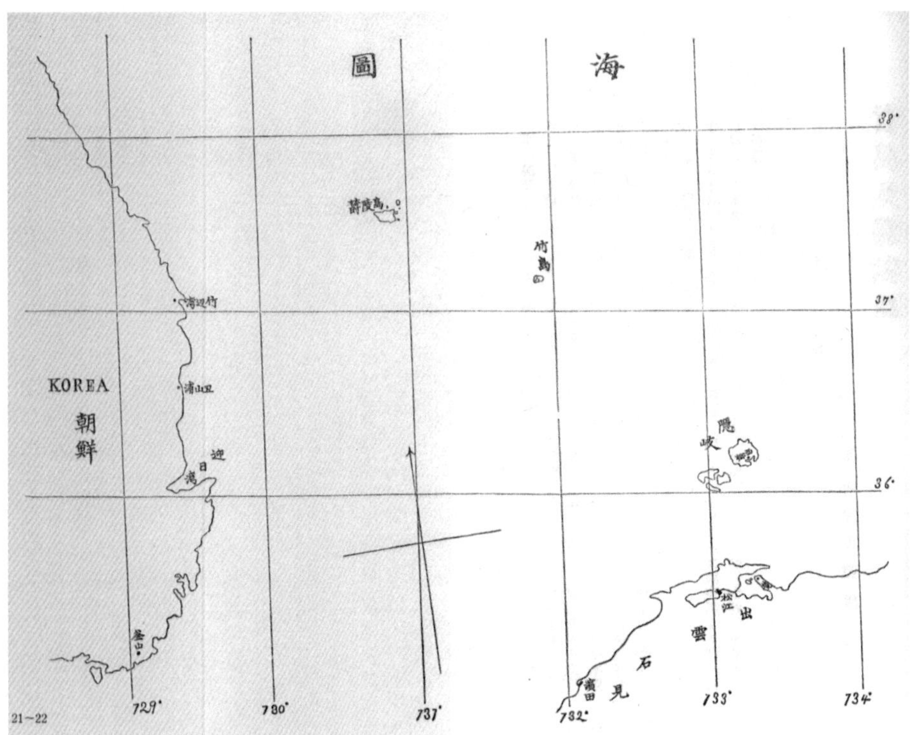

海圖

竹島及鬱陵島
奥原碧雲 編纂

竹島

第一地理

一．位置

　竹島は、日本海の中心にある一群の岩嶼にして、北緯三十七度九分三十秒、東経一百三十一度五十五分0秒に位し、隱岐國の西端を距る八十五浬の西北西郷港より約一百浬(第二隱岐丸實測)の海上にあり。

　죽도는 일본해 중심에 있는 일군의 암서로 북위 37도 9분 30초, 동경 131도 55분 0초에 위치하며, 오키노쿠니의 서단에서 떨어지길 85해리의 사이고우항에서 약 1백 해리(제2오키마루 실측)의 해상에 있다.

二．地勢

　本島は、元リアンコール列岩(Liancourt)と稱し東西二個の岩嶼と、數十の小礁とより成り、東嶼に海拔二百二十六尺、西嶼は海拔三百八十一尺、突兀として海面に屹立し、兩嶼相距ること僅に三町、その間にある觀音島は、昨年八月、松永島根縣知事視察の際、命名せる處なり。寒潮巖脚を浸蝕して、處々に洞窟を穿ち、風浪土壤を洗ひ去りて、半腹以下、また一片の土塊を止めず、岩貌動もすれば崩壊す。沿岸は、すべて斷崖絶壁にして、恰も屛風を列するが如く、西嶼は、ことに峻嶮にして登攀すべからず。東嶼は、稍緩夷にして、辛うじて、頂点の一角、元海軍望樓のありし處に登攀するを得べし、而して、全島岩骨露出して、上部僅に輕土を被り、雜草を生ずるの外一の樹木を見ず。近海は水深くして、紺碧數十尋をはかり、海底は不規則なる岩石にして、船舶の投錨に適せず。全島一の碇泊所を有せざるを以て、一朝風浪の襲ふあらば漁舟すら、なほ避難點を有せずといふ。

　본도는 원래 리안코ー루 열암이라고 칭하고 동서 두 개의 바위섬과 수십의 작은 암초로 구성되어, 동서에 해발 226척, 서서는 해발 381척, 돌월하게 해면에 흘립하여, 양 도가 서로 떨어지길 겨우 3정으로, 그 사이에 있는 관음도는 작년 8월에 마쓰나가 시마네 현 지사가 시찰할 때 명명한 곳이다. 차가운 여울이 암각을 침식하여 곳곳에 동굴을 파고, 풍랑이 토양을 쓸고 가서, 중턱 이하에 약간의 흙도 남겨두지 않아, 바위는 움직이기라도 하면 붕괴한다.[주2] 연안은 모두 단애 절벽으로 마치 병풍을 늘어세운 것 같다. 서도는 특히 험준하여 등반할 수가 없다. 동서는 약간 완만하여 가까스로 정점의 일각, 원래 해군 망루가 있었던 곳에 등반할 수 있다. 그리고 전도가 암골을 노출하고, 상부를 약간의 흙이 덮어 잡초가 자라는 것 이외에 하나의 수목도 보이지 않는다. 근해는 물이 깊고 검푸름이 수십 발로, 해저는 불규칙한 암석으로, 선박이 닻을 내리기에 적합하지 않다. 전도가 하나의 정박소도 가지지 못해, 일단 풍랑이 덮치면 어선조차 피난처를 찾지 못한다 한다.

三. 面積

本嶼は岩貌險峻にして、精密なる調査を遂ぐる能はざれども、今回視察員の概測によれば、その面積左の如し。

東嶼	周回	拾町	面積	五町四反歩
西嶼	仝	拾五町	仝	拾六町八反歩
其他小嶼			仝	壹町壹反參畝歩
			合	廿參町三反參畝歩

본 섬은 바위가 험준하여 정밀한 조사를 수행할 수 없지만, 이번에 시찰원의 계측에 의하면 그 면적은 아래와 같다.

동도	둘레	10정	면적	5정 4반보
서도	동	15정	동	16정 8반보
기타소도			동	1정 1반 3무보
			합	23정 3반 3무보

四. 地質

東嶼は、火山質なる安山岩より成り、中央は純然たる噴口なし、孔窪直下して海水を湛へたり。これ全く海中の噴火山たることを知るに足る。

西嶼は、全部の踏査をなす能はざりしも、到る處に、安山岩質の凝灰岩存在せしを以て、安山岩玄武岩の凝灰岩より成れるが如し。

동도는 화산질인 안산암으로 되어 있고, 중앙은 순수한 분화구가 없다. 빈 구멍이 수직으로 뻗으며 바닷물을 담고 있다. 이것으로 해중의 분화구라는 것을 알기에 족하다.

서도는 전부 답사를 할 수 없었지만 이르는 곳마다 안산암질의 응회암이 존재하여, 안산암, 현무암의 응회암으로 이루어진 것과 같다.

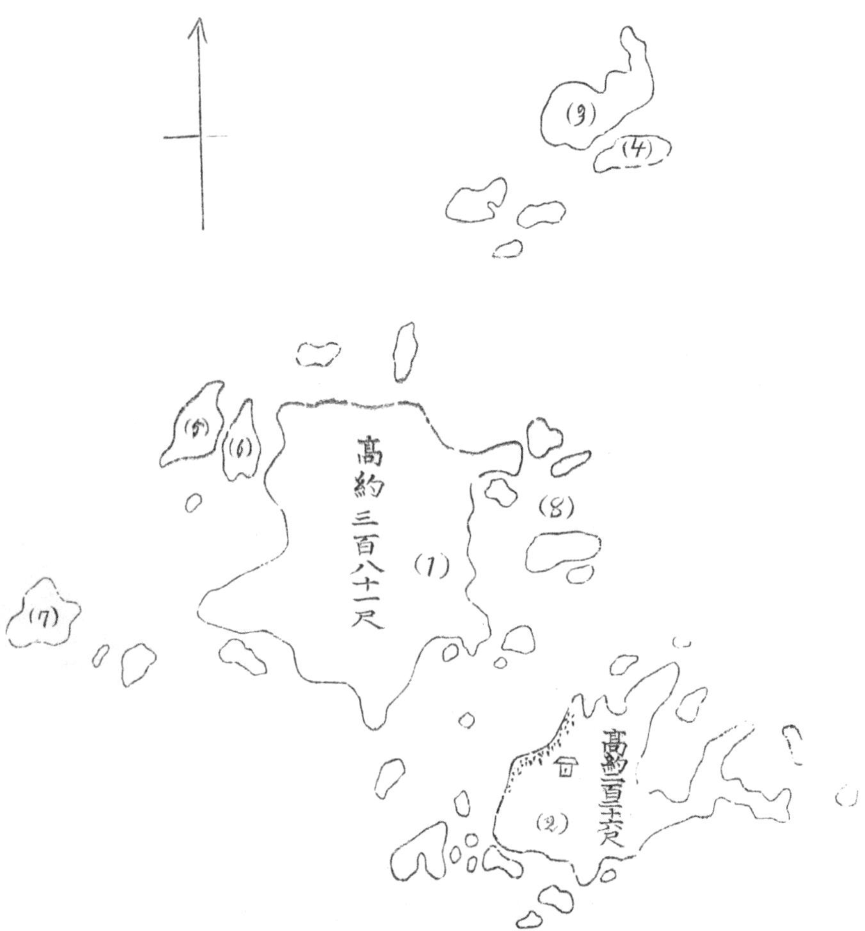

(1) 周圍約十五町 주위 약 15정　　(2) 仝十町　동 10정
(3) 仝二町　동 2정　　(4) 仝一町　동 1정
(5) 仝一町强 동 1정 강　　(6) 仝一町　동 1정
(7) 仝一町弱 동 1정 약　　(8) 仝一町弱 동 1정 약

第一號圖面竹島見取平面圖

第二 気候

一. 溫度及雨量

　絶海無人の岩嶼にして、夏季漁獵期の外、渡航するものなきを以て、溫度の高低、氣象の如何を精查する能はずといへとも、毎年梅雨期より七月頃に至るの間海驢漁獵の爲渡航せるものの言に依れば、島根縣沿海地方に比して、稍高溫なるが如く、比較的雨量は少けれども濃霧の日多しといふ。視察の當日、卽ち三月二十七日午前十時における氣溫氣壓を、境及び濱田測候所の氣溫氣壓に對照すれば左の如し。

　　境　　　氣溫七度二　　　　　氣壓七百六十八・五ミリメトル
　　濱田　　氣溫七度九　　　　　氣壓七百六十七・九ミリメトル
　　竹島　　氣溫八度四　　　　　氣壓七百六十六ミリメトル
　　　　　　　　　　　　　　　（溫度は攝氏を用ふ、以下同じ）

　절해 무인의 바위섬으로, 하계의 어렵기 이외에는, 도항하는 자도 없어 온도의 고저, 기상의 여하를 정밀하게 조사할 수는 없었으나, 매년 장마기간에서 7월에 이를 동안에 강치 어렵을 위해 도항하는 자의 말에 의하면, 시마네켄 연해 지방에 비하여, 약간 고온인 것 같고, 비교적 우량은 적어도 농무가 끼는 날이 많다 한다. 시찰하는 당일, 즉 3월 27일 오전 10시의 기온, 기압을 사카이 및 하마다 측후소의 기온 기압에 대조하면 좌와 같다.

　　사카이 기온 7도 2　　　　기압　768.5㎜
　　하마다 기온 7도 9　　　　기압　767.9㎜

죽도   기온 8도 4   기압 766㎜(온도는 섭씨. 이하 동)

第三 生物

一. 動物

　本島は、生木なき無人の岩島なるを以て、陸産動物は甚だ僅少なれど
も、海産動物は比較的夥多なるが如し。今回視察の實見したるものを擧
ぐれは左の如し。

　海驢 カモメ 鵜 カメノテ カキ フヂツボ 鮑 ヨメガサラ
　イガヒ イソキンチヤク カセゴ 等

　また、出漁者の言によれぱ、

　大鼠 鷹 雀 カハラスズメ 黒鳩 赤蜻蛉 蠅 蚋 鯵 トビウヲ クヅダヒ 鰈
平目 鰤の兒 サザエ ニナ クラゲ
　等も棲居すといふ。

　본도는 나무가 없고 사람이 없는 바위섬으로, 육지 동물은 아주 적
지만 해산동물은 비교적 많은 것 같다. 이번 시찰에서 실견한 것을
들어 보면 좌와 같다.
　강치, 갈매기, 가마우지, 거북다리, 굴, 굴등(藤壺), 전복, 요메가사
라, 홍합, 말미잘, 쏨뱅이 등.
　또 출어자들의 말에 의하면,
　큰 쥐, 매, 강변참새, 검은 비둘기, 빨간 잠자리, 파리, 파리매, 전갱

이, 날치, 쿠쓰다히, 가자미, 넙치, 방어, 소라, 다슬기, 해파리
  등도 서식하고 있다.

二. 植物

　本島は、岩骨露出して土壌は僅に上平部を被ふに過ぎざれば、全島一の樹木なく、雜草の處々に生長せるのみ。視察の際、東嶼の頂上に登りて、實見せしもの左の如し。
　　イタドリ　ベソケイサウ　ハマナデシコ　ハマニガナ
　　海藻には

　　海苔（ノリ）　ホンダハラ　グラシルービア　テソグサ　コツノマタ
　等なりき、西嶼は登攀するを得ざりしも、東嶼と大同小異なるべし。
　　東嶼の頂上に、稍平担なる土地あり、その面積僅に二三反步に過きざれども、出漁者の食料とすべき蔬菜類等を栽培するを得べぎ見込あり。今回視察記念として神西事務官東島司岡技手等は岩土を穿掘して土と共に松苗數株を移植せり。

　본도는 암골이 노출하여 토양은 겨우 상부를 덮는 것에 지나지 않아, 전도에 한 그루의 수목이 없고, 잡초가 곳곳에 자랄 뿐이다. 시찰할 때 동도의 정상에 올라 실견한 것은 아래와 같다.
　감제풀, 꿩의비름, 해변패랭이꽃, 해변씀바귀
　해초에는
　김, 모자반, 구라시루비아, 우뭇가사리, 고쓰노마타
　등이 있다. 서도는 등반할 수 없었지만 동도와 대동소이할 것이다.

동도의 정상에 약간 평탄한 토지가 있다. 그 면적의 경우 2, 3반보에 지나지 않지만, 출어자의 식료로 해야 하는 채소류 등을 재배할 수 있는 것으로 보였다. 이번 시찰기념으로 진자이 사무관과 아즈마 도사 오카 기사 등은 암토를 파고 흙과 함께 소나무 묘목 수 그루를 심었다.

第二號 圖面 竹島實地踏査地質圖

第四　漁業

一. 潮流

　本嶼附近の潮流は方向區々にして一定せず。然れとも三四浬の沖合に於ては、概ね北方流にして、その速力一日約十浬なり。

　視察當日(三月二十七日)西嶼を距ることこと約一浬の處にして測りたる海水溫度左の如し。

　　午前九時　　　　氣溫. 八度　　　　海水溫. 九度
　　正午　　　　　　氣溫. 八度九分　　海水溫. 八度
　　　　海水の比重は兩面とも一、〇二五なりき。

　조류

　본도 부근의 조류는 방향이 구구하여 일정하지 않다. 그렇다 해도 3, 4리 먼 바다의 곳은, 대개 북방류로 속력은 하루에 약 10리다.

　시찰 당일(3월 27일) 서도를 약 10리 떨어진 곳에서 측정한 해수온도는 아래와 같다.

　　오전 9시　　　　기온 8도　　　　해수온 9도
　　정오　　　　　　기온 8도 9분　　해수온 8도
　　　　해수의 비중은 양면 모두 1,025다.

二. 海深

　東嶼を距ること東方約一浬の處は、二十七尋乃至三十七尋にして、低質は礫、または不規則なる岩石あるが如し。

また、東嶼の北岸を距ること約五十間の處にて試測せしに、十五尋の
深さを有し、西嶼を距ること北方約一浬の處にて三十五尋をはかれり。
而してその海底は岩石なるが如し。

해심

동서를 약 1리 떨어진 동방의 곳은 27심 내지 37심으로, 바닥은 자
갈 또는 불규칙한 암석 같다.

또 동서의 북안으로 약 15간 떨어진 곳에서 시측했더니, 15발(1발
은 1,515m)의 깊이가 있었고, 서서를 북방 약 1리 떨어진 곳에서는 35
심을 재었다. 그리고 그 해저는 암석 같았다.

三. 漁礁

漁礁は短時間の調査なりしを以て、發見すること能はざりき。

어초

어초는 단시간의 조사여서 발견할 수 없었다.

四. 漁港

沿岸は、すべて斷崖峭立して、漁舟といへども繫留するに足る所なし。

어항

연안은 깎아지른 듯 높이 솟아, 어선이라 해도 계류하기에 알맞은

곳이 없다.

五. 漁獲物の種類

本嶼の近海に棲息繁茂せる海獸類、漁類、海藻類の主なるもの左の
如し。

海獸類	海驢 鯨 マイルカ シヤチ カマイルカ 等
漁類	鱶 鰮 鯖 柔魚 鰭 鮪 鮪兒 飛魚 メバル ツツリ 等
海藻類	和布 海苔 ホンダハラ スヂモ テングサ アヲサ 等
貝類	ヨメガカサラ サザエ カメノテ 鮑 螺類 等

されど、本嶼において、將來有望なる漁獵は、海驢獵のみにして、鮑
の潛水機捕獵も多少望あるが如し。海苔、和布は全島一面に群生すれ
ども、冬季は海波高きを以て、渡航採集の途なく、鱶は夏季に於て來集
することあるも、未だ捕獲の途を講ずるものなし。釣漁は僅に出漁者の
食料に供するに過ぎず。

要するに、本岐は飮料水なくまた、漁港を有せざるを以て海驢獵者
が、辛うじて、夏期數月間、渡航漁業を營むの外、ほとんど望を燭すべ
き漁業なきが如し。

어획물의 종류

본도의 근해에 서식 번무하는 해수류, 어류, 해조류의 중요한 것은
아래와 같다.

해수류	강치, 고래, 돌고래, 범고래, 가마돌고래 등
어류	상어, 정어리, 고등어, 오징어, 만세기, 큰 다랑어,

다랑어, 날치, 볼락, 쓰쓰리 등

해조류　　　　　미역, 김, 모자반, 스지모, 우뭇가사리, 파래 등.

패류　　　　　　꽃양산조개, 소라, 거북다리, 전복, 고동류 등

그래도 본서에서 장래가 유망한 어렵은 강치렵뿐으로 전복의 잠수기 포획도 다소 희망이 있을 것 같다. 김, 미역은 전도 일면에 군생하지만 동계는 파도가 높아 도항하여 채집할 방도가 없다. 낚시는 겨우 출어자의 식료를 대는 것에 지나지 않는다. 요컨대 문제는 음료수가 없고 또 어항을 가지지 못하여 강치 어렵자가 겨우 하계 수개월간 도항 어업을 경영하는 것 외에 거의 기대할 어업이 없는 것 같다.

六. 海驢漁獵の基因

商業または鮑採捕のため鬱陵島へ渡航の途中、本岐に海驢の群棲するを實見せしは、久しき以前の事なれども、該獸を捕獲して、內地に輸送するに至りしは、僅に八九年以前なるが如し。

今を距ること八九年前、隱岐國の漁夫、鬱陵島にて難破せし漁港搜索のため、本島に渡航せしに、海驢の群棲せるを見、五六十頭撲殺して內地に送り、相當の利益を得しことあり。三四年前より、西鄕の住人中井養三郎氏、また海驢捕獲に從事し、將來有益の事業なるを發見するや、各地の漁夫これを傳聞して、續々渡島し、競爭の結果、盛に濫獲するに至れり。仝氏は深くこれを憂慮し、その筋に向つて領土編入を請願し濫獲豫防と海驢保護の方法とを講じ、仝時に　該獸漁獵の專有權を得んことを出願せりこの擧は偶々以て領土編入の動機をつくりしものか、遂に三十八年二月二十二日を以て該島を島根縣の所屬となし、隱岐島司の所管と定めらる々に至たれり。而して、海驢漁獵は、島根縣に於て、之れを許可漁業と爲し同年六月中井養三郎外三名に漁獵の許可を與へたり彼等は合資組織の會社を設立し、共同營業となし、以て今日に至たれり。

　강치어렵의 기인

　상업 또는 전복 채집을 위해 울릉도에 도항하는 도중 본기(竹島)에 강치가 떼 지어 사는 것을 실제로 본 것은 오래전의 일이지만, 해수를 포획해서, 내지에 수송하게 된 것은 겨우 8, 9년 이전인 것 같다.

　지금부터 8, 9년 전에 오키노쿠니의 어부가 울릉도에서 난파해서 어선을 수색하기 위해 본도에 도항하여 강치가 군서하는 것을 보고 5, 60마리를 박살하여 내지로 옮겨 상당한 이익을 얻은 일이 있다. 3, 4년 전부터 사이고우의 주민 중 나카이 요우자부로우 씨 또한 강치 포획에 종사하여 장래가 유망한 사업이라는 것을 발견하자, 각지의 어부들이 이것을 전해 듣고 속속 섬에 건너가 경쟁한 결과, 함부로 남획하기에 이르렀다. 동씨는 이것을 깊이 우려하여, 그 관계기관을 향해 영토편입을 청원하여 남획예방과 강치보호의 방법을 강구하고, 동시에 해수어렵의 전유권을 얻는 것을 출원했다. 이 거사는 우연하게도 영토편입의 동기를 만든 것일까. 마침내 38년 2월 22일에 해도를 시마네켄의 소속으로 하고, 오키도사의 소관으로 정하는 것에 이르렀다. 그리고 강치 어렵은 시마네켄에서, 이것을 허가어업으로 하여, 동년 6월에 나카이 요우자부우로 외 세 명에게 어렵의 허가를 주었다. 그들은 합자조직의 회사를 설립하여, 공동영업으로 해서 오늘에 이르렀다.

七. 海驢保護方法案

　保護方法の確立せるもの未たなし今中井養三郎氏の案を聞くに其の要
領左の如し。

一、一ヶ年間に、牡は丈け八尺以下のもの、及び五百頭以上、牝及
　　び幼兒は、各五十頭以上を捕獲せざること。

一、全島四分の一廣さを保護場と定め、巡獵せざること。

一、鯱、鱶類を驅逐すること。

一、保護場は實況に應じ幾年かを隔てて輪轉すること。

一、保護場以外は實況に應じて、或は毎日各局部を巡獵し、或は幾
　　日かを隔てて各部を輪番に巡獵する等甚酌を加ふること。

一、捕獲の方法を改善し、爆聲を發せざる獵具を以て、海中に於て
　　捕獲し得るに至らんことを務むること。

강치보호방법안

보호방법을 확립한 것이 아직 없어 지금 나카이 요우자부로우 씨
의 생각을 들으니 그 요령이 아래와 같다.[주5]

1. 1년간에 수컷은 길이 팔 척 이하의 것, 그리고 500마리 이상, 암
　　컷 및 새끼는 각각 50마리 이상을 포획하지 않는 것.

1. 전도의 4분의 1 넓이를 보호장으로 정하고 순렵하지 않는 것.

1. 범고래, 상어류를 구축하는 것.

1. 보호장은 실황에 응하는 몇 년 간격으로 윤전할 것.

1. 보호장 이외는 실황에 응하여, 혹은 매일 각 국부를 순렵하고,
　　혹은 며칠 간격으로 여러 곳을 윤번으로 순렵하는 등 요량하여

처리할 것.

1. 포획의 방법을 개선하여, 포성을 내지 않는 엽구로, 해중에서 포
   획할 수 있도록 노력할 것.

八. 捕獲

漁期は、毎年四五月頃より、七八月頃にして、會社は、多數の漁夫を渡航せしめ、獵小屋及び製造納屋を建設して、漁期間滯在し、專ら捕獲製造に從事せり。

漁具は刺網を用ふ。その使用法は、網を洞門に沈設し、その兩端は、岸上なる二人の漁夫それを支持し、他の漁夫は、窟內に潛伏せる海驢を逐ひ出すなり、かくする時は海驢は驚怖のあまり、全速力を以て進行し來りて、網目にかかりて、遂に斃死するなり。

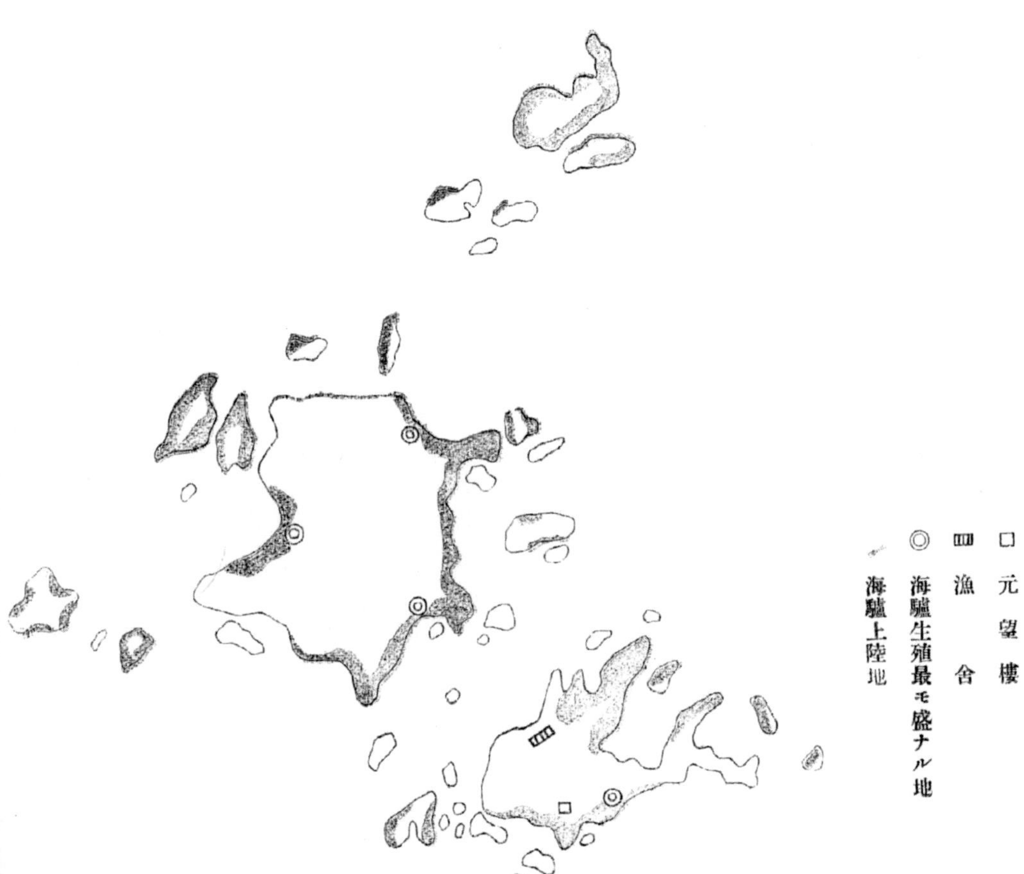

┐: 망루
▥: 어사
◎: 강치 생식이 가장 성한 곳
▮: 강치 상륙지

제3號圖面 강치 생식지 및 상륙지

포획

어기는 매년 4, 5월경부터 7, 8월경으로 해서, 회사는 다수의 어부를 도항시켜, 어렵의 소옥 및 제조창고를 건설하고, 어렵 기간에 체재하여, 오직 포획 제조에 종사했다.

어구는 자망을 사용한다. 그 사용법은, 망을 동굴 입구의 물속에 친다. 그 양 끝은 물가 위에 있는 두 어부가 그것을 잡고, 다른 어부는 굴 안에 잠복한 강치를 몰아낸다. 그렇게 하면 강치는 놀란 나머지 전속력으로 달려와서, 그물에 걸려, 마침내 넘어져 죽게 된다.

その他、銃殺、撲殺の方法行はる。銃殺法は主として陸上に上がり居るものを狙撃するなり。されど、頭腦部に命中せざれば、負傷のまま入水して遁るることありといふ。今回視察の際右の三方法を實際に行ひ海驢九頭を捕獲せり內一頭は之を生擒し歸廳の後衛生試驗の用に供したりき。

그 외에 총살, 박살의 방법을 행한다. 총살법은 주로 육상에 올라가 있는 것을 저격하는 것이다. 그러나 두뇌부에 명중하지 않으면, 부상을 입은 채로 입수하여 도망치는 일이 있다 한다. 이번 시찰 때 위의 세 방법을 실제로 행하여 강치 9마리를 포획하여 그중 1마리는 이것을 생포하여 귀청한 후에 위생시험용으로 제공했다.

九. 製造

海驢の皮を剝ぎ取り、食鹽を肉付の方に撒布して貯藏し、內地に輸送して製革す。また、皮下にある脂肪は、これを煎沸して油を採取し、肉は煮熟して乾燥せしめ、肥料となす。幼兒の肉は之を食料に供するを得其の味鯨の赤肉に似て稍臭氣あり。

製革は、帽子の庇、鞄、背囊、烟草入、紙入等に使用す。また凍結を防ぐの特質を有し、防寒用具に適すといふ。

牡皮は、鹽漬のままにて大坂にて百ポンド八圓、牝皮は十二圓位なり。これ牡は爭闘を好む故、疵あると、皮厚くして量目のかさむが故なり。

脂肪は非常に多量にして、牡の大なるものよりは、四斗以上を得るといふ。交尾を終れば脂肪大に減少して、二斗未滿となる。その價格は二斗入一函、三圓內外なり。

今、昨三十八年中に捕獲せし頭數及び製造高を示せば左の如し。

捕獲總數 一千〇三頭

　內

　牡　五百三十四頭

　牝　三百三十九頭

　子 百三十頭

鹽皮總量三千七百五十貫三百五十一匁(もんめ)

　　內

　牡 皮 三千四十九貫八百卅八匁　（平均一頭五貫七百十匁）

　牝 皮 六百三十六貫三百三匁　　（平均一頭一貫八百七十七匁）

　子 皮 六十四貫三百二十匁　　　（平均一頭四百九十四匁）

採取油總量三千二百貫目（三百二十箱）　　　（一頭平均六升四合弱）

油煎粕總量百四十四貫七百匁　　　（一頭平均百四十四匁）

肉總量五百十四貫七百匁　　　（一頭平均五百十四匁）

骨總量二百五十貫匁　　　（一頭平均二百五十匁）

제조

강치의 껍질을 벗겨, 식염을 육부 쪽에 살포해 저장하여, 내지에 수송해서 제혁한다. 또 피하에 있는 지방은, 이것을 삶아서 기름을 채취하고, 고기는 삶아서 건조시켜, 비료로 한다. 새끼의 고기는 이것을 식료로 제공할 수 있다. 그 맛이 고래의 붉은 살과 닮아 약간 냄새가 있다.

제혁은 모자의 차양, 가방, 배낭, 담뱃갑, 지갑 등에 사용한다. 또 동결을 방지하는 특질이 있어 방한용구에 적합하다고 한다.

수컷의 껍질은 소금에 절인 채로 오사카에서 100파운드에 8엔, 암컷의 가죽은 12엔 정도이다. 이것은 수컷이 싸움을 좋아해서, 상처가 있으면, 껍질이 두껍게 되어 중량이 늘기 때문이다.

지방은 매우 많아서, 수컷의 큰 것에서는 4말 이상을 얻는다 한다. 교미를 마치면 지방이 크게 감소해, 2말 미만이 된다. 그 가격은 2말 들이 한 상자가 3원 내외이다. 지금 지난 38년 중에 포획한 마릿수 및 제조고를 나타내면 아래와 같다.

총 포획 수 1,003두

    내역

    수컷   534두

    암컷   339두

    새끼   130두

소금절이 가죽의 총량 3,750관 351돈

    내역

    수컷   3,049관 838돈(평균 1두에 5관 710돈)

    암컷   636관 303돈(평균 1두에 1관 877돈)

　　새끼　　　64관 320돈(평균 1두에 494돈)

　　채취한 기름의 총량 3,200관(320상자)(1두 평균 6승 4합약)

　　기름찌꺼기 총량 144관 700돈(1두 평균 144돈)

　　고기 총량 514관 700돈(1두 평균 514돈)

　　뼈 총량 250관돈(1두 평균 250돈)[주7]

十. 海驢の性狀

　海驢は島根縣地方にてはミチと通稱す、またトドともいふ。(トダまた
はトトと稱するはアイヌ語なり、(バチラー氏アイヌ和英辭典)形狀膃肭獸
に似て梢大きく性質遲鈍にして常に岩上に熟眠を貪る地方の諺に人のよ
く眠るを「ミチ」の如しといへるは蓋しこれに基因せるならんその群集期
は、年々多少の遲速あれども、梅雨前に於て最も多く群集し、多き時は
萬を似て數ふべし。視察當時にありても、千を似て數ふるに至れり牝ま
づ來りて牡これにつぐ。海上にて交尾し、岩上にて分娩す。分娩後十四
五日にして、最も盛に交尾するものにして、牝は二歲に達すれば、交尾を
なすといふ。姙身一ヵ年にして、一回に一頭を分娩す。生兒の身長は約
一尺四五寸なり。哺孔期三ヶ月間位にして、初は海岸に近き水を泅ぎ、
漸次海洋に浮沈するに至る。而して、幼兒は、本島の岩窟にて越年す。

　雄雌の配合は一夫多妻にして、約一牡につき三十牝の割合なり。牡
の大なるものは、長さ一丈に達し、重量百五十貫目に及ぶものあり。牝
の大なるものは六尺位に達す。牝牡ともに、はじめは灰色なれども、牝
は歲を經るに從ひ、白色となり、牡は黑味を帶ぶるもの多し。また牡は
歲を經るに從ひ、頭上白色となり、且つ稍尖れるを似て、牝と區別し得

べし。

牝は生兒を愛すること非常にして、自已の兒と他の兒を識別するものの如く、もし乳牝を捕殺すれば、その幼兒は餓死するに至るといふ。

牡は、爭鬪を好み、交尾期に於てことに甚しく、生疵つねに絶江ずといふ。

食物は魚類烏賊等にして、牝及び幼兒は、和布の莖を食ふを見る。

강치의 성상

강치는 시마네현 지방에서는 미치라고 통칭한다. 또 도도라고도 한다(토다 또는 토토라고 칭하는 것은 아이누어다)<바치라 하지메 씨의 아이누 화영사전>. 형상은 물개를 닮았고 약간 크고 성질은 느려 항상 바위 위에서 숙면을 즐긴다. 지방의 속담에 잘 자는 사람을 '미치'와 같다고 말하는 것은 역시 이것에 기인한 것일 것이다. 그 군집기는 해에 따라 다소 지속이 있으나 장마 전에 가장 많이 군집하여, 많을 때는 만을 헤아린다. 시찰 당시에도 천을 헤아릴 정도였다. 암컷이 먼저 오고 수컷이 이것을 따라온다. 해상에서 교미하고 바위 위에서 분만한다. 분만 후 14, 5일에 가장 왕성하게 교미하는 것으로, 암컷은 2세에 이르면 교미한다고 한다. 임신은 1년에 1회에 한 마리를 분만한다. 새끼의 신장은 약 1척 4, 5촌이다. 포유기는 3개월간 정도로, 처음에는 해안 가까운 물에서 헤엄치다 점차 해양에 부침하게 된다. 그리고 유아는 본도의 동굴에서 해를 보낸다.

웅자의 배합은 일부다처로 수컷 하나에 암컷 약 30 정도의 비율이다. 수컷의 큰 것은 길이가 1장에 이르고 중량은 150관에 이르는 것도 있다. 암컷의 큰 것은 6척 정도에 이른다. 암수 모두가 처음에는 회색이지만 암컷은 해가 지나면서 백색이 되고, 수컷은 검정을 띠는 것이 많다. 또 수컷은 해가 지남과 더불어 두상이 백색이 되고 또 약간 뾰족하여 암컷과 구별할 수 있다.

암컷은 새끼를 아주 사랑하여, 자기 새끼와 다른 새끼를 구별하는 것 같아, 만일 젖을 주는 어미를 박살하면, 그 새끼는 아사하게 된다 한다.

수컷은 투쟁하기를 좋아하는데, 교미기에는 특히 심해, 상처가 항상 그치지 않는다 한다.

먹는 것은 어류, 오징어 등으로, 암컷 및 유아는 미역의 줄기를 먹는 것을 보았다.

十一. その他の漁獵

鮑　潜水器業者の鬱陵島に出漁の途次寄嶼し、二三日間採捕するものと、鬱陵島に出漁中、快晴の日を見計らひ、二三日間渡航するものとあり。蓋し、狹小なる岩嶼なるを似て、二三日間にして採取の場所なきに至るならん。

海苔　岩付海苔は全嶼一面に群生せるも、採取するものなし。これ冬季海上危險にして、渡航する能はざるが故なり。されば海驢漁期より一ヶ月前に渡航採取すれば、相の收益あるべし。

和布　海苔と同じく群生すれども、採取するものなし。

鱶　每年夏季に至れば、群生して海驢を襲撃するなり。されど、海底深く潮流急なるを似て、底延繩は、ほとんど見込みなし。兩嶼の海峽に群來せる時、刺網を使用して捕獲ば相當の收利あるべし。

기타 어렵

전복 잠수기 업자가 울릉도에 출어하는 도중에 섬에 들러 2, 3일간 채포하는 자와 울릉도에 출어했을 때 쾌청한 날을 보아 2, 3일간 도항하는 자가 있다. 그러나 협소한 암도이기에 2, 3일간에 채취할 장소가 없게 된다.

김 바위에 붙은 김은 전도 모두에 군생하지만 채취하는 자가 없다. 이는 동계의 해상이 위험하여 항해할 수 없기 때문이다. 그래서 강치 엽기보다 1개월 전에 도항하여 채취하면 상당한 이익이 있을 것이다.

미역 김과 같이 군생하지만 채취하는 자가 없다.

상어 매년 하계가 되면 군생하며 강치를 습격한다. 그래도 해저가 깊고 조류가 빠르기 때문에 저연승은 거의 가망이 없다. 양도의 해협에 떼지어 올 때 자망을 써서 잡으면 상당한 수익이 있을 것이다.

第五　漁民生活の狀況

一.　住民

　本嶼は、二百五十年以前より隱岐の漁民によりて發見せらたれども、生木なき絶海の無人島として、僅に漁民間に知られしのみ。現今に至るも、なほ住民なくただ、毎年四五月頃より、七八月に至るの間、海驢漁獵者の假住するのみ。

어민생활의 상황

주민

본서는 250년 이전부터 오키의 어민에 의해 발견되었지만, 나무가 없는 절해의 무인도로서, 겨우 어민들 사이에 알려졌을 뿐이다. 현재에 이르러서도 아직 주민이 없고 다만 매년 4, 5월경부터 7, 8월에 이르는 동안에 강치 어렵자가 임시로 살 뿐이다.

二. 飮料水

島內飮料水なし。ただ西嶼に潴水一ヶ所あり。海水と雨水との混合せるものにして、多量の鹽分を含み、有色有毒にして、飮料水に適せず。又東嶼の中腹に、水の滴下する所あり。この水は、約一反步の急峻なる土壤中を通過せし雨水と認むべきものにして、少しく淡黃色を帶び、臭氣を有せず、微々たる鹽分を含む。大桶にうけ、濾過して使用せしも、飮料水としては不適當なりしを似て、出漁者は、すべて飮料水を隱岐島より輸送せり。

今右滴水の水質試驗成績を揭ぐれば左の如し。

本水は、黃色透明、無味無臭にして、反應は殆んど中性を徵し、尙ほ化學試驗を遂げしに、水百万分中

有機質	多量	三三、〇〇〇以上	亞硝酸	檢出せず
格魯兒		九六〇、三〇〇	石灰	多量
硫酸	中量		鐵	檢出せず
安母尼亞	痕跡		若上	微量

硝酸　　　　檢出せず

右の結果により飮料として使用に堪へざるものと認めらる。

(衞生技術員調査)

음료수

도 내에 음료수가 없다. 그저 서서에 웅덩이가 한 군데 있다. 해수
와 빗물이 혼합된 것으로 다량의 염분을 포함하여 색이 있고 독이 있
어 음료수로 적합하지 않다. 또 동서의 중간쯤에 물이 방울져 떨어지
는 곳이 있다. 이 물은 약 1반보의 급준한 토양 속을 통과한 빗물로
보아야 하는 것으로, 약한 담황색을 띠고 냄새가 없으며, 약간 염분을
포함한다. 큰 통에 받아 여과하여 사용해도 음료수로서는 적당하지
않아 출어자는 모든 음료수를 오키섬에서 수송했다.

　지금 위 적수를 수질시험성적을 들면 아래와 같다.

　이 물은 황색 투명하고 무미무취하여, 반응은 거의 중성을 보이고
또 화학시험을 했더니, 물 백분 중에,

유기질	다량	33,000 이상	아초산	미검출
격노아		960,300	석회	다량
유산	중량		철	미검출
암모니아	흔적		약상	미량
초산	미검출			

위 결과에 의해 음료로 사용하기에 적합하지 않다고 인정된다.

(위생기술원 조사)

三．生活狀態

　兩大嶼相對する處、東嶼の沿岸に狹小なる砂礫濱あり。この所に竹
島漁獵合資會社の獵小屋二棟あり。夏期漁獵者の假住する處にして、
漁舟は、すべて、この砂礫上に引き揭げおくなり。されど、風浪激烈な
る時は、往々破碎流失することあり。また、岩石崩壞して危害を及ぼさ
んとすることあり。されど、この處を措きて、全島中獵小屋を構ふべき
地なく、內地より輸送せる食物飲料水によりて僅に生活するなり。もし
飲料水缺乏する時は、やむを得ず、東嶼の滴水を用ふることあれど、脚
氣症を誘致するの恐ありといふ。

　要するに、衣食住の材料悉く缺乏を似て、從來居住せしものなく、た
だ、數年前より海驢業者の時々渡航せると、潛水器漁業者の鮑採集の
ため寄航せるにすぎず。また曾つて海軍望樓の設置ありて、巖角を開鑿
島徑を通じ、頂上に營造物を建設し職員の居住せしことありしも、現今
は引き拂はれて、人影なし。昨三十八年の如きはその職員と、海驢漁業
者の各地より來集したる者として、一時五六十人に及びたることありと
いふ。

생활상태

　두 개의 큰 섬이 서로 마주하는 곳, 동서 연안에 협소한 자갈밭이
있다. 이곳에 죽도어렵합자회사의 어렵 소옥이 두 동 있다. 하기에 어
렵자가 임시로 거주하는 곳으로 어선은 모두 이 자갈밭에 인양해 둔
다. 그래도 풍랑이 격렬할 때는 때때로 파괴 유실되는 일이 있다. 또
암석이 붕괴하여 위해를 끼치는 경우도 있다. 그래도 이곳을 제외하

고는 섬 안에 어렵소옥을 준비할 곳이 없어, 내지에서 수송한 음식 음료수로 겨우 생활한다. 만일 음료수가 결핍할 때는 할 수 없이 동서의 적수를 사용하는 일이 있어 각기병을 일으킬 우려가 있다 한다.

요컨대 의식주 재료가 매우 결핍하여 종래에 거주한 자가 없고, 그저 수년 전부터 강치업자가 가끔 도항하거나, 잠수기 어업자가 전복 채집을 위해 기항하는 것에 지나지 않는다. 또 과거에 해군 망루를 설치하여, 암각에 구멍을 파고 세워, 정상에 조영물을 건설한 직원이 거주한 일이 있었으나, 지금은 퇴거하여 사람의 그림자가 없다. 작년 38년 같은 때는 그 직원과 강치 어업자가 각지에서 모여든 자들로, 한때 56인에 이른 일도 있었다 한다.

第六　沿革

竹島の始めて世人に知られしは、何年前なりしか、知るによしなしといへども、隱岐の漁夫等は、早くより、これを發見せしものの如し。その記録にあらはれしは、隱州視聽合記を似て嚆矢とす。同書は、今を距ること二百四十年前寬文七年(西曆千六百六十七年)出雲の士、齋藤某の編纂せるものにして、同氏は藩命によりて、隱岐を巡撫し、窮井遠鄉を跋涉して、その餘暇には、老農、遺叟、釣夫、山僧の逸話を蒐集し、山村水郭靈社古刹の所在傳說を筆記して、若干卷を得、名つけて、隱州視聽合記といふ、云々と序文に見ゆ。その一節に、

隱州在北海中、故云隱岐島(中略)從是南至雲州美穗關三十五里、
辰巳至伯州赤崎浦四十里、未申至石州溫泉津五十八里、自子至

卯無可往地、戌亥間行二日一夜有松島、又一日程有竹島〈俗言
磯竹島、多竹魚海鹿、按神書所謂五十猛歟〉此二島無人之地、
見高麗如雲州望隱州、然則日本之乾地、以此州爲限矣云々。

죽도가 처음으로 세상사람들에게 알려진 것은 몇 년 전일까. 알 수 있는 방법이 없다지만 오키의 어부 등은 일찍부터 발견한 것 같다. 그 기록에 나타난 것은 은주시청합기를 효시로 한다. 동서는 지금부터 240년 전 간분 7년(서기 1667년) 이즈모의 선비 사이토우 아무개가 편찬한 것으로, 동씨는 번의 명에 의해 오키를 순무하여, 그 고을의 구석진 먼 곳까지 산을 넘고 물을 건너고, 남은 시간에는 늙은 농부, 노인, 낚시꾼, 스님의 일화를 수집하여, 물가에 있는 마을의 일과 산간에 있는 마을의 일 또 신사나 고찰의 소재나 전설을 필기하여 약간의 책이 되어, 이름하여 은주시청합기라고 한다. 운운이라고 서문에 보인다. 그 일절에

인슈우는 북해 중에 있다. 따라서 오키섬이라 한다. (중략) 남으로 향하면 운슈우의 미호노세키로 35리이다. 남동쪽으로 가면 하쿠슈우의 아카사키우라로 40리이다. 남서쪽으로 가면 세키슈우의 오노쓰로 58리이다. 북에서 동까지의 방향에는 갈 수 있는 토지가 없다. 그런데 북서 방향으로 2일과 1야를 가면 송도가 있다. 그곳에서 다시 1일 정도에 죽도가 있다<그곳이 세상에서 말하는 이소타케시마로 대나무나 물고기, 강치가 풍부하다. 생각건대 신서(일본서기: 역자주)에서 말하는 이소타케루인가>. 이 두 섬은 무인의 땅이다. 이곳에서 고려를 보는 것은 운슈우에서 인슈우를 바라보는 것과 같다. 이렇게 보면 일본의 한계란 이 주를

말하는 것으로, 이곳을 한계로 하는 것이다. 운운.

また、文政六年(西暦千八百二十三年)大西教保氏が隱州視聽合記に
倣へて編纂せる遠記古記集には、一層これを詳記せり。卽ち、

上略、島の惣廻り十六里、又未申の方五十八里にして石州溫泉律
に至り、辰巳の方四十里伯州赤崎あり。卯の方凡百里にして若州
小濱に至り、丑寅の方凡百三十里餘能州に當る、亥の方四十餘里
にして松島あり、周り一里程にして生木なき岩島といふ。又西の方
七十餘里にして竹島あり、古より是を磯竹島と傳ふ、竹木繁茂し
て大島の由、是より朝鮮を望めば、隱州より雲州を見るより稍近
し、今朝鮮人來りて住す。云々。

또 분세이 6년(서기 1823년)에 오오니시 타카야스 씨가 은주시청합기
를 본받아 편찬하는 원기고기집에는, 한층 이것을 상세히 기록했다. 즉
상략, 섬의 총 둘레 16리 또 서남쪽 58리에 세키슈우 오노쓰에
이르고, 동남쪽의 40리에 호우키의 아카자키가 있다. 동쪽으로
대개 100리로 하여 와카슈우의 오하마에 이르고, 북동쪽으로 대
개 130여 리의 거리로 노우슈우에 이른다, 서북방향 40여 리에
송도가 있다. 주위 1리 정도로 생목이 없는 암도라 한다. 다시 서
쪽 70여 리에 죽도가 있다. 옛날부터 이를 이소타케시마라 한다.
대나무가 번성하는 큰 섬이기 때문이다. 이곳에서 조선을 바라
보면, 인슈우에서 운슈우를 보는 것보다 약간 가까워, 현재 조선
인이 와서 살고 있다. 운운.

　以上二書は、隱岐の漁夫等が實驗談を採錄せるものにして、机上の編纂物とは大に趣を異にす。卽ち、隱岐の西北四十里の海上に松島ありて、生木なき岩島なりと記せるは、明らかに、今回本領土に編入せられし新竹島をいへるものにして、次に隱岐の西北七十餘里にして竹島ありと記せるは、竹木繁茂せる(今、竹はなし)大島なること、朝鮮人の居住せること、朝鮮を望見し得ることより推せば、いかに考ふるも、リアンコール列岩の新竹島と見ること能たはず。元來、雲伯地方の漁人が竹島と稱せしは、皆鬱陵島のことにして現今、なほ、地理らに暗きものは、新領土の竹島を以て、從來稱へ來たりし樹木蔚々たる竹島と誤解し、鬱陵島のわが領土に入りしものの如くおもへるもの少なからず。試に、雲伯沿海の漁人にして、數回竹島に渡航せりと稱するものにつきて、質問せんか、かれ等は、得々として、樹木蓊鬱良材に富み、住民多く、漁利夥多なるを以て答ふべしこれ卽ち、島根鳥取地方にて稱へ來たりし竹島は鬱陵島たりしことあきらかなり。

　이상의 두 책은, 오키의 어부 등이 실험담을 채록한 것으로서, 책상 위의 편찬물과는 크게 의미를 달리한다. 즉 오키의 서북 40리의 해상에 송도가 있고, 생목이 없는 암도라고 기록한 것은 분명히 이번에 본 영토에 편입된 신죽도를 말하는 것으로, 다음에 오키의 서북 70여 리에 죽도가 있다고 기록한 것은, 대나무가 번성하는(지금 대나무는 없음) 큰 섬(대도)이라는 것, 조선인이 거주하고 있다는 것, 조선을 망견할 수 있다는 것으로 추정하면 어떻게 생각해도 리안코-루 열암의 신죽도로 볼 수 없다. 원래 운하쿠 지방의 어부가 죽도라고 칭하는 것은 울릉도를 말하는 것으로 현재도 지리에 어두운 자는 신영토 죽도를 가지고 종래에 칭해 온 수목이 울창한 죽도와 오해하여, 울릉도가 우리 영토로 편입된 것처럼 생각하는 자가 적지 않다. 시험 삼아 운하쿠 연안의 어부로, 여러 차례 죽도에 건너갔다고 말하는 자에게 질문하면, 그들은 득의양양하게 수목양재가 풍부하고, 주민이 많고, 어업의 이익이 많다고 대답할 것이다. 이것은 곧 시마네 돗토리 지방에서 칭해 온 죽도가 울릉도였다는 것을 분명히 말하다.

また文化元年(西曆千八百四年)北邊經營に一生の心血を注ぎたる近藤守重が、若心慘憺の結果各種の地圖を參酌し、十數年の歲月を經て、完成したる邊要分界圖考を閱するに同書考定分界圖中、明かに、日本海中に松島竹島の二島を記載し、鬱陵島を以て竹島とし、新竹島を以て松島とせり。

その他、地誌提要には

土俗相傳ふ、福浦より松島に至る海路凡そ六十九里、竹島に至る海路凡そ百里、朝鮮に至る海路凡そ百三十六里、云々

福浦は、隱岐國島後の西北にある小港にして、朝鮮方面に渡航する帆船は、從來ここにて風待せし處なり。

또 분카 원년(서역 1804년)에 북변경영에 일생 심혈을 기울인 콘도우 모리시게가 고심참담한 결과 각종 지도를 참작하여, 십수 년의 세월에 걸쳐 완성한 변요분계도고를 열람했더니 동서의 고정분계도 중에 명확히 일본해 중에 송도와 죽도 2도를 기재하고, 울릉도를 죽도라고 하고 신죽도를 송도로 했다.

그 밖에 지지제요에는

토속에 전하기를, 후쿠우라에서 송도에 이르는 해로 약 69리, 죽도에 이르는 해로 약 100리, 조선에 이르는 해로 약 136리, 운운. 후쿠우라는 오키국 도우고의 서북쪽에 있는 작은 항구로, 조선 방면에 도항하는 범선은 종래 여기서 바람을 기다렸던 곳이다.

以上列記せる所によれば、何れも鬱陵島を竹島とし、新竹島を松島と稱せしが如し。然るに水路誌はこれを轉倒して、鬱陵島一名松島とし、新竹島をリアンコールト列岩とし佛國船の發見となせり、試に水路誌の記事を引用せん、[주8]

リアンコールト列岩、此列岩ハ、洋紀一八四九年、佛國船「リアンコールト」初テ之ヲ發見シ、稱呼ヲ船名ニ取ル、其後一八五四年、露國ノ「フレガット」形艦「バラス」ハ、此列岩ヲ「メナライ」及ビ「ヲリがツァ」列島ト名ケ、一八五五年、英艦「ホルネット」ハ、此列岩ヲ探險シテ「ホルネット」列岩ト名ケタリ、該艦長「フォルシイス」ノ言ニヨレバ、此列岩ハ、北緯三十七度十四分、東徑百三十一度五十五分ノ處ニ位スル、二箇ノ不毛岩嶼ニシテ、鳥糞常ニ嶼上ニ堆積シ嶼色爲ニ白シ、而シテ、北西徑西至南東徑東ノ長サ約一浬、二嶼ノ間距離約二鏈半ニシテ見タル處一礁脈アリテ之ヲ連結ス。○西嶼ハ海面上高サ約四百十呎ニシテ、其形棒糖ノ如シ、東嶼ハ較低クシテ、平頂ナリ。○此列島附近ハ水頗ル深キガ如シトイヘドモ、其位置ハ、實ニ、函館ニ向テ日本海ヲ航行スル船舶ノ直水道ニ當レルヲ以テ、頗ル危險ナリトス。

リアンコールト岩ノ測定、米合衆國水路部告示第四三號(明治三十五年十月)ニヨレバ、該國軍艦「ニウヨーク」ハ、日本海航海ノ際、

「リアンコールト」列岩ノ位置ヲ確定センタメ、經度測テ施シ、倂セテ緯度測テ行ヒ、其結果、該列岩位置ヲ左ノ如ク定メタリ。

　北緯三十七度九分三十秒

　東經百三十一度五十五分0秒

이상 열기한 것에 의하면, 모두 울릉도를 죽도라고 하고, 신죽도를 송도라고 칭한 것 같다. 그런데 수로지는 이것을 전도하여 울릉도를 일명 송도라 하고, 신죽도를 리안코－루토 열암이라고 하여, 불란서 배의 발견으로 했다. 시험삼아 수로지의 기사를 인용한다.

　리안코－루토 열암, 이 열암은 양기 1849년에 프랑스 선박 '리안코－루토'가 처음으로 발견하여, 칭호를 배 이름에서 취했다. 그 후 1854년에 러시아의 '후레갇토'형함 '바라스'는 이 열암을 '메나라이' 및 '오리가쓰아' 열도라고 이름하고, 1855년에 영국함 '호루넫토'는 이 열암을 탐험하여 '호루넫토' 열암이라고 이름지었다. 해당 함장 '훠루시이스'의 말에 의하면, 이 열암은 북위 37도 14분 동경 131도 55분의 곳에 위치한다. 두 개의 불모 암도로 새똥이 항상 섬 위에 퇴적하여 섬의 색이 희다. 그리고 북서에서 서, 남동에서 동에 이르는 길이가 약 1리, 두 섬 간의 거리 약 2련 반의 곳에 보이는 곳의 하나의 늘어선 암초가 이들을 연결한다. ○서서는 해면상에 높이 약 410척으로 그 모양이 송곳 같다. 동서는 비교적 낮아 봉우리가 평평하다. ○이 열도 부근은 물이 아주 깊은 것 같다고 말하나, 그 위치는 그야말로 하코다테를 향해 일본해를 항해하는 선박의 직수도에 해당하여 아주 위험하다 한다.

리안코-루토 열암의 측정, 미합중국 수로부 고시 제43호(메이지 35년 10월)에 의하면 해당국 군함 '뉴요-쿠'는 일본해를 항해할 때 '리안코-루토' 열암의 위치를 확정하기 위해, 경도를 측정하고 더불어 위도를 측정하여 그 결과, 해당 열도의 위치를 다음과 같이 정했다.

북위 37도 9분 30초

동경 131도 55분 0초

されど、新竹島は、佛船「リアンコール」の發見に先つこと百八十三年、寛文七年のわが記錄に見江たれば、少くとも、この岩嶼の日本人に發見せられしは、なほ以前なるべくまた佛船の發見に先つこと四十一年、文化六年に、邊要分界圖考に明記せられ、なほ、同船の發見に先つこと廿七年文政六年の古記集にも詳記せられしに拘はらず、水路誌はこの岩嶼發見を外國船に委して顧みず、剩へ、日韓兩國沿岸よりの距離は、日本の方十浬の近距離なるに、海圖には朝鮮の部に編入せられしが如き、遺憾の極といはざるべからず。

吾人は、なほ、一步を進めて、竹島圖說、竹島考、伯耆民談等の竹島に關する記事は、全く鬱陵島の記事にして、新竹島にあらざること証明せんとす。而して、その以前にあたりて鬱陵島の狀況を叙述するの必要ありと信ず。

그렇지만 신죽도는 프랑스의 배 '리안코-루'의 발견에 앞서 183년, 칸분 7년의 우리 기록에 보여, 적어도 이 암서가 일본인에게 발견된 것은, 더 이전이다. 또 프랑스 배가 발견하기 41년전인 분카 6년에,

변요분계도고에 명기되어 있고, 또 동선의 발견에 27년 앞선 분세이
6년의 고기집에도 상기되어 있다. 그럼에도 불구하고, 수로지는 이
암서발견을 외국선에 맡기고 만다. 더욱이 일한 양국 연안에서의 거
리는 일본 쪽이 10해리 근거리인데, 해도에는 조선부에 편입한 것과
같아 유감이 많다고 말하지 않을 수 없다.[주9]

　나는 한발 더 나가, 죽도도설, 죽도고, 백기민담 등의 죽도에 관한
기사는 모두 울릉도의 기사로, 신죽도가 아니라는 것을 증명하려 한
다. 그리고 그 이전에 울릉도의 상황을 서술할 필요가 있다고 믿는다.

　水路誌によれば、

　鬱陵島一名松島

　隱岐島ヲ距ル北西三/四西約百四十浬、朝鮮東岸ヲ距ル約八十浬
ノ海中ニ孤立ス、全島嵯峨タル圓錐山ノ集合ニシテ、樹木鬱然繁
茂ス、而シテ、其中心〈北緯三七度三〇分東經一三〇度五三分〉
ニ高サ四〇〇〇呎ノ一峰アリ、巍然トシテ聳エ、○此島周回十八
浬ニシテ其形幾ンド半圓ヲナス。

　鬱陵島北東側ニ於テ、竹嶼（ボーッスール）ヲ南南西一/四西約二三/
四浬ニ望ムノ處ニ一岩アリ、其水深僅ニ二呎乃至三呎。（日耳曼一
汽船ノ報告ニヨル）

　島岸殊ニ東北兩岸ニ沿フテ數ケノ峻岩分立シ、其高サ四〇〇呎乃
至五〇〇呎ニ達スルモノアリ、何レモ鬱陵島ノ如ク陡界ニシテ、錘
測モ恃ミトスルニ足ラス、然レモ、竹嶼〈此ハ嶼島ノ東濱ヲ距ル七
鏈ノ處ニアリ〉ヲ除クノ外、皆本島ノ峯岸ヲ距ルコト二鏈半以上ニ
出ルモノナシ、○島ノ北濱ニ接シテ孔岩アリ、岩ヲ貫キテ一大孔ア

ルヲ以テ、其形甚タ奇ナリ、此岩ト相對セル陸岸ト高サ約八〇〇呎
ノ滑面花崗山アリ、禿兀峻嶮ニシ、其形棒糖ノ如シ。○島ノ南端シ
ール角附近ニ一小岩アリ。

鬱陵島ノ各側ハ陡界ナリ、曾テ、英艦「アクナヲン」ノ端舟ハ、島ヲ
距ル南方四浬ノ處ヲ錘測シ、四〇〇尋ノ錘索ヲ投ジ、又島ノ北ニ
三/四方浬ノ處ヲ錘測シ三六六尋ノ錘索ヲ沈メタルモ、皆底ニ達セ
ズ、唯嶮崖ノ直下ニ於テ、僅ニ水深ヲ行ヒタリト云フ。○島岸險
阻ニシテ攀ヅベカラズ、唯天氣溫和ナル時ハ、礫濱ヨリ辛フジテ岸
ニ登ルヲ得ベシ。

春夏兩季ニハ、朝鮮人此島ニ渡來シテ朝鮮形船ヲ造リ、亦多量ノ
介蟲ヲ拾集乾晒ス蓋シ、朝鮮人ハ船ヲ製造スルニ鐵釘ヲ用ユルコト
ナク、皆木ヲ以テ之ヲ結合シテ乾材ヲ用ユルコトヲ知ラズ、必ズ、
生木ヲ用ユト云フ。自註、*竹嶼ハ新竹島ト別ナルコトイフマデモ
ナシ。

수로지에 의하면

울릉도 일명 송도

울릉도에서 떨어져 북서 3/4서의 약 140해리, 조선 동안에서
떨어져 약 80해리의 해중에 고립해 있다. 전도가 우뚝 솟은 원추
산의 집합으로 수목이 울창하다. 그리고 그 중심<북위 37도 30
분 동경 130도 53분>에 높이 4,000척의 한 봉우리가 있다. 외연
하게 솟아 있다. ○이 섬의 주위는 18해리로 그 모양은 거의 반
원을 이룬다.

울릉도 북동쪽에 죽서(보－쓰스－루)를 남남서 1/4서 서로 약

3/4리에 바라보이는 곳에 하나의 바위가 있다. 그 수심은 겨우 2척 내지 3척이다(제루만 독일의 한 기선의 보고에 의한다).

섬의 연안 특히 동북 양안을 따라 여러 개의 준암이 갈라 서 있다. 그 높이 400척 내지 500척에 달하는 것이 있다. 모두 울릉도와 마찬가지로 솟아 있어, 추측(줄에 추를 달에 깊이를 측량하는 것)도 믿기어렵다. 그렇지만 죽서<이는 죽도의 동쪽 해변을 떠나 7련의 거리에 있다>를 제외한 것 외에, 모두 본도의 봉안에서 떨어져 2련(鏈은 185.2m) 반 이상 나온 것이 없다. ○섬의 북변에 접하여 공암이 있다. 바위를 뚫는 하나의 큰 구멍이 있어 그 모양이 아주 이상하다. 이 바위를 마주보는 육안에 높이 약 800척의 미끄러운 화강산이 있다. 돌월 험준하여 그 형상이 송곳 같다. ○섬의 남단 시이루각 부근에 하나의 소암이 있다.

울릉도의 각 측은 가파르게 솟아 있다. 과거에 영국함 '아쿠나온'의 배는 섬에서 떨어져 남방 4해리의 곳을 측량하여 400심의 추색을 던졌고 또 섬의 북쪽 3/4리의 곳을 측량하여 366심의 추색을 가라앉혀도, 그 바닥에 이르지 못했다. 그저 험한 연안의 직하에서 겨우 수심을 재었다 한다. ○도안이 험준하여 올라갈 수 없다. 단 날씨기 온화할 때는 자갈이 있는 해변에서 어렵게 올라갈 수 있다.

춘하 두 계절에는 조선인이 이 섬에 도래하여 조선형 배를 만들고 또 다량의 개충을 잡아 건조하는 것 같다. 조선인은 배를 제조할 때 철못을 사용하는 일 없이, 모두 나무를 가지고 그것들을 결합하여 건재를 사용할 줄을 모른다. 반드시 생목을 사용한다고 한다.

자주, 죽서는 신죽도와 다르다는 것은 말할 것도 없다.[주10]

　元來、本邦人が、竹島(鬱陵島)渡航のことは、慶長元和の頃より、
舊記に見ゆる處にして伯耆志には、元和三年の渡航免許狀を掲載せり。
　邊海の漁民は、竹島に往來して占據の姿をなししにや、視聽記、
伯耆志に、磯竹島往復の事をのせ、伯耆志には渡海始末を記す。
　　　　　元和三年竹島渡海免許狀
從伯耆國米子、竹島江先年船相渡之由、然者、如其、今度致度渡
海之段、村川市兵衛・大谷甚吉申上、付而、達上聞候之處、不可
有異識之旨、被仰出候間、被得其意渡海儀可被仰付候、恐々謹
言。
　　　　　　　五月十六日
　　　　　　　　　　　　　　　　永井信濃守(尙政)
　　　　　　　　　　　　　　　　井上主計頭(政就)
　　　　　　　　　　　　　　　　土井大炊頭(利勝)
　　　　　　　　　　　　　　　　酒井雅樂頭(忠世)
　　　　　松平新太郎殿
　松平新太郎光政は、當時鳥取城主として、因伯二州を領知せしか
ば、兩人の願を納れ、幕府に請ひて、これを許可せしなり、爾來數十
年、兩人は毎年竹島に渡航して、漁業をなし、各種の物産を獲して歸
航せしなり。

　원래 본방인이 죽도(울릉도)에 도항한 것은, 게이초우 겐나경부터,
구기에 보이는 일로 백기지에는, 겐나 3년의 도항면허장을 게재했다.

해변의 어민이 죽도에 왕래하여 점거한 흔적을 남기고 있다. 시청기, 백기지에 이소타케시마에 왕복한 일을 기재하고, 백기지는 도해의 시말을 기록한다.

겐나 3년 죽도도해 면허장

호우키국 요나고에서 죽도로, 선년부터 배가 도항한 일이 있다. 그래서 그렇게 이번에도 또 도해하고 싶다는 이야기를, 요나고 정인 무라카와 이치베에와 오오야 진키치가 신청해 왔습니다. 그 일에 대해 [상의했으나] 이것을 장군이 들으시고 [도해의] 건은 이의가 없다는 명이 내렸습니다. 그 뜻을 얻을 수 있었기에, 도해의 건은 가능하다고 명할 수 있게 되었습니다. 감히 이 일을 삼가 아룁니다.

　　5월 16일

나가이 시나노노카미(나오마사)
이노우에 카즈에노카미(마사나리)
도이 오오이노카미(도시카쓰)
사카이 우타노카미(타다요)

마쓰타이라 신타로우 토노[주11]

마쓰타이라 신타로우는 당시 돗토리 성주로서 인하쿠 2주를 통치했기에, 양인의 소원을 받아 막부에 청하여 이것을 허가했다. 수십 년래 양인은 매년 죽도에 도항하여 어업을 하여 각종 산물을 얻어 귀항했다.

地學雜誌に田中阿歌麿氏の引用せられたる竹島圖説に、

元和五年(一六一九年)春二月十有一日、例年の如く米子を出帆し

て、隱岐の國福浦に着し、同三月廿四日、福浦を出帆して、同月
二十六日朝五ッ時、竹島の內イカ島といふ處に着す、此時叛めて
異邦の人魚獵するを見るを得たり、蓋し、是より先は、未だ曾て見
ざる處なり。云々。

また、同書に、

元祿六年(一六九三年)春二月下旬、再び米子を出帆して、夏四月
十七日未刻竹島に、着せり、然るに、昨年の如く、朝鮮人等專ら
漁獵をして我を妨げ、動もすれば、不軌の語言を放ちて、和平なら
ず、止むを得ず、その中の長者一名と火伴兩三輩を延ひて我船に
入れ、同月十八日竹島より出帆して、同月二十八日米子へ歸着
し、其由を國侯松平伯耆守へ訴ふ、云々、

卽ち、元和の頃より朝鮮人も竹島(鬱陵島)に渡航し、元祿の頃に至り
漸次移住民の增加するとともに、本邦人と漁區の紛爭を生ずるに至りし
なり。

지학잡지에 타나카 아카마로 씨가 인용한 죽도도설에,

겐나 5(1619)년 봄 2월 11일에 예년과 마찬가지로 요나고를 출범
하여 오키의 후쿠우라 항에 도착하여, 동 3월 24일에 후쿠우라를
출범하여, 동월 26일 아침 8시에 죽도 내의 이카시마라는 곳에
도착했다. 이때 처음으로 이방인이 어렵하는 것을 보았다. 그러
나 이보다 전에는 아직 보지 못한 것이다. 운운.

또 동서에

겐로쿠 6(1693)년 봄 3월 하순에 다시 요나고를 출범하여 여름 4
월 17일 14시 죽도에 도착했는데, 작년과 마찬가지로 조선인들

만이 어렵하며 우리를 방해하여, 무엇을 하려 하면 거친 말을 하여 화평하지 못했다. 할 수 없이 그중의 대표 한 명과 동료 두셋을 끌고 우리 배에 넣어, 동월 18일에 죽도를 출범하여 동월 28일에 요나고에 귀착하여 그 까닭을 국후 마쓰다이라 호우키노카미에게 고소했다. 운운.

즉 겐나 무렵부터 조선인도 죽도(울릉도)에 도항하여 겐로쿠 무렵에 이르러 점차 이주민이 증가하는 것과 더불어, 우리나라 사람과 어렵구역의 분쟁을 일으키게 되었다.

また、伯耆志にも、

此市兵衛正清の子正勝の時、元禄七年渡海せしに、若干の朝鮮人在島しければ、卽ち歸航して、其旨を官に上聞し、同八年官命を得て渡海したるに、朝鮮人既に島中に充ちたり、我往航の者、彼朝鮮人兩口を捕へ、舟歸し、其旨を官に訴ふ、翌年官より我米子の竹島渡海を禁ぜらる、云々。

生來、進取の氣象に富み、負けず魂を有せる海國男兒は、自己が獨占し來りし漁場を、みすみす朝鮮人に奪はるヽを見て、憤慨措く能はず、卽ち朝鮮人二名を生捕り歸りて、訴願に及たるなり。然るに、優柔なる德川幕府は、「事なかれ」主義をとりて、その翌年(西暦千六百九十六年)竹島渡航を禁止せり。その書、地學雜誌に引用せられたり。

先年松平新太郎因伯兩州領知の節、相伺之伯州米子町人、村川市兵衛、大谷甚吉、至今入竹島ける、爲漁獵向後入島の儀、禁制可申付旨被仰出、可存其趣、恐惶謹言

元禄九年子正月二十八日

土居相模守	在判
戸田山城守	仝
阿部豊後守	仝
大久保加賀守	仝

松平伯耆守　殿

또 호우키시에도,

이 이치베에 마사키요의 아들 마사카쓰의 시절, 겐로쿠 7(5: 역자주)년에 도해했는데 약간의 조선인이 섬에 있었으므로,[주12] 즉시 귀항하여, 그 내용을 관에 말씀드려, 동 8년(6년: 역자주)에 관명을 받고 도해하였는데, 이미 조선인이 섬 안에 가득하였다. 우리 도항자는 그 조선인 둘을 잡아다, 그 내용을 관에 보고했다. 다음 해에 관에서 우리 요나고의 죽도도해가 금제되었다. 운운.

태생적으로 진취의 기상이 풍부하여 지지 않는 혼을 가진 해국의 남아는 자기가 독점해 온 어장을 빤히 보면서 조선인에게 빼앗기는 것을 보고, 분함을 참을 수 없어 즉시 조선인 두 사람을 생포하여 돌아와 소송하게 된 것이다. 그러자 우유부단한 토쿠가와 막부는 '무사안일'주의를 취하여, 그 익년(서력 1696년)에 죽도도항을 금지시켰다. 그 책의 지학잡지에 인용되었다.

선년에 마쓰타이라 신타로우 토노가 인슈우 하쿠슈우를 영지할 때, 들은 바에 의하면 하큐슈우 요나고의 정인 무라카와 이치베에와 오오야 진키치에게 죽도도해를 하고 있다. 지금도 어렵한 다 해도 향후에는 죽도로의 도해하는 것을, 금제할 것을 분부한다. 이 뜻이 [주군의] 명으로 내렸으니, 그 취지를 충분히 이해하고 [이후는 도해를 중지하]도록 할 것. 삼가 말씀드린다.

겐로쿠 9년 자 정월 28일

쓰치야 사가미노카미　　마사나오　재판

도다 야마시로노카미　　다다마사　동

아베 분고노카미　　마사타케　동

오오쿠보 카가노카미　　다다토모　동

마쓰타이라호키노카미 도노[주13]

なほ、同雜誌に

　宗對島守義鄕より出たる家譜に、元祿九年因幡國と朝鮮國との間
　竹島と唱候島有之此島兩國入合の如く相成居不宜候に付、朝鮮之
　人此島ゑ參候事を被禁候段、從公儀被仰出、其後朝鮮國禮曹參
　判江家老使者、前々年より再度差渡候處、論談及入組候を、今年
　正月二十八日、※義眞國元江御暇被成下候節、右竹島江日本人
　相渡候儀無益との事に候間、被差留候段、領主江被仰渡候由、義
　眞江被仰渡候に付、義眞歸國之上、同年十月朝鮮之譯官使對話
　仕候、刻右被仰出之次第傳達仕爰に至り論談相濟候

　　自註※義眞は、宗氏廿一代の主、元祿五年致仕す、當時、孫義
　　方幼なるを以て朝鮮の用事は、先矩によりて、義眞これをつと
　　む。(森氏朝鮮年表)[주14]

　卽ち、幕府は、竹島漁業權問題につきて、對島守宗氏をして、朝鮮
政府に對して外交談判を開かしめしか、巧妙なる朝鮮の外交政略により
て、脆くもわれは膝を屈し、竹島の漁業權、否領有權を全然放擲するに
至りしなり。その顚末は載せて竹島紀事に詳なり同書に、當時、宗氏彼
を責めていはく、

連年貴國瀕海漁船雜然往本島竹島、竊爲漁採、次恣私意、況又
今春漁採彼地者四十余口、我國因幡州牧、拘留其漁民二人、輒
馳啓事情於東都、由是報先制禁於貴國今還漁民、云々。

然るに朝鮮禮曹は悍然としてこれを拒みて『蔚島は本來我屬島な
り、文跡照然且彼に遠く此に近く境界自ら別つ、貴國錯認して事
を生ず』と論ず。我幕府遂に屈して竹島渡海を禁止す。時に元祿十
二年也。安政の頃松浦武四郎竹島雜誌を著し論述をなす。(大日本
地名辭書)

또 동 잡지에

소우 쓰시마노카미 요시사토에서 나온 가보에 겐로쿠 9년 이나
바노쿠니와 조선국 사이에 죽도라고 말하는 섬이 있다. 이 섬에
양국인이 같이 들어가 있는 것은 좋지 않기 때문에, 조선인이 이
섬에 가는 것을 금해 줄 것을, 장군이 말씀하시어, 그 후에 조선
국 예조참판에게 가로를 사자로 전전년부터 거듭 보내, 논담이
뒤얽힌 것을, 금년 정월 28일에 요시자네가 본국에 은퇴하여 내
려가 있을 때, 우 죽도에 일본인이 건너가는 것이 무익한 일이라
며, 그것을 금지시킬 것을, 영주에게 분부하셨기 때문에, 요시자
네에게 분부하였으므로, 요시자네가 귀국하여 동년 10월에 조선
의 역관리와 대화하여, 우의 분부하신 대로 전달하여, 여기서 논
담이 끝났다.

  자주, 요시자네는 소우씨 21대의 번주로 겐로쿠 5년에 은거했
  다. 당시 손자 요시미치가 어려서 조선과의 일은 선례에 의해
  요시자네가 맡았다(모우리씨 조선연표).[주14]

즉 막부는 죽도어업권 문제에 대해, 쓰시마노카미 소우씨를 통해

조선 정부에 대해 외교담판을 열게 했으나, 교묘한 조선의 외교정략에 의해, 약하게도 우리는 무릎을 꿇고, 죽도의 어업권, 아니 영유권 모두를 내던져 버리게 되었다. 그 전말을 죽도기사에 자세하게 실었다. 동서에 당시 소우씨가 그를 책망하여 말하기를,[주15]

> 연년 귀국 해변의 어선이 멋대로 본도의 죽도에서 몰래 어채를 하여 방자하다고 생각한다. 그런데 이번 봄에도 그곳에서 40여 인이 어채를 하여, 우리나라 이나바 주목이 그 어민 두 사람을 구류하고, 서둘러서 사정을 동도에 알렸다. 그러니 이를 보고하여 앞으로는 지금 돌려보내는 어민을 금제해야 한다. 운운.

> 그런데 조선 예조는 거칠게 거절하며 "울도는 본래 우리 속도다, 문적에 분명하고 또 그곳에 멀고 이곳에 가까워 경계가 저절로 정해진다. 귀국이 착인하여 사건이 생긴다"라고 논하였다. 우리 막부는 결국 굴복하여 죽도도해를 금했다. 때는 겐로쿠 12년이다. 안세이 무렵에 마쓰우라 타케시로우가 죽도잡지를 저술하여 논술했다(대일본지명사전).

また、伯耆民談に、

> さて、其島(竹島)伯州會見郡濱之目三柳村より、隱岐の島後へ三十五六里あり、此遠見の考を以て朝鮮の山を見れば、凡四十里とおもはる、其地東西三里半、四里には滿たざるよし、南北凡六七里ありとかや聞けり、周圍十六里といへり、云々。

また、加藤某の記せる觀聽隨筆によれば、亭保八年(西曆千七百廿三年)六月廿一日、大坂町奉行北條安房守、鈴木飛驒守の與力同心多勢來りて、石州安濃郡波根東村嘉右衛、邑智郡粕淵村庄右衛門。仝吾鄉村傳右衛門を搦め浦へ去る。これ七年前竹島に渡りて、唐人の貨物を密かに買ひ取りたる罪によりてなりと見ゆ。

また、同書に見えたる同國那賀郡濱田浦八右衛門の竹島渡航は、最も顯著なるものにして、八右衛門は濱田松原浦の廻船問屋業會津屋清介の子なり。清介は濱田藩の廻船御用を務め、藩の鋼鐵半紙等を積みて、しばしば上坂せしかば、八右衛門また航海業に熟達し、資性大膽剛毅にして、冒險の氣象に富む。卽ち、竹島渡航を濱田藩に出願せしも許可せられず、遂に密航を企てて奇利を博せしが、幕府大目附の探知する所となり、天保六年五月、大坂町奉行の手に捕はれ、死刑の宣告を受く。その宣告文にいはく。

또 호우키민담에

그런데 그 섬(죽도)은 하쿠슈우 아이미군 하마노메 3 야나기무라에서 오키의 도우고에서 35, 6리 있다. 이 거리를 생각하고 조선의 산을 보면, 대개 40리라고 생각된다. 그 땅의 동서는 3리 반으로, 4리는 되지 않는다. 남북은 대개 6, 7리가 된다고 들었다. 주위는 16리라 한다. 운운.

또 가토우 아무개가 쓴 관청수필에 의하면 교호우 8년(서력 1723년) 6월 21일에 오오사카초우 봉행 호우조우 아와노카미, 스즈키 히다노카미가 하급관리 요리키와 그 부하 도우신이 와서, 세키슈우 아노군 하네히가시무라의 가에몬, 오치군 가스부치무라 쇼우에몬, 동군 아고무라 덴에몬을 포박해 갔다. 이것은 7년 전에 죽도에 건너가서 조선인의 화물을 몰래 매입한 죄에 의한 것으로 보인다. 또 동서에 보이는 동국 나가군 하마다우라의 하치에몬의 죽도 도항은 가장 현저한 것으로, 하치에몬은 하마다 마쓰우라의 회선 도매업 에쓰야 키

요스케의 아들이다. 키요스케는 하마다번의 회선업에 종사하며, 번의
철강, 종이 등을 싣고 자주 오오사카에 올라가고, 하치에몬은 또 항해
업에 숙달하고 본성이 대담강의하며 모험심이 풍부하다. 즉 죽도도항
을 하마다번에 출원했으나 허가받지 못하자, 결국 밀항을 기도하고
이익을 얻었으나, 막부의 감독관 오오메쓰게가 탐지하여, 텐보우 6년
5월에 오오사카 부교의 손에 잡혀 사형선고를 받았다. 그 선고문에
말하길,

石州濱田廻船問屋淸介死
右悴異名會淸事

無宿　八右衛門

其方親淸助と申すもの、濱田屋敷用達相達候處、先年名絶候に
付、六ヶ年　以前其方願出候は、年來親高恩を夢り候上、多くの御
損亡を掛け候に付濱田沖竹島と申處に、魚族澤山居候間、漁被仰
付候はぱ年々運上銀差上旨、江戶表屋敷へ申立候へとも、聞濟不
相成、濱田へ御差戻相成候儀をも不憚、押して右竹島は、濱田領
沖合にて、無人島に候迚、剩日本刀劍類、其他漁船に積込押渡、
異國人と交易いたし候段重々不屆に付、云々。

同時に、濱田藩の國老岡田賴母、八右衛門と共謀して私利を營みた
りとて、井上河內守より召喚せられ、罪を引きて自殺しり。其謀私利を
營む云々は謬說にして、實は濱田藩主松平周防守は、嘗て老中に擧げ
られ、英邁の資を以て、夙に開國進取の意見を有し、暗に八右衛門が
計畫を翼贊せられたりと傳ふ。左の達書を一讀すれば、その間の消息を
知るに難からざるべし。

元松平周防守改 下野守

其方儀、元領分石見松原浦に罷在候八右衛門、竹島へ渡海目論
見之儀、家來共聞受彼是取計候儀は、不在由に候へども、重き御
役中の儀に付、領內取締向、別て嚴重可申付處、其儀なく、卽に
八右衛門其外のもの共渡海いたし、右体家來共不屆の取計いたし
候を更に不存罷在(中略)不束之事に被思召候、依之永蟄居被仰
付、云々。

ああ、海國の冒險兒八右衛門は、有爲の企圖を抱きて空しく刑場の
露と消江、英主松平周防守また永蟄居の身となる。世を擧つて昇平無
爲に馴れ、凡庸徒らに跋扈するの時幕府は更に全國一般に命令を下し
て、對外的發動の萌芽を根底より芟除せんと企てたり。

今度松平周防守(康任)領分、無宿八右衛門竹島へ渡海いたし候一
件、吟味之上、夫々嚴科に被行候、右島、往古は伯州米子のもの
共渡海魚漁等いたし候へども、元祿の度朝鮮國へ御渡相成候以
來、渡海停止被仰付候場所に有之、都て異國渡海之儀は、重御禁
制に候條、向後、右島之儀も、同樣相心得、渡海致間敷候事。

세키슈 하마다 회선도매업 기요스케의 사
우의 아들 이명 아이키요의 일
무슈쿠 하치에몬

그쪽의 부친 기요스케라는 자는 하마다 저택의 용품을 조달했으
나, 선년에 이름이 삭제되어, 6년 이전에 그쪽이 출원한 것은, 연
래 부모의 높은 은혜를 입은 위에, 많은 손해를 끼쳤기 때문에,
하마다의 먼 바다에 있는 죽도라는 곳에, 어족이 많다고 하여, 어

렵을 분부하여 매년 세금을 바친다는 뜻을, 에도 저택에 말씀드
렸으나, 받아들여지지 않고, 하마다에 반려된 것도 꺼리지 않고,
억지로 우 죽도는 하마다령의 먼 바다이며 무인도라며, 더구나
일본의 도검류, 기타를 어선에 싣고 건너가 이국인과 교역한 것
이 참으로 괘씸하여, 운운.

동시에 하마다한의 국로 오카다 타노모가 하치에몬과 공모하여 사
리를 취했다며 이노우에 카와치노카미에게 소환당해, 죄를 받아 자살
했다. 그 기도가 사리를 취했다는 것은 잘못된 이야기로, 실은 하마다
한슈우 마쓰타이라 스와노카미는 과거에 노중에 올라, 재능이 뛰어난
영매의 자질을 가지고, 이미 개국 진취의 의견을 가지고, 몰래 하치우
에몬의 계획을 편들었다고 전한다. 아래의 통달문을 일독하면 그간의
소식을 아는 데 어렵지 않을 것이다.

전 마쓰타이라 스와노카미 개 시모노노카미
그대는, 원래 지배하던 이와미 마쓰바라우라에 사는 하치에몬이
죽도 도해를 기획한 것은, 부하들이 듣고 그것을 조치했다는 것
을 몰랐다고는 하나, 중요한 역을 맡았으므로, 영내 단속에 특히
엄중하게 다스려야 했음에도, 이미 하치에몬과 그 외에도 그 섬
에 도해하여, 우의 부하들이 신고하지 않고 저지른 일을 알지 못
하고 있다. (중략) 수습할 수 없는 일이라고 생각하시고, 이에 따
라 오랜 칩거를 명령한다. 운운.

아아 해국의 모험아, 하치에몬은 바람직한 뜻을 품고 허무하게 형
장의 이슬로 사라지고, 영주 마쓰타이라 스와노카미는 또 긴 칩거의
몸이 되었다. 온 세상이 태평무위에 젖어, 평범하고 용열한 자들이 발
호할 때, 막부는 다시 전국 일반에 명령을 내려, 대외적 발동의 맹아

를 바탕부터 자르려고 기도했다.[주16]

　　이번에 마쓰타이라 스와노카미(야스토우)의 령분, 무숙자 하치에
　　몬이 죽도에 도해한 일건은 조사한 후에, 각각 엄벌에 처했다. 위
　　의 섬, 옛날에는 하큐슈우 요나고 사람이, 그곳에 도해하여 어렵
　　등을 했으나, 겐로쿠 시대에 조선에 건네준 이래, 도해정지를 명
　　령한 장소이다. 이미 이국에 도해하는 것을 엄하게 금제하는 것,
　　향후, 우도의 건도, 마찬가지로 알고, 도항하지 말 것.

　明治十六年に至り、更に日韓兩國政府の談判ありて、わが往漁の舟
を還して,再び渡航することなからしめ、明かに竹島を以て朝鮮の所屬と
なしぬ。以上諸種の引用書に見えたる記事は、すべて鬱陵島の記事にし
て、周回一浬に滿たざるリアンコール列岩にあらざることいふまでもな
し。されば、舊記に見えたる竹島は鬱陵島にして、同島を松島と稱せし
記事は、一も發見する能はず。ただ、絶海の孤島なるを以て、學者のこ
れを踏査したるものなく、無學なる漁夫の言を聞きて、想像的に、日本
海中に松島竹島の二島ありとの臆説によりて、はしなくも誤謬を傳ふる
に至りしものなり。隱州視聽合記に鬱陵島卽ち竹島を以て、無人島にし
て、「日本之乾地以此州爲限矣」とあるを見れば、二百五十年以前に
は、住民最も稀少なりしか、或は眞に無人島なりしやもはかるべから
ず。(ただ漁期中に渡航するのみにて)而して、同書の編者は、この島を
以て、日本海西北に於けるわが領土の極點となせり。その後、日韓兩國
民の渡航いよいよ頻繁となり、韓人は本國に近さを以て、續々渡航者增
加し、遂に東南海岸に出で、日本人占有の漁區に侵入し、ここに兩國
漁民の紛擾を生じ、日本人は衆寡敵せざるを以て、歸航の止むを得ざる

に至り、優柔軟弱なる德川幕府の外交政策と相俟ちて、竹島卽ち鬱陵島は全くわが領土をはなれて、朝鮮の版圖に歸し、伯州地方の漁民等が苦心慘憺たる對外的經營も、空しく水泡に歸して、また顧みるものなきに至れり。

메이지 16년에 이르러, 다시 일한 양국 정부의 담판이 있어, 우리 어선을 돌려보내며, 다시는 도항하는 일이 없게 하여, 분명히 죽도를 조선의 속도로 했다. 이상 여러 종류의 인용서에 보이는 기사는, 모두 울릉도의 기사로, 주위 1리가 되지 않는 리안코 – 루토 열암이 아니라는 것은 말할 것도 없다. 그래서 구기에 보이는 죽도는 울릉도로, 동도를 송도라고 칭한 기사는 하나도 발견할 수 없다. 그저 절해의 고도라서, 학자가 이를 답사한 자도 없이, 무학인 어부의 말을 듣고 상상적으로 일본해 중에 송도, 죽도의 두 섬이 있다는 억설에 의해, 어쩌다가 오해를 전하는 일에 이르게 된 것이다. 은주시청합기에 울릉도, 즉 죽도를 무인도로 하여 "일본의 건지를 차주(隱岐)로 해서 한계로 한다"라고 있는 것을 보면, 250년 이전에는 주민이 더 희소해서 혹은 정말 무인도였는가도 알 수 없다. (그저 어획기 중에 도항할 뿐) 그리고 동서의 편자는 이 섬으로 일본해 서북에 있어서의 우리 영토의 극점으로 했다. 그 후 일한 양국민의 도항이 점점 빈번해져, 한인은 본국과 가까운 이유로 속속 도항자가 증가하여 결국 동남쪽 해안에서 나와, 일본인이 점유하는 어구에 침입하여, 여기서 양국 어민의 분요가 생겨, 일본인은 중과부적 귀항하지 않으면 안 되게 되어, 우유연약한 토쿠가와 막부의 외교정책과 더불어서 죽도,[주17] 즉 울릉도는 완전히 우리 영토에서 떨어져 조선의 판도로 돌아가, 하쿠슈우 지방

어민 등이 고심참담한 대외적 경영도 허무하게 수포로 돌아가 다시 뒤돌아보는 자가 없게 되었다.

邇來石州沿海の人、また渡航を企てしも、幕府の禁制にあひ、天保以來數十年間、竹島は殆んど本邦人に忘却せられ、海軍水路部の朝鮮水路誌及び海圖に、鬱陵島一名松島として發表せられしより、リアンコール岩は、自然舊記の竹島にあたるものと誤認せられ而して、竹島は既に元禄中より朝鮮の版圖と認められし故、リアンコール岩をも朝鮮の版圖と認むるに至れるなり。

然るに、明治三十六年伯州東伯郡小鴨村中井養三郎氏(現今隱岐國西鄕居住)リやんコ島(新竹島)の海驢捕獲業を企圖するや、同鄕の人、小原陸軍步兵軍曹大にこれを贊し、蹶然奮起、自ら隊長となり、巾八尺長四間の魚舟に乘じ日本海の荒浪を蹴破りて、島谷權藏以下の丈夫七人を率ゐて、リやんコ島に上陸して、はじめて日章旗を岩上に飜したるは、明治三十六年五月某日なりき。偶、島前の石橋松太郎氏部下の漁夫、また渡航してともに捕獲に從事せしも、準備不完全のため目的を達せず、翌年の漁期を待ちて大發展を期しつつ、歸港することとなれり。

かくて、海驢捕獲業の有利なるを知り、三十七年の漁期には、各方面より續々渡航し、競爭濫獲の結果、種々の弊害を認めたる中井養三郎氏はリャンコ島を以て朝鮮の領土と信じ、同國政府に貸下請願の決心を起し、三十七年の漁期終わや、直ちに上京して、隱岐出身なる農商務省水産局員藤田勘太郎氏に圖り、牧水産局長に面會して陳述する所ありき。同氏またこれを贊し、海軍水路部につきて、リャンコ島の所屬

を確めしむ。中井氏卽ち肝付水路部長に面會して、同島の所屬は、確
乎たる徴證なく、ことに、日韓兩本國よりの距離を測定すれば、日本の
方十浬近し、加ふるに、日本人にして、同島經營に從事せるものある以
上は、日本領に編入する方然るべしとの說を聞き、中井氏は遂に意を決
して、リャンコ島領土編入並に貸下願を、內務外務農商務三大臣に提
出せり。

　이래로 세키슈우 연해의 사람이 다시 도항을 기도해도, 막부의 금
제를 만나 텐포우 이래 수십 년간, 죽도는 거의 본방인에게 잊혀, 해군
수로부의 조선수로지 및 해도에, 울릉도의 일명이 송도로 발표된 것에
서, 리안코－루 암은, 자연히 옛 기록의 죽도에 해당되는 것으로 오인
되고 그리하여 죽도는 이미 겐로쿠 때부터 조선의 판도로 인정되게
되었기 때문에, 리안코－루 암을 조선의 판도로 인정하게 되었다.
　그런데 메이지 36년 하쿠슈우 토우하쿠군 고가모무라의 나카이 요
우사부로우 씨(현 오키노쿠니 사이고우 거주)가 랸코도(신죽도)의 강
치 포획업을 기획하고 동향인 오하라 육군보병군조대가 찬성하여, 돌
연분기하여 스스로 대장이 되어 폭 8척 길이 4간의 어선을 타고 일본
해의 거친 물결을 헤치고, 시마타니 켄구라 이하 장부 7명을 이끌고
랸코도에 상륙해서, 처음으로 일장기를 바위 위에 휘날린 것은, 메이
지 36년 5월 모일이었다. 마침 도우젠의 이시바시 마쓰타로우 씨의
부하 어부 역시 도항하여 같이 포획에 종사하게 되었음에도, 준비가
불완전하여 목적을 이루지 못하고, 다음 해의 어획기를 기다려, 대발
전을 기하며 귀항하게 되었다.
　이리하여 강치 포획업이 유리하다는 것을 알고, 37년의 어기에는

각 방면에서 속속 도항하여, 경쟁적으로 남획한 결과, 갖가지 폐해를 인지한 나카이 요우사부로우 씨는 랸코도를 조선의 영토라고 믿고,[주18] 동국 정부에 대하 청원을 결심하고, 37년의 어획기가 끝나자마자 바로 상경하여 오키 출신인 농상무성수산국원 후지타 칸타로우 씨와 상의하여, 마키 수산국장을 면회하고 진술한 바 있다. 동씨 역시 이를 찬성하고 해군수로부에 랸코도의 소속을 확인시켰다. 나카이 씨는 바로 기모쓰키 수로부장을 면회하고 동도의 소속은 확실한 미증이 없고, 특히 일한 양 본국에서의 거리를 측정하면 일본 쪽이 10해리 가깝고, 그 위에 일본인이 동도의 경영에 종사하고 있는 이상, 일본령에 편입하는 것이 좋다는 말을 듣고, 나카이씨는 결국 뜻을 정하고 랸코도의 영토편입 및 대하원을 내무, 외무, 농상무의 세 대신에게 제출했다.

リャンコ島領土編入並に貸下願

隠岐列島ノ西北八十五浬、朝鮮欝陵島ノ東南五十五浬ノ絶海ニ、俗リャンコト称スル無人島有之候、周回各約十五町ヲ有スル甲乙二ヶノ岩島中央ニ對立シテ、一ノ海峽ヲナシ、大小數十ノ岩礁点々散布シテ之ヲ圍繞せり、中央ノ二島ハ四面斷岩絶壁ニシテ、高ク屹立セリ、其頂上ニハ僅ニ土壤ヲ被リ、雜草之ニ生ズルノミ、全島一ノ樹木ナシ海邊彎曲ノ處ハ砂礫ヲ以テ往々濱ヲナセドモ、屋舍ヲ構ヘ得ベキ場所ハ甲嶼ノ海峽ニ面セル局部僅ニ一ヶ所アルノミ、甲ノ半腹凹所ニ瀦水アリ、茶褐色ヲ帶ブ、乙嶼ニハ微々タル鹽分ヲ含ミタル清冽ノ水斷岸涓滴仕候、船舶ハ海峽ヲ中心トシテ、風位ニヨリ左右ニ避ケテ碇泊セバ、安全ヲ保タレ候。

本島ハ本邦ヨリ隱岐列島及ヒ鬱陵島ヲ経テ朝鮮江原、咸鏡地方ニ往復スル船舶ノ航路ニ當タレリ、若シ本島ヲ経營スルモノアリテ、人之ニ常住スルニ至ラバ、其レ等船舶ガ寄泊シテ薪水食糧等万一ノ欠乏ヲ補ヒ得ル等種々ノ便宜ヲ生ズベケレバ、今日駸々乎トシテ盛運ニ向ヒツツアル所ノ、本邦ノ江原、咸鏡地方ニ對スル漁業貿易ヲ補益スル所少カラスシテ、本島經營ノ前途尤モ必要ニ被存候。

本島ハ、此ノ如キ絶海ニ屹立スル蕞爾タル岩島ニ過ギザレバ從來人ノ顧ルモノナク、全ク放委シ有之候、然ル處、私儀鬱陵島往復ノ道次、偶本島ニ寄泊シ海驢ノ棲息スノコト夥シキヲ見テ、空シク放委シオクノ如何ニモ遺憾ニ堪ヘサルヨリ、爾來種々苦慮計劃シ、愈明治三十六年ニ至リ、斷然意ヲ決シテ資本ヲ投ジ、漁舍ヲ構ヘ人夫ヲ移シ、獵具ヲ備ヘテ、先海驢獵ニ着手致シ候、當時世人ハ無謀ナリトシテ大ニ嘲笑セシガ、固ヨリ絶海不便ノ無人島ニ新規ノ事業ヲ企テ候事ナレバ、計畫齟齬シ、設備當ヲ失スル所アルヲ免レズ、剩ヘ獵法製法明カナラス、用途販路亦確カナラズ空シク許多ノ資本ヲ失ヒテ、徒ニ種々ノ辛酸ヲ嘗メ候結果、本年ニ至リ獵方製法共ニ發明スル所アリ、販路モ亦之ヲ開キ得タリ、而シテ、皮ヲ鹽漬ニセバ、牛皮代用トシテ頗ル需要多ク、新鮮ナル脂肪ヨリ採取セル油ハ、品質價格共ニ鯨油ニ劣ラズ、其粕ハ十分ニ絞レバ、以テ膠ノ原料トナシ得ラルベク、肉ハ粉製セバ骨ト共ニ貴重ノ肥料タルコト等ヲモ確カメ得候、卽本島海驢獵ノ見込略相立チ候、而シテ海驢獵ノ外、本島ニ於テ起スベキ事業、陸産ハ到底望ナク、海産ニ至リテハ、未ダ調査ヲ經ザルヲ以テ、今日確言シガタキモ、日本海中ノ要衝ニ當レバ、本島附近ニ種々ノ水族來集栖息セザル筈ナケレバ、本島ノ海驢漁業ニシテ永續スルコト得バ依テ以テ試驗探査ノ便宜ト機會トヲ得テ、將來更ニ有利有望ノ事業ヲ發見シ得ルナラント相期シ候、要スルニ、本島ノ經營ハ資本ヲ充實ニシ、設備ヲ完全ニシテ、海驢ヲ捕獲スル上ニ於テ、前途頗ル有望ニ御座候。

然レドモ、本島ハ領土所屬定マラズシテ、他日外國ノ故障ニ遭遇スル等、不測ノ事アルモ、確乎タル保護ヲ受クルニ由ナキヲ以テ、本島經營ニ資力ヲ傾注スルハ、尤モ危險ノコトニ御座候、又本島ノ海驢ハ常ニ棲息スルニハアラズ、毎年生殖ノタメ其季節卽四五月(年ニヨリ遲速アリ)來集シ、生殖ヲ終リテ七八月頃離散スルモノニ候、隨テ其捕獲ハ其期間ニ於テノミ行ヒ得ラレ候、故ニ、特ニ漁獲ヲ適度ニ制限シ、蕃殖ヲ適當ニ保護スルニアラズンバ、忽チ驅逐殄滅シ去ルヲ免レズ、而シテ、制限保護等ノコトハ、競爭ノ間ニハ到底實行シ得ラレサルモノニテ、人ノ利ニ趨クハ蟻ノ甘キニツクが如ク、世人苟モ本鳥海驢獵ノ有利ナルヲ窺知セバ、當初私儀ヲ嘲笑シタルモノモ、並ビ起ッテ、大ニ競爭シテ、濫獲ヲ逞ウシ、直チニ利源ヲ減絶シ盡シテ、結局其ニ倒ルルニ至ルハ必然ニ御座候、要スルニ、前途有望ニシテ、且ッ必要ナル本島ノ經營モ、惜ムラクハ、領土所屬ノ定マリ居ラザルト海驢獵業者ニ必ズ競爭ノ生ズベキトニヨリテ、大ニ危儉コレアリ、終ヲ全ウシ難ク候。

私儀ハ、前陳ノ如ク從來種々苦心ノ結果、本島ノ海驢業略見込相立チタレバ、今ヤ進ンデ、更ニ資本ヲ增シテ、一面ニハ捕獲スベキ大サ數等ヲ制限スルコト、牝及ヒ乳兒ヲバ特ニ保護ヲ篤クスルコト、島內適當ノ箇所ニ禁獵場ヲ設クルコト、害敵タル鯱鱶ノ類ヲ捕獲驅逐スルコト等、種々適切ノ保護ヲ加ヘ、一面ニハ獵獲製造

ニ備スル種々精巧ノ器械ヲ備ヘ、裝置ヲ設クル等、設備ヲ完全ニ
シ、傍ニハ、漁具ヲ具ヘテ、他ノ水族漁撈ヲモ試ムル等、大ニ經
營スル所アラント欲スルモ、前陳ノ如キ危險アルが爲、頓挫罷在
候、此ノ如キハ、啻ニ私儀一己ノ災厄ノミナラズ、又國家ノ不利
益トモ存セラレ候、ツキテハ、事業ノ安全、利源ノ永久ヲ確保シ、
以テ本島ノ經營ヲシテ終ヲ全ウセシメラレンガ爲ニ、何卒速ニ本島
ヲバ、本邦ノ領土ニ編入相成、之ト同時ニ向フ十箇年間、私儀ニ
御貸下ヶ相成度別紙圖面相添ヘ此段奉願候也。

　　明治三十七年九月二十九日

　　　　　　　　　　　島根縣周吉郡西鄕町大字西町指向

　　　　　　　　　　　　　　中井養三郎

　　內務大臣　　　子爵　　芳川顯正殿

　　外務大臣　　　男爵　　小村壽太郎殿

　　農商務大臣　　男爵　　清浦奎吾殿

　　　　　랸코도 영토 편입 및 대하원

　오키 열도에서 서로 85해리, 조선 울릉도의 동남으로 55해리
의 절해에 세상에서 랸코도라고 칭해지는 무인도가 있습니다.
주위가 각각 약 15정이 되는 갑을 2개의 암도가 중앙에 대립하여
하나의 해협을 이루고, 대소 수십 개의 암초가 점점이 산포하여
이것을 둘러싸고 있습니다. 중앙의 두 섬은 사면 단암의 절벽으
로 높게 솟아 있고 그 정상에 약간의 토양이 덮고 그곳에 잡초가
나 있을 뿐, 섬 전체에 하나의 수목이 없습니다. 해변이 굽은 곳
은 자갈이 곳곳에 해변을 이루어도 옥사를 지을 수 있는 장소는

갑서의 해협에 면한 부분에 겨우 한 곳이 있을 뿐입니다. 갑서의 중복 오목한 곳에는 저수가 있어 다갈색을 띱니다. 을서에는 미미한 염분을 함축한 청렬한 물이 단안으로 떨어집니다. 선박은 해협을 중심으로 바람에 따라 좌우로 피하여 정박하며 안전을 유지합니다.

본도는 본방에서 오키열도 및 울릉도를 거쳐 조선의 강원, 함경지방을 왕복하는 선박의 선로에 해당합니다. 만일 본도를 경영하는 자가 있어, 사람이 이곳에 상주하게 되면, 그런 선박이 기박하여 언료나 물, 식량 등이 만일 결핍하면 보충할 수 있는 등 여러 가지로 편의를 얻을 수 있어, 오늘 빠르게 운이 번성하고 있는 이때, 본방이 강원 함경지방의 대한 어업무역으로 이익을 얻는 것이 적지 않아, 본도 경영의 전도는 더욱 필요하다고 생각합니다.

본도는 이처럼 절해에 우뚝 솟은 작은 암도에 지나지 않아 종래에 사람들이 되돌아보는 일 없이, 그야말로 버려져 있었습니다. 그러던 것이 개인적으로 울릉도를 왕복하는 길에 우연히 본도에 들러 강치가 많이 서식하는 것을 보고, 헛되이 버려두는 것이 참으로 아까워 참을 수 없어, 이래로 여러 가지를 고려하고 계획하여 메이지 36년에 이르러, 단연히 뜻을 정하고 자본을 투자하여 어사를 세우고 인부를 옮겨 어구를 준비하고 우선 강치잡이에 착수했습니다. 당시 세상사람들은 무모하다고 크게 조소했으나, 원래 절해불편한 무인도에 신규사업을 기도한 일이라, 계획이 어긋나고 설비가 잘못되는 것을 피하지 못했습니다.

게다가 어렵법이나 제조법이 분명하지 않고 용도·판로 역시 분명하지 않아 허무하게 허다한 자본을 잃고, 어쩔 수 없이 여러 어려움을 맛본 결과, 올해에 이르러 어렵법, 제조법을 같이 발명한 바 있어, 판로도 열 수 있었습니다. 그리고 가죽을 소금에 절이면 우피를 대용하여 수요가 아주 많고, 신선한 지방에서 채취하는 기름은 품질과 가격 모두가 고래기름에 뒤떨어지지 않고, 그 찌꺼기는 충분히 짜면 아교 원료로 할 수 있고, 고기는 분제하면 뼈와 함께 귀중한 비료로 할 수 있다는 것 등도 확인했습니다.

즉 본도의 강치잡이의 장래성이 있습니다. 그리고 강치잡이 외에, 본도에서 일으킬 수 있는 사업은, 육지산업은 도저히 가망이 없고, 바다산업이라면, 아직 조사를 하지 않아, 지금 확언하기 어렵지만, 일본해 가운데의 요충이기 때문에, 본도 부근에 여러 종류의 수족이 모여 서식하지 않을 리가 없어, 본도의 강치어업을 영속할 수 있으면 그것을 근거로 시험탐사의 편의와 기회를 얻어, 장래에 더욱 유리하고 유망한 사업을 발견할 수 있다고 기대합니다. 요컨대 본도의 경영은 자본을 충실히 하고 설비를 완전하게 하여, 강치를 포획하는 데 있어 전도가 아주 유망합니다.

그런데도 본도는 영토의 소속이 정해지지 않아, 다른 날에 외국의 이의를 만나는 등 예상하지 못한 일이 있다해도 확실한 보호를 받을 방법이 없기 때문에, 본도 경영에 자금력을 붓는 것은 더욱 위험한 일입니다. 또 본도의 강치는 항상 서식하는 것이 아니라, 매년 생식하기 위해 그 계절, 즉 4, 5월(해에 따라 자속이 있다)에 모여들어 생식을 마치고 7, 8월경에 이산하는 것입니다. 따라서 그 포획은 그 기간에만 행할 수 있습니다. 그러므로 특히 어획을 적당히 제한하여 번식을 적당히 보호하지 않으면, 곧 씨가 마르는 것을 피할 수 없습니다. 그래서 제한 보호 등의 일은 경쟁하는 사이에는 도저히 실행할 수 없는 일로, 사람이 이익을 추구하는 것은 개미가 단 것에 모여드는 것과 같아, 만일 세인이 본도의 강치잡이에 이익이 있다는 것을 들어 알게 되면, 당초 나를 조소했던 자도 같이 일어나 크게 경쟁하여 남획을 강행하여 곧 이익의 근원을 절멸시켜, 결국 그렇게 되는 것은 필연적입니다. 요컨대 전도유망하고 또 필요한 본도의 경영도 애석하게도 영토소속이 정해져 있지 않으면 강치 엽업자가 반드시 경쟁하는 것에 의해, 큰 위험이 있습니다. 유종의 미를 기대하기 어렵습니다

저는 전술한 것처럼 종래 여러 가지를 고심한 결과, 본도의 강치업의 개략을 전망했기 때문에, 지금은 진행하며 다시 자본을 늘려, 한편으로는 포획할 수 있는 크기 숫자 등을 제한할 것, 해를 끼치는 물호랑이, 바다범, 상어류를 포획, 구축할 것 등 여러 가지로 적절히 보호하고, 한편으로는 엽업 제조에 필요한 여러 가지 정교한 기계를 갖추어, 장치를 설치하는 것 등 설비를 완전히 하고, 한편으로는 어구를 갖추어 다른 수족의 어로도 시험하는 등 크게 경영할 것이 있다고 생각해도, 전술한 대로 위험이 있기 때문에 고민하고 있습니다. 이러한 일은 사소하게 저 하나만의 재액만이 아니라 국가의 불이익이라고 생각됩니다. 더불어 사업의 안전, 이익의 근원을 영구히 확보하고, 본도의 영업의 유종의 미를 거두기 위해, 부디 서둘러 본도를 본방의 영토로 편입하고, 이와 동시에 향후 10년간 저에게 대하하여 줄 것을 별지의 도면을 첨가하여 이를 봉원합니다.

메이지 37년 9월 29일

시마네켄 스키군 사이고쵸우 오아자니시쵸우 시코우
나카이 요우자부로우

내무대신	자작	요시카와 아키마사 토노
외무대신	남작	고바야시 토시타로우 토노
농상무대신	남작	기요우라 케이고 토노

爾來中井氏は內務省地方局に出頭して、井上書記官に事情を陳述し、また、同鄕の桑田法學博士(現今貴族院議員)の紹介によりて外務省に出頭して、山座政務局長に面會してこれをはかり、桑田博士また大に力むる處ありて、遂に一應島根縣廳の意見を徵することととなれり。

ここに於て、島根縣廳にては、隱岐島廳の竟見を徵して上申の結果、遂に閣議に於ていよいよ領土編入に決し、リャンコ島を以て竹島と命名せらるるに至れりといふ。　　　　　　　　　　　　　　　(中井氏談)

이래로 나카이씨는 내무성 지방국에 출두하여 이노우에 서기관에게 사정을 진술하고 또 동향의 구와다 법학박사(현금 귀족원 의원)의 소개로 외무성에 출두하여 야마자 정무국장을 면회하여 이것을 기도했다. 구와다 박사가 크게 힘을 쓰는 일이 있어, 결국 일단은 시마네켄청의 의견을 구하게 되었다.

여기서 시마네켄청에서는 오키도청의 의견을 구하여 상신한 결과, 결국 각의에서 드디어 영토 편입을 결정하고, 랸코도를 죽도로 명명하기에 이르렀다 한다.[주19]　　　　　(나카이 씨 이야기)

島根縣告示第四〇號

北緯三十七度九分三十秒、東經百三十一度五十五分、隱岐島ヲ距
ルコト西北八十五浬ニアル島嶼ヲ竹島ト稱シ、自今本縣所屬島司ノ所
管ト定メラル。

明治三十八年二月廿二日

島根縣知事 松永武吉

시마네켄 고시 제40호

북위 37도 9분 30초, 동경 131도 55분, 오키노시마를 떠나 서북 85 해리에 있는 도시를 죽도라 칭하고, 지금부터 본현 소속 도사의 소관으로 정한다.

메이지 38년 2월 22일

시마네켄 지사 마쓰나가 타케요시

島根縣庶第二號　　　　　隱岐島廳

北緯三十七度九分三十秒、東經百三十一度五十五分、隱岐島ヲ距ル
西北八十五浬ニアル島嶼ヲ竹島ト稱シ、自今本縣所屬島司ノ所管ト
定メラレ候條、此旨心得ベシ。

明治三十八年二月二十二日

島根縣知事 松永武吉

시마네켄서 제11호　　　　오키도청

북위 37도 9분 30초, 동경 131도 55분, 오키노시마를 떠나 서북 85 해리에 있는 도서를 죽도라 칭하고, 지금부터 본 현 소속 도사의 소관으로 정한다는 것, 이 뜻을 이해할 것.

시마네켄 지사 마쓰나가 타케요시

　竹島の領土編入、竹島の命名につきての事情は上述の如し。而して、領土編入は、地位上より見るも經營上より見るも、はた、また、歴史上より論ずるも、公然わが領土に編入すべキモノにして、一點の非議を挾むべき餘地を有せざるや明かなり。次に命名につきては、水路誌及び海圖中に鬱陵島を松島と命名せられし以上は、竹島に當るべき島嶼は、リヤンコ島を措きて他に求むべからず、とし仍て竹島と命名せられし所以なり。ただここに吾人の疑を挾むべきは、水路部に於て如何なる史料によりて、鬱陵島一名松島と命名せられしか、これ根本的疑問なり、この疑問だに氷解せられんか、竹島の命名は刃を迎へずして直に解決せらるべきなり。これ吾人の世の識者に向つて、切に、指教を請はんとする處なり。

　　聯合艦隊の主力は、二十七日以來敵に對して追擊を續行し、二十八日リヤンコールト岩附近に於て、敵艦ニコライ第一世(戰艦)アリョール(戰艦)セニヤーウイン(裝甲海防艦)アブラキシン(裝甲海防艦)…四艦は、須叟にして、降伏せり。下略。

　　　　(五月二十九日午前着電、東郷長官公報其三)
上略、午前十時三十分の頃、竹島の南方約十八浬の地點ニ於て、此敵を包圍せり敵は卽ち戰艦ニコライ一世、アリョール、海防艦アブラキシン、セニヤービン、及ひ巡洋艦イズムルードの五隻にして……砲火を開くや須叟にして、敵艦隊司令長官子ボカトフ少將は、其部下と共に降意を表し、本職は特に其將校以上は帶劍を許して、之を受けたり。云々。

(六月一日東鄕長官日本海々戰詳報)

　죽도의 영토편입, 죽도의 명명에 대한 사정은 상술한 것과 같다. 그리고 영토편입은 지리적 위치로 보아도 경영상으로 보아도, 역시, 또 역사상으로 논해도 당연히 우리 영토에 편입해야 하는 것으로, 한 점의 의문을 품어야 하는 여지가 없다는 것은 분명하다. 다음에 명명에 대해서는 수로지 및 해도 중에 울릉도를 송도라고 명명한 이상은, 죽도에 해당히는 도서는 랸코도를 두고 달리 구할 수 없다. 그래서 죽도라고 명명된 까닭이다. 다만 여기서 우리가 의심해야 하는 것은 수로부에서 어떤 사료를 의거로, 울릉도 일명 송도라고 명명했는가, 이것이 근본적인 의문이다. 이 의문만 해결하면 죽도의 명명은 공격받지 않고 해결될 수 있다. 이것을 나는 세상의 식자를 향해, 절실하게 지도와 가르침을 청하려고 하는 바이다.

　연합함대의 주력은 27일 이래 적에 대해 추격을 속행하여, 28일에 랸코도 바위 부근에서 적함 뉴라이 제1세(전함) 아리요-루(전함) 세니야-원(장갑해방함) …… 4척은 얼마 지나지 않아 항복했다. 하략.

(5월 29일 오전 착전, 토우고우장관 공보그3)

상략, 오전 19시 30분경, 죽도의 남방 약 18리 지점에서, 이 적을 포위했다. 적은 즉시 전함 니코라이 1세, 아리요-루, 해방함 아부라키신, 세니야빈 및 순양함 이즈무루-도 5척으로 포화를 열자마자 얼마 지나지 않아 적함대 사령장관 네보카토후 소장은 그 부하와 함께 항의를 표하여, 본직은 특별히 그 장교 이상의

대검을 허가하여, 이를 받았다. 운운.[주20]

(6월 1일 토우고우장관 일본해 해전 상보)

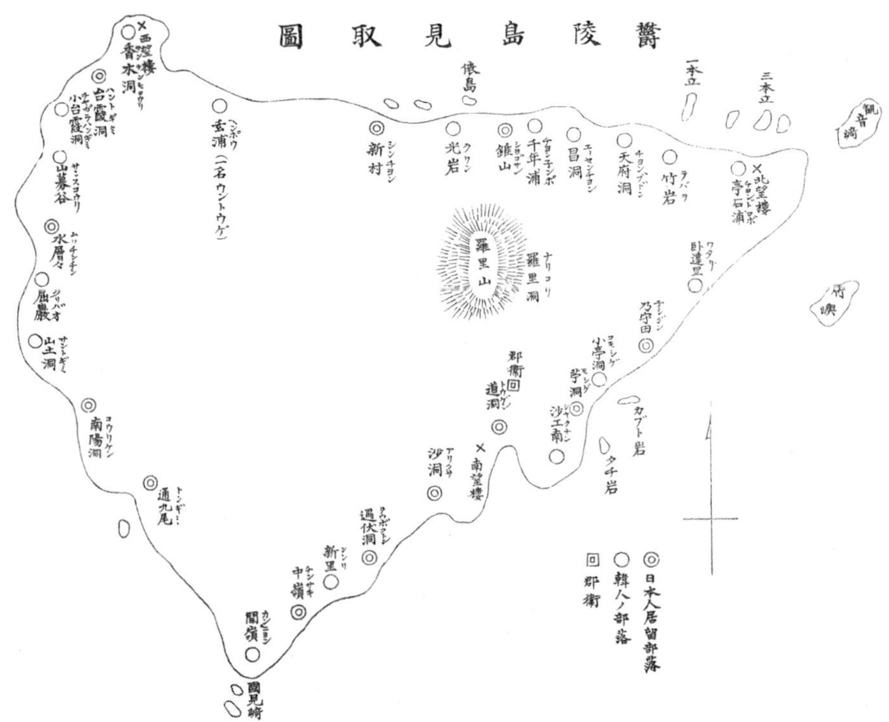

촌토로보[亭石浦] 와타리[臥達里] 내시진[乃字田] 고모시게[小亭洞] 모시게[苧洞] 샤쿠난[沙工南] 도우겐[道洞] 아리쿠사[沙洞] 오우보쿠톤[遇伏洞] 신리[新里] 친사키[中嶺] 간논[間嶺] 톤기미[通九尾] 유우리켄[南陽洞] 산도기미[山土洞] 구리바오[屈巖] 무리친친[水層々] 산스고우리[山募谷] 차가라한기미[小台霞洞] 한토기미[台霞洞] 산난모코우리[香水洞] 헨포우[玄浦] 신촌[新村] 쿠완[光岩] 쇼고산[錐山] 촌넨포[千年浦] 애센촌[昌洞] 촌부돈[天府洞] 테바오[竹岩]

鬱陵島見取圖

[주1] 奧原碧雲의 울릉도 방문

한국이 랸코도/독도의 일본 영토 편입의 일을 안 것은 1년 이상을 경과하고 나서이다. 1906년(메이지 39년) 3월 27일에 죽도를 시찰한 시마네현 제3부장 진자이 유타로우 등 45인이 풍파를 피하여 울릉도에 피난하여, 다음 28일에 군수를 표경방문하여 담화하는 인사 중에 죽도의 일본 영토 편입에 대해 언급했던 것이다. 처음부터 영토편입을 통고하기 위해서 울릉도에 갔던 것은 아니다. 날씨가 불량하여 울릉도로 피난한 일이 없었다면, 시마네현의 진자이 부장 일행은 죽도를 시찰만 하고 돌아갔을 것이다. (중략) 시마네현의 진자이 부장 일행의 한국 울도 군수 방문은 갑작스런 일이었다. 원래 울릉도에 기항하는 것조차도 당초의 예정에는 없었다. 풍파를 피해서 죽도/독도에서 울릉도 저동에 착안한 배를, 郡衙가 있는 도동에서는 일본의 경관과 우편국장이 2척의 배를 대고 일행을 환영했다. 이해의 2월 말 현재의 재도 일본인은 96호, 303인으로, 일본인의 통제를 명목으로 1902(메이지 35)년 3월부터 부산 영사관이 일본인 경관 3명을 주재시키고, 1904년부터는 우편 수취소를 개설하고 있었다. 한국 영내에서 일본인 거류지도 아닌 울릉도에 일본의 경찰관이 상주하고 있는 것에 주목하지 않으면 안 된다. 그들은 "본방의 제 법령에 준거해서, 제반의 보호 단속을 하고 있다"라고 오쿠하라는 보고하고 있지만, 이 일에 대해서 호리는(堀和生, 『1905年日本の竹島領土編入』, 1987) "무장한 그들이 침략의 현장에서 어떠한 역할을 수행할지는 분명하다"라고 본다.

그 경찰관의 안내로 전날에 도착한 일본인 일행 4, 5명이 군아를 방문했던 것이다. 진자이 부장은 "나는 대일본제국 시마네 현의 역원이다”라고 신고하고, 울릉도 시찰의 건을 전하고, 선물로 죽도에서 잡은 강치 세 마리 중에서 한 마리를 군수에게 증정했다. 전야에 일본선 도착의 보고가 있었던 것으로 생각되지만, 군수 심흥택(沈興澤)은 ‘흰옷을 입고 관을 쓰고, 긴 담뱃대를 들’고 방석에 앉아서 손님을 맞이하고, ‘원래의 노고를 말하고, 증물에 대해서 사의를 표’했다. 섬에 파견되어 있는 일본인 경찰부장이 통역을 했지만, ‘응대의 말은 상당히 능숙하다’고 한다. 그렇지만 “행정상의 질문에 대해서는, 대체로 요령이 없었다”라는 것이다. 이상은 수행한 오쿠하라헤키운의 기사이지만, 신문기사에서는, 재류 일본인에 대해서 보호할 것과 강치를 받은 것에 대한 예의가 이야기되고 또 “만약 맛이 있다면 다시 증여를 바란다”라고 말한 것이 기록되어 있다.

울도군수 심흥택은 시마네 현 관원의 갑작스런 방문에 놀랐지만, 그 이상으로 놀란 것은 울도군에 속한 석도(石島, 獨島)가 일본 영토에 편입된 것을 선고받았던 일이다. 다음 날 그는 즉시 그 일을 강원도청에 보고하고 선처를 요망하고 있다(『獨島와 竹島』 p.238).

이렇게 하여 침탈행위를 안 조선이 일본에 항의하게 된다. 문제는 시찰단이 울릉도에 도착 했을 때 일본의 경관과 우체국장이 환영했고, 그 경찰관의 안내로 군아를 방문하고, 그 경찰부장이 통역을 했다는 사실이다. 조선의 영지에 일본의 경찰이 주둔하고 있었다는 사실을 어떻게 보아야 할 것인지, 그것을 아는 것이 독도문제 만이 아니라 일본의 본질을 이해하는 일이 될 것이다. 물론 본서의 접근에도 이것의 이해가 필요하다.

한국령인 울릉도에 일본의 경찰관이 상주하기에 이르렀던 것은 1900(明治 33)년 6월에 한국 정부가 일본의 부산 영사보를 동반하여, 울릉도의 현지조사를 한 뒤에 재차 동도에서 일본인의 퇴거를 요구해 온 것에서 비롯된다. 이에 대해서 일본정부는 일본인의 재류가 조약의 규정 외라는 것은 인정하면서도, 일본정부가 퇴거시켜야만 한다는 책무는 없다고 반박했다. 그리고 십수 년 일본인의 재류를 묵인해 온 것은 한국 정부의 책임이라며, 역으로 기정사실을 인정해서 일본인의 거주를 공인하고 허가할 것을 요구했다. 그리고 다음 1901년 12월에는 하야시 주한공사가, 일본인의 분쟁빈발을 이유로, 재류 일본인을 단속한다는 이유를 들어 일본인 경찰관을 주재시킬 것을 제안하고, 1902년 3월부터는 부산 영사관에서 경찰관을 파견하여 상주시키기로 한 것이었다(堀和生 논문 p.110).

또 현지의 『山陰新聞』에는 1902(明治 35)년 당시의 울릉도의 치안 상황을 다음과 같이 보고하고 있다. ―"요즘 해당지에서 귀촌하는 자가 여럿 있다. 동도는 무정부 상태로, 이웃 마을의 한 사람은 본방인(일본인)에 의해 살해되어 나뭇가지에 매달려 있었다 한다."(『山陰新聞』, 明治 35년 1월 30일) "원래 해도에 온 방인은 모두 표류인 집합체로 볼 수 있는 자로서, 그 야비한 것을 말할 수가 없어, 거의 약육강식적 행동이 많아, 우리 경찰서의 사무개시 이래 송사가 아주 많다."(『山陰新聞』, 明治 35, 6, 22) 『獨島와 竹島 p.201』)

[주2] 獨島風景과 宗敎

于山國이 울릉도와 그 주변의 섬들을 요소로 해서 구성된 국가인 이상, 그것이 하나로 통합되는 과정이 있었기 마련이다. 처음부터 지도자가 정해지지 않은 상황에서 여러 세력 간의 경쟁이 있었으며, 서로의 정통성이 제기되었을 것이다. 태양이나 巨山·巨石과의 관계로 정통성을 확인하려는 것이 고대통치자들이 취하는 일반적인 방법이었다. 우산국의 경우에는 태양은 물론 성인봉이나 독도와의 관계를 확인하는 방법으로 정통성을 주장하려 했을 것이다. 그것들은 그럴 만한 조건을 충분히 구비하고 있다.

우산국에 있어 독도는 태양이 떠오르는 시발점으로, 독도 위로 태양이 뜨는 정경은 그것들이 상징하는 신앙심을 동시에 자극하기에 충분했다.『三國史記』의 異斯夫는 우산국을 정벌할 수 없는 원인을 우산국의 '恃險'에서 구하고 있다. 이는 우산국이 믿는 것이 있어 완강하게 저항한다는 뜻으로, 시험의 내용을 울릉도의 험한 자연환경으로 보는 것이 일반적이다. 그러나 그것은 우산국의 능력을 고려하지 않고 우산국을 '愚悍'한 세력으로 보려는 사고를 바탕으로 하는 해석에 불과하다.

우산국이 신라를 퇴치할 수 있었던 것은 험한 자연조건 이전에 신라의 질서를 거부하려는 공동의식이 형성되어 있었기에 가능한 일이었다. 그런 공동의 사고, 가치관이 없었다면 신라의 침략을 견디지 못하고 함락되었을 수도 있다.

그 '恃險'의 '시'는 '믿는다' · '의지하다' 등을 의미하고, 험은 '험하다' · '높다' · '깊다' 등을 의미하고, 시험은 '요해를 믿는 것'을 의미하므로, 우산국의 신라와의 대전이 자연조건만 의지하는 것으로 알기 쉽다. 울릉도가 신라에서 멀고, 접근하기 어렵다는 것은 사실이다. 그렇다 해서 상륙이 불가능한 일은 아니었다. 木偶獅子를 보이며 위협하는 방법으로 항복받았을 때도 해안에 접근하여 목우사자를 보인 사실을 보면, 접근과 상륙이 불가능했던 것은 아니다.

우산국이 신라를 맞이하여 강력하게 대항하여 상륙하지 못했을 경우도 있을 수 있고, 상륙한 신라군과 상전한 경우도 있을 수 있다. 설사 그런 경우가 없었다 해도 신라의 전승을 강조하는 방법으로, 승전한 신라의 의사로 설정 가능한 일이다. 그러나 중요한 것은 우산국이 신라의 질서에 편입되는 것을 거부하는 상황이 있었다는 사실이다. 그것은 우산국이 독자적인 질서를 지키려 한다는 것, 신라를 두려워하지 않았다는 것, 신라에 대항할 수 있는 국력을 구비하고 있었다는 것을 의미한다.

우산국의 무엇이 그렇게 하게 했는가를 생각해 볼 수 있는 것의 하나가 '恃險'의 '시'이다. 우산국이 험한 자연의 조건에 의지하는 것은 당연한 일이지만, 그것이 단순한 자연만을 의미하는 것은 아니라고 생각한다. 그 자연조건 속에는 그 자연이 상징하는 종교적 의미, 즉 자연의 주술적 의미도 포함된 것으로 보아야 한다. 험한 자연을 구성하는 요소 그 자체가 신앙의 대상이기 때문이다. 기이한 형상의 자연물을 정령의 거처로 생각하고 신앙의 대상으로 삼는 고대인에게 우산국이야말로 많은 정령이 다양하게 깃든 곳으로 여기기에 충분한 곳이다. 말하자면 우산국에 깃든 많은 정령들이 그곳에 거주하는 자신들을 보호해 준다고 믿고, 그 정령들의 수호를 믿고 있었기 때문에 신라의 질서를 거부하며 저항한 것으로 볼 수도 있다.

우산국은 해중국가로 태양의 수호를 독점한다고 인식할 수 있고, 육안으로 확인되는 독도에 깃든 정령들의 수호도 독점한다고 인식하고 있었을 수 있다. 또 그것의 수호를 획득하기 위한 의례도 적극적으로 거행하고 있었을 것이다. 우산국이 해중국가라는 것은 해중에 존재하는 유일한 국가로, 그렇기 때문에 태양의 수호를 독점한다고, 태양에 선택된 세력이라고 믿었기 마련이다. 해중국가라는 자연 조건이 자국을 우주의 전부라고 인식했을 수도 있다. 그들이 경험하는 태양이 자국을 중심으로 해서 출몰하기 때문에, 그들은 태양의 반경을 자국의 한계로 인식할 수도 있다. 그런 환경 속에서 형성된 사고는, 자국이 태양의 반경 안에 존재하는 유일한 국가이고, 태양을 자국의 전유물로 생각하게 될 것이다. 그 같은 사고는 태양과 생활을 연계시켜, 길흉화복을 태양의 의사로 받아들이고, 태양의 수호로 뜻하는 바를 이루려는 노력이 의례형식으로 형상화되기 마련이다.

고대인의 생활이 태양 위주라는 것은 일반적인 상식이나 우산국과 같은 해중국가는 그 정도가 더 심했다. 바다를 터전으로 하기 때문에 태양의 영향력은 더욱 컸다. 태양이 뜨지 않는 것에 의해 야기되는 악천후는 생활을 제한하고 위험을 초래한다. 폭풍에 의한 표류나 한파에 의한 생활의 제한도 태양이 출현하지 않는 것을 원인으로 한다. 그런 경험을 통해 태양의 절대권위를 인정하게 되고, 그것을 독점하고 있다는 현실이 우산국의 긍지였기 마련이다. 그런 인식, 태양의 수호를 보장받고 있다는 신념을 가지고 신라와 대적하여 격퇴시켰을 것이다.

우산국이 믿는 것은 태양의 수호만이 아니라 자연의 정령, 말하자면 거석으로서의 독도의 수호도 있었다. 거암은 그자체가 신앙의 대상이었다. 거암은 정령이 깃드는 거주처이며 수호를 기원하는 대상이었다. 거암과 거목은 천으로 통하는 통로, 절대신이 강림하는 곳으로 인식되어, 신앙의 대상이었다. 독도는 기이한 형상은 물론 섬 전체가 거암이라는 자체만으로 종교의 대상이기에 충분하다. 따라서 그곳을 경험한 자들이나 망견하는 사람들의 신앙심을 자극하기에 충분한 대상이었다. 우산국인들은 먼 바다 저쪽에 존재하며 隱現하는 독도를 보며 또 그 위로 떠오르는 태양을 보며 그것을 독점하고 있다는 현실에 자긍심을 느끼지 않을 수 없었을 것이다.

종교란 성스런 사물, 즉 격리되어 금기된 사물과 관계하는 신앙과 행사의 연대적 체계로, 이 같은 신앙과 행사는 동일의 도덕적 사회에서 이것에 귀의하는 모두를 결합시킨다. 또 그것은 초자연적인 것에 대한 사람들의 신앙과 의례관행 전체를 포함하기도 한다. 인류는 자연의 조절이 불가능하다는 것을 알고, 그것에 의지하여 자연을 조절하고 자신들이 원하는 것을 이루려 했다. 그러한 소망이 조상의 영혼이나 특이한 자연물에 정령이 깃들어 있다고 믿고 의지하게 한다. 거암, 거목, 동물, 강자 등에게 깃들어 있다고 믿으면 그것을 숭배히고 제사하여 그것의 수호를 확보하여 소원을 이루려 한다. 가축의 번식, 생산량의 증식, 어획량의 확대, 전쟁에서의 승리 등을 거두는 입장을 확보하려 하는 것이다.

고대인의 신앙은 애니미즘을 기반으로 해서 다신을 숭배하는 것으로 천부신, 지모신을 주신으로 하는 신앙체계를 형성하였다. 桓雄과 熊女의 神婚을 비롯한 天帝와 河伯女娘의 신혼, 朴赫居世와 閼英의 신혼 등이 그 예이다. 그런데 이러한 천지신의 신혼은 異界 간의 공간을 어떻게 이동하는가의 문제를 내포한다. 대개의 경우는 천부신이 지모신을 찾는 것으로 인식하고 있다. 환웅이 태백산정의 神檀樹로, 박혁거세가 楊山 밑 蘿井으로, 首露가 龜旨峯으로 강림하는 것과 같은 경우다. 이 경우의 '신단수'나 '양산', '龜旨峯' 등은 신이 강림하는 통로로 이용되어 신의 강림처가 '山'이나 '樹'·'峰'처럼 지상의 돌출된 곳이라는 것을 알 수 있다. 그래서 그것은 신성시되고 제사의 대상이 되는 것이다.

이 경우의 거암은 물론 '山', '봉', '수' 등은 신의 이동로나 거처로 믿어진다. 애니미즘의 신봉이다. 산천초목을 비롯한 여러 동물과 인간에게 정령이나 영혼이 깃들어 있다고 믿는 고대인의 신앙의 형태로, 돌이나 나무에 새끼줄이나 헝겊으로 장식하고 제사하며 숭배한다. 제사하는 방법으로 신과 교류하여 그 수호를 받으려는 것이다.

돌의 견고함은 지속과 영원불후한 존재로, 그곳에 정령이나 영혼이 깃드는 것은 생명을 불어넣는 일이며, 새로이 불멸의 신체를 얻는 일이다. 그래서 돌과 결부되는 정령이나 영혼은 영원한 생명을 획득하여, 그것을 숭배하는 자들을 수호할 수 있는 대상이 되고, 그 수호를 받기 위한 의례가 형성된다. 영과의 교류를 위한 의례로 그것이 반복되면서 신과의 교류가 가능한 성역이 된다. 그러한 성역은 세계의 중심으로서 의미를 가진다. 천계나 명계의 신들이나 사자들의 영과의 교류가 실현되는 특권적 장소인 것이다. 독도는 그 모든 조건을 구비하고 있다. 그런 독도를 우산국이 배제시킬 이유는 어디에 있겠는가.

(權五曄, 「于山國의 종교와 독도」에서)

[주3] 松樹栽植과 天皇世界

죽도를 방문한 일행이 소나무를 심었다는 것은, 단순한 행사로 보아서는 아니 된다. 조선의 허가 없이, 종전의 松島를 竹島로 개명하여 일본령으로 편입하고, 그것을 조선에 슬그머니 구두로 전하는 방법으로 통고절차를 거치려는 목적의 시찰 중에 이루어지는 식수였다. 일본 제국주의의 실현을 죽도라는 신영토의 편입을 통해 확인하는 과정에서, 새로 획득했다는 그 영지에 소나무를 심는 것은, 그것이 천황의 세계에 포함되었다는 것을 확인하는 의식이었다. 본서에는 부록으로 일본 전통의 와카(和歌)를 싣고 있는데, 그것 역시 일본의 전통가

요를 통하여 천황의 세계를 확인하는 목적을 가진다. 그렇게 보는 것
이 와카를 부록으로 실은 의도를 제대로 파악하는 일이다. 그「寒潮
餘韻」에 다음의 노래가 실려 있다.

북해 조수의 물말이 높은데 만고에 움직이지 않는 암근의 죽도로구나
北の海や大高汐(おほたかしほ)の高なりに万古動ぜぬ岩根たけしま。

이것은 죽도를 '만고에 움직임이 없는 바위뿌리'로 단정한 노래이
다. 언뜻 보면 섬의 풍경을 읊은 서경가로 볼 수도 있다. 그러나 일본
의 전통적인 와카에서 '움직이지 않는 바위'라는 표현은 특별한 의미
를 가진다. '岩根'는 '큰 바위'로, 石이나 岩은 영원하고 견고함의 표
상으로, 일본 천황의 영구불변을 상징한다. 따라서 암도인 죽도에 소
나무를 심는 것은, 천황의 치세가 영원할 것을 의미하고 또 그것을
기원하는 일이었다. 이것을 발전시켜 바위와 소나무를 같이 노래하기
도 한다.

신대 이래 영원하라는 신의에서일까, 확고하여 움직이지 않는 거암에 소
나무 씨를 뿌렸을 것이다.
神世よりひさしかれとや動きなき岩根に松の種をまきけむ(『千載和歌集』
卷第10 賀歌)

야마시나 산의 단단한 대지에 뿌리내린 바위에 소나무를 심어, 우리 천
황의 영구불변을 기원한다.
山階の山の岩根に松を植へてときはかきはに祈りつる哉(『拾遺和歌集』卷
第5 賀歌)

이런 의미를 가지는 소나무의 식수였다. 따라서 島根縣의 시찰단

이 죽도의 東嶼에 올라 소나무를 심은 것은 영원한 천황의 세계, 즉 일본제국주의의 무궁함을 기원함과 동시에 죽도의 영유를 확인하고, 영원한 일본령이기를 기원하고 예축하는 것으로 보아야 한다.

[주4] 獨島와 中井養三郞

독도의 침탈을 이야기할 때 피할 수 없는 인물이 우리의 安龍福이라면 일본인으로서는 17세기의 大谷家·村川家의 어민과 19세기의 中井養三郞이다. 이 나카이 요우자부로우가 독도에서 행한 어렵활동 등이 가지는 의미를 파악한 오오니시 토시테루(大西俊輝)의 인식을 통해, 일본이 취한 죽도편입이 포함하는 모순을 살펴보기로 한다.

나카이 요우자부로우의 강치사냥

1902(明治 35)년에 러·불 연계에 대항하여 일영동맹이 맺어진다. 일본은 극동해에 그 세력을 扶植한다. 민간급에서도 이 국가정책에 따라 진출을 가속시키고 있었다. 이 무렵 隱岐에서 울릉도 그리고 동해로, 전복과 그 외의 채취에 잠수기를 사용하며 광범위하게 어업을 영위하는 中井養三朗라는 자가 있었다. 中井는 랸콘도의 강치 포획업을 계획하고 1903(明治 36)년에 섬으로 부하를 파견하여 漁舍를 건설했다.

랸코도는 암초로 이루어진 섬으로 무수한 강치가 유영한다. 포획하여 피혁이나 獸脂나 肉片을 얻으면 충분히 채산이 맞는다는 것을 알고 있었다. 이익이 좋은 포획업이라는 것이 알려져, 中井에 이어 다수의 어민들이 모여들자 中井는 강치포획업의 독점을 꾀하며 중앙관청으로 찾아갔다. 먼저 隱岐 출신의 農商務省 水産局員과 상담하고, 그의 소개로 수산국장 牧朴眞를 면회하여 협조를 요청했다.

마키는 외무성의 政務局長 山座圓次郎와 海軍省의 수로부장 肝付兼行 일행과 상담하고, 랸코도의 소속을 확인하였다. 그러나 섬의 소속이 불명하여 확실한 徵證을 찾지 못했다.

양국 본토에서의 거리를 측정하면 일본 쪽이 십 해리나 가깝다. 게다가 일본인이 그 섬의 어업경영에 종사하고 있다. 그렇다면 이참에 아주 일본령으로 편입해야 하는 것 아닌가. 마침 日露가 격돌하는 시기로 이 해역의 상악은 필수적이다. 마키 수산국장, 야마자 정부국장, 肝付兼行 수로국장은 그렇게 판단했다.

그래서 나카이에게, 섬을 일본령으로 편입할 것을 청원하고, 그 후에 대여원을 제출하도록 지도했다. 그것에 의해 정식으로 편입수속을 취하고 일본령으로 선언한 다음에 그 청원에 따라 대하해주겠다는 것이었다. 그 줄거리에 따라 中井가 청원하게 되었다.

이리하여 『랸코도 영토 편입 및 貸下願』을 中井養三郎가 내무, 외무, 농상무의 3대신 앞으로 제출했다. 1904(明治 37)년 9월의 일이었다. 이미 日露戰爭은 시작된 시기였다.

[주5] 랸코도의 영토 편입

죽도로 이름을 바꾼 랸코도는 후에 일본령이 된다. 지금 일본인의 대다수는 이 섬을 명백히 일본령으로, 일본의 고유의 영토로 생각하고 있다. 그러나 과연 그럴까. 죽도의 영토편입에 일역을 담당했던 中井養三郎는 사실 이 랸코도의 대여원을 당시의 대한제국 정부에 제출하려 했다.

조선왕조의 관료들은 이 섬을 조선의 영토라고 생각하고 있었다. 울릉도(우산국)의 속도인 우산도인 것이다. 조선국이 대한제국으로 이름이 바뀌어 우산도가 石島 혹은 독도라고 이름을 바꾸어도 그 영토라는 의의는 변하지 않는다. 코리아반도에서 폭넓게 어업을 하려는 中井養三郎도 독도가 코리아령이라는 생각을 갖는 한 사람이었다. 그는 대한제국에 대한 알선을 의뢰하려고 연줄을 찾아 동경에 갔었다. 그리고 중앙관청으로 찾아갔던 것이다. 나카이는 당시 일본에서 말하는 랸코도 조선에서 말하는 독도가 진실로 코리아 영토라고 믿고 있었다.

죽도어렵회사를 일으키고 섬의 독점사용권을 얻은 나카이가 후에 오키도청에 제출한 업무이력서가 있다. 그 안에 당시의 정치상황이 기록되어 남아 있다. 일본정부의 관료도 이 랸코도가 어쩌면 코리아 영토가 아닐까라는 의심을 갖고 있었다.

본도(랸코도)를 본방 영토에 편입하고 또 대여할 수 있다는 것을 내무·외무·농상의 3대신에게 원하여, 원서를 내무성에 제출하는데, 내무성 당국자는 이 시국(日露戰爭)에, 한국영지의 의심이 있는 막황(莫荒)한 일개 불모의 암초를 취하여, 환시하는 여러 외국에 우리나라가 한국병탄의 야심이 있다는 의심을 크게 하는 것은, 이익이 극히 작은 것에 반하여 事體는 결코 용이하지 않아, 어떻게 진변(陳辯)한다 해도 원출(願出)은 그야말로 각하될 것이라 했다. 그래도 좌절해서는 안 된다고 생각하고, 즉시 외무성으로 달려가, 당시의 정무국장 야마자 엔지로우를 만나 크게 논진할 수 있었다. 씨는 이런 시국이기에 그 영토 편입을 급무로 하였다. 망루를 건축하고 무선 혹은 해저전신을 설치하면 적함을 감시하는 데 더없이 든든하지 않겠는가. 특히 외교상 내무와 같은 고려를 요하는 것이 없다. 모름지기 빠르게 원서를 본성에 회부하게 해야 할 것이라고 의기 헌앙(軒昻)했다.

내무성은 랸코도를 일본령으로 편입하는 것을 주저하고 있었다. 섬은 한국(대한제국)령일지도 모른다. 그 한국의 땅을 영토화하려는 야심이 알려져 여러 외국에 소외당하게 되는 것을 두려워했기 때문이었다.

그러나 외무성은 신속히 편입해야 한다며 오히려 편입에 적극적이었다. 울릉도(竹島 혹은 松島)는 확실히 코리아령이었다. 이제 와서 빼앗을 수는 없다. 그렇지만 랸코도 쪽이라면 명백하지 않다는 것이다. 대한제국은 울릉도와 부속의 죽도나 석도에 대해 1900년의 칙령으로 주권을 선언하고 있다. 그러나 독도에 관해서는, 즉 독도의 이름으로는, 이것을 자국령으로 하는 공적인 선언 등을 내지 않았다. 일본에서 말하는 랸코도 한국에서 말하는 독도는 그래서 소속불명이다. 소속불명이라면 지금이야말로 일본령으로 할 절호의 기회다. 그처럼 당시의 실무관료들은 판단했다(『獨島 p.97』).

[주6] 새로운 도명

메이지 정부는 나카이의 청원을 받아들여 일단 島根縣 관청에 의견을 밝히기로 했다. 영토 편입이 되면 島根縣 소관이 되기 때문이다. 그 島根縣은 다시 隱岐島司에게 의견을 밝혔다. 새로 영토가 되는 섬에 대해서는 그 직접적인 소관이 隱岐島司에게 있다. 그렇다면 섬에 대한 의견을 미리 들어 두어야 하기 때문이다. 그래서 그 島名은 어떻게 하는 것이 좋을까라고 조회하였다.

그때의 오키도사 東文輔(아즈마후미스케)는 행정문서 『乙書 제152호』로 회답하였다. 신영토를 隱岐島의 소관으로 하는 것에 이의가 없다. 새로운 섬은 '竹島'라고 명명하는 것이 적당하다는 내용이었다.

[을서 제152호]

본월 15일 庶第 1073호로, 도서 소속 등의 의의에 대해, 어조회의 뜻을 알았습니다. 우를 우리 영토에 편입하는 데 있어, 오키도의 소관에 속하게 하는 것도 아무런 지장이 없습니다. 그 명칭은 타케시마가 적당하다고 생각합니다. 원래 조선의 동방해상에 松竹 양도가 존재하는 것은 일반 구비로 전하는 곳, 그래서 종래 당 지방에서 樵耕業者가 왕래하는 울릉도를 죽도라고 통칭하는 것도, 그 실제는 松島로, 해도에 의해도 요연한 것입니다. 그러므로 이 새로운 섬을 두고 달리 죽도에 해당하는 것이 없습니다. 따라서 종래 오칭한 명칭을 전용하여, 죽도의 통칭을 새로운 섬에 붙이게 하는 것, 그렇게 해야 한다고 생각합니다. 이 단계에서 답에 이른 것이라고 생각합니다.

메이지 37년 11월 30일

東 文輔

島根縣內務部長書記官堀信次 殿

정부는 이런 의견을 바탕으로 다시 심의한 결과, 1905년(明治 38) 1월 '타국에 있어서 이것을 점령했다고 인정할 수 없는 형적'이 없는 이 섬을, 각의 결정으로 일본령으로 편입했다. 일찍이 이 해역에 존재했던 도명을 전용하여 '죽도라고 이름 지어, 지금부터는 島根縣 소속 오키도사의 소관'으로 했다. 그리고 島根縣 지사에게 다음처럼 훈령했다.

內務大臣訓令[訓第87호]

북위 37도 9분 30초, 동경 131도 55분, 오키도를 떨어져 서북 815리에 있는 도서를 타케시마라고 칭하고, 지금부터 그 소속을 오키도사의 소관으로 한다. 이 같은 뜻, 관내에 고시해야 한다. 우(右) 훈령한다.

메이지 38년 2월 15일

內務大臣 芳川顯正

島根縣知事 松永武吉 殿

마침 日露戰爭이 한창이었다. '竹島'의 명명과 일본령의 편입은, 그 旅順陷落의 직후였다. 그리고 발틱함대가 동양으로 향하는 시기, 일본해해전 직전이었다. 바다의 패권을 심하게 다투던 시대의 일로 영토 편입은 명치정부가 기도하는 국가전략의 일환이었던 것이다.

열도에서 반도로 그리고 대륙에 다다르는 바다의 回廊은 통상을 위해 진출하는 명치국가의 미래와 번영이 걸려 있었다. 그 패권을 둘러싸고 러시아와 싸우던 당시였다. 랸코도부터 울릉도의 주변은 서일본의 거점이고 반도로 가는 바다의 병참선이었다. 러시아와 싸워 이기기 위해서는 이 해역의 제해권을 반드시 장악해 두지 않으면 안 되었다.

[주7] 강치잡이의 면허

죽도의 시마네현 오키도사 소관이 결정되자, 그것의 대하원을 제출했던 나카이 요우자부로우를 비롯한 많은 사람들이 강치엽업의 허가를 신청하자, 시마네현은 죽도의 강치엽업을 허가어업으로 하는 방침을 정하고, 앞의 출원자 중에서 적격자를 조사하도록 오키도사에게 명하는 것과 함께 메이지 38년 4월 14일에는 단속규칙의 개정을 행했다.

적격자의 조사를 명받은 오키도사는 공신(公信)으로 나카이 등 4인을 일단으로 해서 공동영업을 하게 하는 것이 적당하다는 뜻을 답신하고, 현지사는 이 답신에 기초하여 다시 4인이 명기한 원서를 제출하게 했다. 죽도에서의 강치어업이 허가어업이 됨에 따라 여러 사람이 제출한 원서를 정리할 필요가 생겼다. 원래 죽도는 협소하여 어장의 황폐를 초래할 걱정이 있기 때문에 경쟁에 의한 남획을 방지하여, 어업을 영속시키려는 취지에 의해 허가할 방침이었다. 따라서 종래 동도의 경영자 중 그 공로의 다소, 취업의 가능성 여부 등을 조사하여, 상세한 의견서를 차출해 줄 것을 요구했다.

그러자 나카이 등 4인은 하나의 단체를 구성하여, 공동으로 강치의 번식과 보호의 방법을 정하여 경영하겠다며 허가를 요구하게 되었다. 오키도사는 그것을 시마네현에 보고 알선했고, 시마네현은 그 요구를 받아들여, 4명이 공동으로 출원할 것을 요구 지도했다.

을농 제805호

죽도에 있어서의 강치어업 허가에 관하여 본월 10일 농제685호 조회의 뜻을 승지하고 별지와 같이 나카이 요우자부로우, 이구치 류우타, 하시오카 유우지로우, 카토우 시게나리 4명이 공동으로 어업하는 것으로 협정하고 원서를 제출합니다. 우는 평화롭게 끝났으니 곧 허가될 수 있도록 처리하여 주시길 바랍니다. 또 허가하신 다음에 전보로 통지해 주시기 바랍니다. 이상 말씀드립니다.

메이지 38년 5월 22일

오키도사 아즈마 후미스케

시마네현 제3부장 서기관 호리신지 토노

추가하여, 이전에 제출했던 전기 4명분의 그 어업원서는 모두 본인
에게 돌려보내는 것을 납득하여 주시기 바랍니다.

강치어업 허가원

1. 어업구역 죽도 및 주위

1. 어구의 수 7문 2측

1. 허가기간 메이지 38년 6월에서 동 41년 5월까지 3개년간

전기대로 공동사업으로 강치어업 허가를 받아 별지 도면을 첨부하
여 이 조목을 소원합니다.

메이지 38년 5월 20일

　　　시마네현 스키군사이고초우오아자니시초우나카이 요우자부로우

　　　동현　　동군　　동초　　동초　　　　가토우 시게쿠라

　　　동현　　동군　　다이오아자항　　　이구치 류우타

　　　동현　　오치군 고카무라 오아자쿠미　하시오카 유우지로우

시마네켄 지사 마쓰나가 타케요시

乙農第八〇五号

竹島ニ於ケル海驢漁業許可ニ關シ本月十日農第六八五号御照會之趣
了承　別紙ノ通リ中井養三郎、井口龍岡、橋岡友次郎、加藤重藏ノ四
名共同漁　業ヲ爲スコトニ協定願書差出候處、右ハ平和ニ終リ候ニ付、
直ニ許可相　成候樣御取扱相成度、尚御許可之上ハ電報ヲ以テ御通知

有之度、此段 申達候也

明治三十八年五月二十二日

隠岐島司 東 文輔

島根縣第三部長書記官 堀 信次殿

追テ曩ニ差出タル前記四名分該漁業願書ハ執レモ本人ヘ返却致候條
御了知相成度候也

海驢漁業許可願

一、漁業區域 竹島並ニ周囲

一、漁具ノ數 網 貳側

一、許可期間 自明治三十八年六月 同四十一年五月 參ヶ年間

前記ノ通リ共同事業トシテ海驢漁業許可相受度別紙図面相添ヘ此段
奉願候也

明治三十八年五月二十日

島根縣周吉郡西郷町大字西町 中井 養三郎

同 縣同 郡同 町大字同町 加藤重藏

同 縣同 郡村大字港 井口龍太

同 縣穩地郡五箇村大字九見 橋岡友次郎

島根縣知事 松永武吉殿

그리고 다음과 같이 허가했다.

시마네 현 농제1926호

스키군 사이고초우 오아자니시초우 나카이 요우자부로우

동군 동정 오오아자 동정 카토우 시게쿠라

동군 나카무라 오오아자항 이구치 류우타

오치군 고카무라 오아자쿠미 하시오카 유우지로우

메이지 38년 5월 20일 소원한 강치어업의 건 허가하고 감찰 1매를 하부함

메이지 38년 6월 5일

시마네현지사 마쓰나가 타케요시

(오키지청기록)

鳥根縣農第一九二六号

周吉郡西鄕町大字西町 中井 養三郎

同郡 同町大字同町 加 藤 重 藏

同郡村大字港 井 口 龍 太

穩地郡五箇村大字九見 橋岡 友次郎

明治三十八年月二十日願海驢漁業ノ件許可シ鑑札一枚下付ス

明治三十八年六月五日

島根縣知事 松永武吉

(隱岐支廳記錄)

나카이 등 4명은 전기 허가에 의거하여 죽도어렵합자회사를 설립하고(동년 6월 6일 재판소 등록), 동년부터 즉각 사업을 개시했다. 회사는 죽도의 좁은 자갈밭에 소옥 및 제조창고를 설치하고, 매년 4월부터 9월경까지의 어기 중 다수의 어부를 도항시켜 강치의 포획, 제조에 종사했다(『日本의 獨島論理』 p273).

[주8] 강치의 남획

나카이 등이 강치를 비롯한 어장의 보호를 빙자하여, 죽도 주변의 어렵권을 독점했으나 남획은 멈추지 않았다. 처음에는

죽도는 강치의 군집지로서 그 생식 계절에 8만을 헤아립니다. 이때 일정한 제한 범위에서 어획하고 한편으로는 그 서식, 번식을 보호하여, 그 군집이 단절되지 않도록 하여, 죽도 특유의 이원(利源)을 영원히 보지하는 것은 한 지방 또는 개인의 이익에 머무르지 않고, 국익의 일단을 이루는 것으로, 이를 죽도 강치어업 경영의 유일한 주안으로 하는 바입니다. (중략) 죽도 주위 해면에서의 그 수익은 강치어업의 수십 분의 일에 지나지 않습니다. 다른 전용어업은 물론 기타 강치 외에 일체의 어업을 금지하여, 그 수십 배의 수익이 있는 강치어업을 위해 여러 방해 繁累를 단절하는 것이, 현재로는 적당하고 또 유일한 방책이라고 생각합니다.

라는 명분으로 어렵권을 독점했었다. 1907(明治 40)년의 일이었다. 그러나 1916, 7(大正 5, 6)년경에는 연간 200~300두를 포획하더니 1928, 9(昭和 3, 4)년경에는 100두 전후, 그러더니 1933(昭和 8)년 이후에는 서커스용으로 20마리 전후를 생포할 뿐이었다. 어장을 보호한다는 주장은 어렵권을 독점하기 위한 명분에 지나지 않았다는 것을 알 수 있다.

1905(明治 38)년 5월 28일에 죽도 남방 약 18마일에서 노국 전함 5척을 포착하고, 함대 사령장의 항복을 받은 일본해군은 서둘러 죽도에 가설망루를 설치할 것을 결정하고, 시마네현 지사에게 강치업자의 단속을 요망하게 되었다. 그때 사세보진부(佐世保鎮府) 사령장관이 지사에게 보낸 공문에 다음과 같은 내용이 있다.

좌진기밀 제7호의 49

이번 그 계통의 훈령에 의해 본부에서 일본해 죽도(랸코오루토암)에 영조물 건설에 착수해야 하는데, 동도에는 귀현에서 매년 *海豹*(驢일 것이다) 잡이를 위해 도항하는 자가 다수 있다는 것은, 과거 일본부에서 실지 답사하게 하였을 때, 좌기한 자 외에 수십 명이 사냥하며 살고 있었다, 그들은 해표의 가죽을 벗기고 몸뚱이는 그대로 해안에 투기하는데, 그 수가 아주 많아 점차 부패하여 부근 조수는 황색을 띠어 일종의 이상한 악취를 풍겨 도저히 사람이 참을 수 없습니다. 그런데 본부에서 영조물 건설상 필요의 인부를 재근시키게 되었으니, 위생상 문제가 있습니다. 금후 출렵하는 자에 대해서는 해안에 투기하지 말고 별지 도면의 방향 멀리, 해상에 날라다 버리도록 귀현에서 엄달하기를 바랍니다. 또 지금의 도항자에 대해서는 우의 취지가 빨리 전달되기를 바라며, 이를 조회합니다.

佐鎮機密 第七號ノ四九

今回其筋ノ訓令ニ依リ本府ニ於テ日本海竹島(リヤンコールド岩)営造物建設ニ着手可島ニハ貴県下ヨリ毎年海豹(驢ナラン)猟ノ為メ渡航スルモノ数多有之候趣過日本府ニ於テ実地踏査セシメ候際左記ノモノノ外数十名目下左猟致居候趣同人等ノ所為ニ依レバ海豹ノ皮ヲ剝キ肉体ハ其儘同海岸ヘ投棄シ其数頗ル多クシテ漸次腐敗シ附近潮水ハ黄色ヲ呈シ一種異様ノ悪臭ヲ放チ到底常人ノ堪ヘ得ベキ所ニ無之然ルニ於テ営造物建設ノ上ハ必要ノ人員ヲ在勤セシメ候ニ付テハ衛生上難候条今後出猟スルモノニ対シテハ海岸ヘ投棄セス別紙図面ノ方向遠ク海上に搬棄スル様貴県ニ於テ厳達相成度又目下ノ渡航者ニ対シテハ右ノ趣至急御達相成候様致度此段及御照会候也

明治三十八年七月四日

鮫島佐世保鎮府司令長官

松永島根縣知事殿

어장을 보호하기 위해 강치잡이면허를 받은 자 이외의 어렵을 금해야 한다고 주장했던 것과는 달리 포획하여 처리하다 남은 것을 바다에 투기하여, 바닷물이 오염될 정도였다는 것이다. 이는 어렵권을 독점할 때의 취지와는 달리 남획이 이루어지고 있었다는 것을 의미한다. 그런 실상을 해군의 공신이 입증하고 있다.

[주9] 일본과 조선의 죽도인식

『삼국사기』의 지증 마립간 13년 夏 6월조에는

13년 6월에 우산국이 귀복하여 해마다 토의(토산품)를 바치기로 하였다.
우산국은 명주의 정동쪽의 해도에 있어 혹은 울릉도라고도 하거니와
十三年, 夏六月于山国帰服, 歳以土宜為貢, 于山国, 在溟州正東海島 或名
欝陵島

라는 기록이 있다. 지증왕 13년에 신라가 우산국을 정벌했다는 기사로, 신라가 울릉도가 아닌 우산국의 정벌에 한 번 이상 실패했다. 즉 우산국이 신라의 침략을 한 번 이상 격퇴한 사실이 있었다는 것을 시사하는 내용으로, 우산국이 신라와 전쟁을 치를 수 있는 국력을 가진 나라였다는 것을 알 수 있다. 우산국이라는 호칭이 우산국의 자칭인지 신라가 사용한 국호인지는 확인할 수는 없으나, 신라의 입장에서 기록한 것이 『삼국사기』였다는 것을 감안하면, 신라가 그렇게 호칭한 사실이 있었다는 것은 확실하다. 지증왕은 斯羅·斯盧와 居西干·次次雄·尼師今과 같은 종래의 토속적인 국호와 군주호를 버리고 '신라'라는 국호와 '왕호'를 새로 제정한 군주였다. 그 군주가 정벌의 대상을 울릉도가 아닌 '우산국'이라고 호칭했다는 것은, 우산국이 울릉도를 중심으로 해서 그 주변의 섬들을 하나로 통합한 국가였다는 것을 의미한다. 따라서 우산국에는 독도/우산도/자산도/우산도/죽도가 포함된 것으로 보아야 한다. 그런 인식이 고려를 거쳐 조선에 계승된 것이다.

그에 비해 일본이 독도를 포함한 울릉도를 인식하는 것은 1004년이 처음이었다. 『大日本史』(권 234, 列傳 5, 高麗)에는

간코우 원년에 고려의 번도 우릉도인이 이나바에 표류해 왔다. (곤키, 고
려번도는 본조려조에 의한다. 동국통감에 의하면 우릉이다. ○본서는
'芋陵'을 '于陵'으로 한다. 려조의 迂陵, 이를 지금 정정한다. 킨토우집이
말하길, 신라 우류마 도인이 왔다. 우류마도란, 즉 우릉도를 말한다. 식
량을 주어, 본국으로 돌려보냈다<본조려조>.
寬弘元年　高麗蕃徒芋陵島人漂至因幡(權記，　高麗蕃徒據本朝麗藻,芋陵據
東國通鑑，○本書芋陵爲于陵，麗藻迂陵，今訂之，公任集云，新羅宇流痲島
人至，宇流痲島卽芋陵島也
給資糧，回歸本國<本朝麗藻>.

라고 울릉도를 외국의 영지 우루마로 인식하고 있었다. 표류한 울
릉도인을 영접하여 노래를 교환하면서, 말이 통하지 않는 답답함을,
사랑의 편지를 보내도 답을 주지 않는 여인에 비유하기도 했다.

[주10] 도명의 혼란

동해에는 큰 섬 두 개가 존재한다. 울릉도와 독도라는 섬이다. 그
중 울릉도는 죽도라고 칭하기도 했고 독도는 우산도 · 子山島 · 武
陵 · 小于山 · 千山島 등으로 불리기도 했다. 울릉도는 별명이 사용되
는 경우에도 혼란을 일으킨 경우가 별로 없었으나, 독도는 울릉도보
다는 혼란이 많다. 그래서 울릉도와 우산국을 동질로 보며 조선의 독
도인식 자체를 부정하는 일도 있다. 그러나 동해의 두 섬을 울릉도와
또 다른 이름으로 부르고 있어, 신라 이래로 그것들을 구별하여 인식
하고 있었다는 사실에는 변함이 없다.

그 섬들은 일본은 竹島(鬱陵島)와 松島(獨島)라 호칭하고 있었는데,
후에는 울릉도를 송도로, 독도를 리안쿠르토로 호칭하기도 하여, 도
명에 혼란이 생긴다. 일본은 그것은 서양인들의 측량과 기록의 결과
로 정리한다. 그 과정을 개략하면 다음과 같다.

1823년(文化 6)에 시－보루토는 長崎出島의 蘭館의사로 일본에 부임했다. 탐구심이 많아 견문을 넓히는 그는 長久保赤水의 지도나 高橋景保의 지도 등을 통해 일본에서 조선을 향해 隱岐, 松島, 竹島가 징검다리 상태로 도서군이 이어진다는 것을 알게 되었다. 그러자 그는 松島와 竹島를 서양세계의 다쥬레－도와 아루고노－토도에 대응시켜, 저서『일본』에 기재했다. 라·페루－즈의 다쥬레－도를 송도로 코루넷토의 아루고노－토도를 죽도로 비정했다. 그러나 그는 다쥬레－도와 아루고노－토도가 동도라는 사실을 몰랐다. 다쥬레－도와 아루고노－토도는 일본이 말하는 죽도(磯竹島)였다.

1849(嘉永 2)년에 프랑스의 포경선 리안쿠－루호가 항해하다 소도를 발견하고, 그것을 리안쿠－루암으로 명명했다. 러시아의 군함 팔라다호도 5년 늦게 발견했다. 팔라다호는 라펠즈의 다쥬레－도를 발견하고, 그것이 거의 정확하게 표시된 경위도에 있는 것을 확인하고, 코루넷토가 발견했던 아루고노－토도를 찾았다. 목적한 섬은 다쥬레－섬에서 북서의 해역에 있다. 하지만 그 해역에서는 섬을 발견할 수 없었다. 표시된 경위도의 근처에는 다쥬레－도가 있을 뿐이었다. 결국 아루고노－토섬이란 다쥬레－도와 동일한 섬으로 경위도 측정의 약간의 오차로 두 개의 섬이 된 것으로 결론지었다. 또 다쥬레－도의 동남 방향에서 별도의 새로운 암초를 발견하고, 그것을 메나레·오리브쓰아 암초라고 이름 붙인다. 리안쿠－루암이었다. 동측 암초를 메나레－암, 서측의 암초를 오리브쓰아암이라고 한 것이다. 그들이 탄 僚艦의 명칭이었다.

그 결과 구미지도에서 아루고노－토도의 이름이 사라졌다. 그리고 다쥬레-도의 이름이 남았다. 시-보루토의 지도에 의해 아루고노-토도는 竹島이고 다쥬레-도는 松島였으므로 여기서 죽도는 사라지고 松島가 남게 된 것이다. 원래 竹島야말로 다쥬레-도(울릉도)였다. 松島는 竹島에 가는 도상의 소암초에 지나지 않는다. 江戸幕府의 외교담당자들도 조선 정부의 외교담당자들도 그 사실은 잘 알고 있었다. 그러나 서양지식에 의해서 작성된 지도는 울릉도(다쥬레-도)를 松島로 하여, 竹島가 사라진 것이다. 明治의 신지식은 현존하는 죽도를 탁상공론으로 버리고, 松島를 새로운 이론으로 다시 만들어 죽도 대신에 채용했다. 그 원래의 죽도를 송도로 부르두록 유두하고 있었다. 그렇지만 죽도의 이름은 항간에 남아 계속 살아 있었다.

그리고 그때까지 松島로 불렸던 섬을 1876년(메이지 9)의 大後秀勝의 『대일본해로전도』는 메네라이·요리우쓰瀬라고 기재했다. 그 東島(女島)를 메네라이瀬로, 그 서도(男島)를 오리우쓰세라고 하는데, 이것은 러시아의 파루라다호가 부른 메나레·오리브-쓰아 암초를 빌린 도명이다.

당시 외무성의 국장 渡辺洪基가 기록한 『松島之儀』에는 "이 호루넷토록쿠스가 우리나라에 속한 것은, 각국의 지도에 그러하다"라고 되어 있기 때문이다. 渡辺가 기록한 松島란 다쥬레-도로, 곧 울릉도였다. 그리고 본래의 송도를 그는 호루넷토록쿠스라고 불렀다. 渡辺는 이 호-넷토암을 일본령으로 인식하고 있었다.

서양풍의 지도인식, 서양풍의 섬인식이 진보하여 호-넷토암·메나레·오리브-쓰아암초·리안쿠-루암 등 영미계·러시아계·프랑스계의 명칭이어지럽게 교차했다. 서양세계에서는 최초의 발견이 존중되어 리안쿠-루암이 보급된다. 일본에서도 란쿠-루암이 사용되어 언제부터인가 란코도로 통칭되어 갔다.

또 松島와 竹島의 도명의 혼란도 수렴된다. 1880(明治 13)년에 군함天城의 측량으로 이곳은 松島로 결정되었다. 서양의 다쥬레-도, 조선의 울릉도이다. 이 송도의 부속도에 竹島(竹嶼)가 있다는 것도 발견했다.

1905(明治 38)년, 란코도(리안쿠-루암)에 새롭게 '竹島'라는 명칭이 부여된다. 그것에는 깊은 사정이 있다. 그러나 그 결과 일본해 서부해역에 3개의 독도가 늘어서게 되었다. 松島라고 개명한 본래의 竹島와 그 부속의 竹嶼 그리고 리안쿠-루암의 竹島이다. 3개의 竹島를 늘어놓았기 때문에, 섬에 대한 의론은 점점 복잡하게 된다(『獨島』, pp.45~58 개략).

[주11] 도해면허

일본의 어민들은 임진왜란이 끝난 후, 조선이 전흔에서 깨어나지 못할 때인 1618년부터 조선 몰래 울릉도와 독도에 건너다니며 밀렵을 한 일이 있다. 물론 일본은 밀렵이라 하지 않고, 막부의 허가를 얻어 왕래하는 공적인 작업이었다고 말하고 있는데, 그렇게 말하는 정통성은, 무인도인 그 섬을 발견했다는 것에서 구하고 있다. 울릉도가 조선의 영토라는 사실을 조선만이 아니라 일본도 숙지하고 있었는데, 그것이 무인도였다며 그것을 발견했다고 주장하는 것이다. 그 같은 주장은 17세기의 일에 그치는 것이 아니라, 오늘날 독도를 죽도라 호칭하며 그 영유를 주장하는 일본도 마찬가지이다. 그런 논리의 원류라 할 수 있는 기록을 살펴보면 다음과 같다.

에이라쿠 연중(1558~1570년)에 겐바의 장남 와다 큐우에몬 카쓰무네와 조카 진키치라는 자가 있는데, 요나고의 나다로 이사했습니다. 회선업을 가업으로 해서 운영하며 살아가기 시작했습니다. 어느 날 에치고노쿠니에서 귀범하다, 폭풍을 만나 표류하여 죽도에 표착하였습니다. [이 항해를 지휘하고 있던] 진키치는 이 섬을 한 번 돌아 [탐색한 결과] 금후의 일을 깊이 생각하셨습니다. 이곳은 조선에서 사오십 리나 떨어진 고도였습니다. 사람이 살고 있지 않습니다. 섬의 산물은 풍부하여 가치 있는 여러 가지를 채취할 수 있습니다. 그렇게 되면 섬의 상황을 자세히 조사하여, 이 섬에 도해하기 위한 상황을 생각하기 시작하였습니다. 그리고 며칠이 지나 천후를 살펴서 겨우 다이센의 산자락 요나고로 돌아왔습니다.

그 무렵 이나바노쿠니·호우키노쿠니의의 태수님은 이케다 신타로우 님이었습니다. 아직 유소하기 때문에 요나고성의 대리인으로 아베시로우고로우 님이 요나고후(지방의 공공 단체)에 오셨을 때, 이 섬에 대한 것을 보고하여 드렸습니다. 그러자 진키치를 에도로 데리고 돌아가셨습니다. 즉 주군이 그 상세한 것을 진키치에게 직접 듣고 상의를 하실 계획이었습니다. 드디어 위에서 들으시고 겐나 4(1618)년에 죽도도해면허의 봉서를 받게 되었습니다. 그리고 동년부터 죽도로의 도해사업을 시작하였습니다. 무려 78년간 태만하는 일 없이 매년 도해하였습니다.

장군님에게 공물을 상납한 일은 없습니다만, 공허의 섬을 진키치가 실제로 발견하여, 일본의 토지를 넓힐 수가 있었던 것은 목록을 받는 것과 같은 영예이고, 발군의 공적이라고 칭찬을 들을 수 있었습니다. 이때부터 2, 3년째 혹은 8, 9년째에 출부 참근하여 [섬의 상황을] 보고하게 되었습니다. 장군님을 독례로 알현할 것을 명받고 또 어문(가문의 무늬)이 찍힌 의복 지후쿠(장군이 하사하는 계절에 맞는 옷), 고노시메(무가의 옷에 받쳐 입는 예복) 등을 배령했습니다. 죽도로 도해하는 배에는 무늬를 넣은 배의 표시 등을 배령하며 [도항을] 명받았습니다. 그야말로 신불이 도와준 덕택입니다.

永禄年中　玄番長男和田九衛門勝宗ニ甥甚吉与申者有之　米子灘江引越住居為致　回船家業相営候処　越後国ヨリ帰帆之砌　与風竹島へ漂流　甚吉全ク島廻リ　越方等熱思致所　朝鮮国相隔事四拾里斗　人家更ニ無之　土産所務之品有之　姿弥渡海之勝手相考　同所ヨリ海上百五拾里斗　日経漸湊山下江帰帆

其頃因伯御太守新太郎様[御幼稚ニテ為御城代安倍四郎五郎様御越之砌早速御注進申上之処　右甚吉儀江戸表ニ御召連御帰府被為在　則御詮議之上奉達]御上聞　元和四年竹島渡海御免之御奉書頂戴　同年ヨリ竹島渡海相始メ　凡七拾八年之間　無怠慢毎年渡海仕候　御公儀貢物上納ハ雖不仕ト誠

二空居之島　甚吉見顕日本之土地廣　御式帳戴之如抜群之功卜御称美＜因
茲二三年振又ハ八八九年目ニ参勤＞　公方様江独禮御目見ニ為仰付　其上御
紋御時服御尉斗目拝領　竹島渡海之船江モ　御紋船印等拝領被為仰付　冥加
之至(『竹島渡海由来記抜書控』本文1).

　　무인도를 발견하여 일본의 영토를 확장한 공을 인정받아 죽도도해
의 독점권을 허가받았다는 주장이나, 상납한 일이 없는데도 장군을
알현할 수 있었다는 것은 사실과 다른 이야기이다. 죽도는 조선이 신
라 이래로 영유하는 울릉도였고, 죽도에 도해하는 일본 어부들은 기
회가 있을 때마다 장군을 비롯한 막부의 관리들에게 상납하고 그 내
용을 기록하고 있는데 마치 비자금 장부와 같다.

　　또 죽도는 大谷甚吉가 발견했다며, 도해면허를 村川家와 공동으
로 받게 된 것은 村川家가 막부에서 파견된 阿倍四朗五朗와 연줄이
닿았기 때문에 가능했던 것으로 설명했다. 村川家는 德川家와 연고가
있어 幕臣에 아는 자가 많았다. 오오야케는 그 연줄을 이용하기 위하
여, 무라카와케를 죽도도해사업에 참여시켰고, 그 연줄을 배경으로
하여 아베 시로우고로우에게 접근할 수 있었다.

　　그리고 발급받았다는 죽도도해면허에서 간과할 수 없는 것은 발급
연도이다. 그것은 1618(元和 4)년에 받은 것으로 되어 있으나 그렇지
않다는 것이 정설이다. 1618년에 받았다는 도해면허증에는 사실과 다
른 결정적인 결함이 있다. 그곳에 서명한 4인 중 두 사람은 서명할 자
격이 없었다. 永井信濃守와 井上主計守가 그들로, 나가이가 서명할
수 있는 年寄가 되는 것은 1622(元和 8)년이었고, 이노우에도 같은 해
에 연서할 수 있는 자격을 얻었다. 이러한 사실들을 검토한 藤井讓治
는 죽도도해면허의 발급을 1624, 5년으로 보았다.

또 일본은 1618년 이래의 도해가 합법적이었던 것처럼 주장하고 있으나 오오야케가 휴대하고 도해했던 면허, 일본이 영유권의 정통성을 입증해 주는 증거로 제시하는 면허의 기록을 보면 그것과는 다른 내용이다. 면허의 내용은 오오야·무리카와 양가가 '선년에 배로 건넜다' 그래서 '이번에도 그처럼 도해하고 싶다'고 요구했기 때문에 '금년'의 도해를 허가한다는 내용이다. 그것도 오오야·무리카와 양가에 직접 허가한 것이 아니라 톳토리한슈(鳥取藩主) 앞으로 허가하여, 한슈가 양가에 허가하는 형식이었다. 이것은 도항 시 혹은 도항신청 시의 한슈가 바뀌면 갱신된 면허를 받아야 한다는 것을 의미한다(池內敏). 그러나 양가는 70여 년간 갱신하는 일 없이 처음에 받은 면허의 사본을 휴대하고 도해했다.

[주12] 일본기록과 조선인의 도해

일본은 조선인이 해금정책에 따라 죽도에 도해하지 않다가 1692(원록 5)년부터 도해하기 시작한 것이라고 말하고 있다. 이는 大谷家의 기록『竹島渡海由來記拔書控』의 "겐로쿠 연중(1688~1704)에 우 죽도에 조선인이 건너오는 일이 시작되었습니다(元祿年中 右竹島江唐人相渡リ初申候"(본문 30)에 있는 의견과 같은 것으로, 그러기를 원하는 일본의 희망에 따라, 그것이 사실인 것처럼 여겨지는 경향이다.

조선의 태종이 조선인의 울릉도 도해를 금한 것이 1407년이고, 일본의 어민들이 그들이 말하는 소위 '죽도도해면허'를 받은 것이 1618(1625년이 통설)년이라, 그때까지 일본 어민들만이 도해했을 뿐, 조선인들의 도해는 없었다는 것이다.

그러나 1692년에 죽도에서 만난 조선인들이

이 섬의 북쪽에 섬이 있습니다. 국주가 3년에 한 번씩 전복을 채취합니다. 2월 21일에 어렵선 11척이 출항하였는데, 폭풍을 만나 5척 53명이 이곳에 3월 23일에 유착했습니다.
此嶋北ニ当リ嶋有之。国主より三年に一度宛蚫取参候、二月廿一日獵船拾一艘致出船候處、遭難風五艘人數五拾三人此場へ三月廿三日流着申候(『竹島之書附』元祿申年一號)

라고 3년에 1회씩 국왕을 위해 전복을 잡으러 온다는 사실을 말했다. 이것은 조선이 해금정책을 펴면서도 2, 3년에 한 번씩 관리를 보내 관리했다는 사실과 맞는 내용으로, 조선인들이 해금법과 달리 도해하고 있었다는 것을 의미한다. 또 죽도의 이익에 집착하는 岡嶋正義도 조선인의 도해가능성을 다음처럼 이야기했다.

조선국 사람들이 죽도에 건너다니는 것은 호우키노쿠니에서 도해했던 때와는 시기의 빠르고 늦음이 있었기 때문에 그 나라(조선국) 사람들이 이것을 알지 못하고 오랜 세월이 지났다고 말한다.
朝鮮国の人が竹島へ通舶するのは伯耆国から渡海したころとは時期の遅い早いがあったので、かの国の人がこのことを知ることなく長い年月が経過したという。(『竹島考』或問3)

라고 죽도에서 일본인과 조선인이 만나지 않은 것은 도해하는 시기가 달랐기 때문에, 일본 어민들이 도해하여 어렵활동을 하는 것을 알지 못한 것 아니냐는 질문을 받자,

호키노쿠니에서 수십 년 전부터 죽도에 도해하는 것을 조선국에서는 지금까지 몰랐다고 말하는 것은 이치가 안 닿는 망언이다. (중략) 호키노쿠니에서 왕래하는 것은 2, 3년 사이라면 혹시 그 나라에서 모를 수도 있을 것이다. 그 오래된 것이 이미 80년에 이르렀는데, 매년 봄과 가을 사이에 배를 대고 어업을 하고 가을에 건너서 돌아오는데, 그 사이에 조선국의 사람이 이 해상을 한 번도 왕래하지 않는 일은 없었을 것이다. 또

한 그 나라의 사람들이 가을, 겨울 사이에 도해한다는 일이 사실이라면 그 섬에는 매년 우리 뱃사람들이 정리해서 넣어 둔 조그만 배와 어렵도구를 넣어 두는 움막이 있다. 그 나라 사람들이 한 번 이것을 보았을 때는 즉시 의심을 하고 재빨리 우리 배를 방어하는 준비를 했을 텐데, 지금까지 그런 이야기를 들어 보지 못했다.

答云伯耆国ヨリ数十年來竹島ヘ渡海セルヲ朝鮮国ヘハ曽テ不知リシト云ルハ無稽ノ盲談ナリ(中略)今一二ノ說ヲ牽テ左ニ證トセン抑竹島ハ朝鮮国ノ地方ヲ去甚遠カラズ伯耆国ヨリ通舶セシコト兩三年ノ間ナレバ若クハ彼国ニ不知コトモ可有欤ソノ久シキコト已ニ八拾年ニ及又ルバ毎歳春夏ノ際ニ著帆シテ漁業ヲナシ秋ニ諭テ皈舶セルニ其間朝鮮国ノ人此海上ヲ一チ次モ往返セザルコトナカランヤ又彼国ノ人秋冬ノ際渡海セルコト實ナラバ彼島ニハ毎年吾舩人ノ圍殘セル輕舟並ニ漁獵ノ具ヲ納ル草舍アリ彼国ノ人一度コレヲ見トキハ忽疑念ヲ生ジ早々吾舩隻ヲ防グノ備々設ケ可コトナルニ未斯ノシコヲヲ不聞(『竹島考』或問3)

라고, 조선인이 일본인의 도해를 알고도 이의를 제기하지 않았다는 것은, 조선이 죽도를 일본령으로 인정하는 것이라는 사실을 강조하기 위한 답을 했다. 조선의 기록을 보면 조선어민들이 국법을 어기고 도해했다는 기록이 많다. 필요한 기록에만 의거하는 사고라 할 수 있다.

[주13] 도해금지

죽도도해를 금지당한 大谷家는 그 원인을 당시의 장군 德川綱吉^{토쿠가와쓰나요시}의 실정에서 구하고 있다. 원래는 일본령이었는데, 장군에게 약점이 있어, 조선의 요구를 거절하지 못하고, 원래는 조선령이 아니라 일본령이었다는 사실을 조선이 인정한 위에 양도를 요구하게 하고, 막부가 그것을 받아들여, 죽도를 조선에 양도했다는 주장이다. 해괴하다 해도 이렇게 해괴할 수는 없는 내용이다. 기록을 직접 살펴보면 다음과 같다.

호우키노카미사마한테 우의 봉서로, 죽도도해 금지를 명받았습니다. 어찌할 수 없어 받아들였습니다. 그러나 우의 [금지의] 시발은 지난번에 연행해 온 조선인에 의한 것입니다. 그들에게 물건을 내려 주고 그리고 귀조시켰으나, 그 이후 조선국에서 죽도는 조선의 토지임이 틀림없다는 통달이 [그 나라에서] 오게 되었습니다. 거듭해서 [그 나라는 죽도를] 간망하고 점차 간절한 [교섭을 계속해 나갔습니다.] 조선국왕은 죽도가 왕고부터 일본이 지배하는 섬이었다, 그것이 틀림없다는 증문을 [장군님은] 받으셨습니다. 그리고 나서 조선국에 섬을 맡기신 것이라 합니다. 그런 연유로 우리들에게 죽도도해의 금지를 명하신 것입니다.
덧붙이는 것이기는 합니다만, 당시의 위광으로는, 아무리 조선국왕이 죽도를 간망해도 그렇게 용이하게 따를 수 있는 것이 아닙니다. 그러나 황송하게도 죠우켄인 님의 어대였습니다. 당시 [장군님에게는] 비밀의 자식(숨긴 자식)이 있어서 [후계자를 둘러싸고] 조용하다고는 말할 수 없는 시세였습니다. 그러할 때여서 상황이 나빠, 결국 금지를 명하신 것이었습니다. 아무리 후회해도 유감스러운 일이었습니다. 선조부터 지금에 이르기까지 지켜 온 것입니다만, 아 참으로 아까운 일이었습니다.
從伯耆守樣右御奉書ヲ以 竹島渡海御制禁被仰 無是非御請申上[候] 右濫觴先達連帰唐人贈帰以後 朝鮮国ヨリ竹島儀唐土地ニ相違無之由 通達有之 頻ニ懇望 漸嚀ニ成リ朝鮮国王ヨリ竹島之儀 從往古日本御支配相違無之旨 則御証文御取附被遊 其上ニ而朝鮮国江御預相成故 私共竹島渡海御制禁 被為仰出候事
[付リ当時之御威光ニ而ハ 中々朝鮮国王竹島懇望タリ共容易御従被為成間敷モノ哉乍恐常憲院樣御代 御密子有之 御静謐不成御時節 旁折悪敷故御制禁被仰出トカヤ 惜可モ無余仕合 先祖ヨリ夙伝而己穴賢](『竹島渡海由來記拔書控』本文22).

죽도에서 얻는 경제적 이익을 상실했다는 사고로, 죽도가 조건령임을 인정한 장군을 원망하는 내용이다. 허위를 근거로 하는 주장으로, 그런 사고가 19세기의 일본에 팽배하였다.

[주14] 동물애호

德川綱吉는 江戸幕府의 5대 장군으로, 3대 장군 德川家光의 4남. 전국의 살벌한 기풍을 제거하고 덕을 중시하는 문치정치를 추진했다. 이것은 유학을 강조한 이에미쓰(家光)의 餘香이라는 것이다. 가끔 경서를 토론하고 사서나 역경을 신하들에게 강의했다. 유학의 영향으로 역대 장군 중에서 尊皇心이 깊었다. 1만 석의 皇室領을 3만 석으로 증액하여 헌상했다. 쓰나요시가 치세한 전반은 기본적으로 선정을 베풀어 「天和의 治」라고 칭한다.

1687(貞享 4)년에 제정한 <생류아끼기령[生類憐れみの令]>을 시작으로, 이후에는 악정이라는 정치를 편 것으로 말하고 있다. 그러나 「과혹한 악법」이라는 설은 재평가되기도 한다. 재정이 악화하자 화폐를 개주하였으나 그것이 경재를 혼란시켰다. 柳澤吉保의 측실 染子는 쓰나요시가 내린 처라는 설이 있다. 그 처가 출산한 남자 柳澤吉里는 쓰나요시의 실자라는 소문이 당시부터 있었다. 쓰나요시는 야나기자와에 마스타이라성을 수여하여 친척대우를 했다. 이런 대우가 실자라는 사실을 웅변해 준다는 지적도 있으나 현재는 부정당하고 있다.

「생류아끼기령」은 '개'를 대상으로 한 것처럼 생각하나, 개만이 아니라 고양이나 새, 나아가서는 魚類・貝類・虫類 등의 생물에 이르렀다. 쓰나요시가 병술년생(丙戌年生)이기 때문에 특히 개를 보호했다. 그는 100마리의 개를 길렀다 한다. 일반적으로 '가열한 악법', '천하의 악법'으로 인식되었으나, 재평가하는 움직임이 있다.

당초에는 '살생을 삼가'라는 의미였으나, 위반자가 줄지 않자 개를 등록하게 하여, 개를 학대하는 자를 처벌했다. 1696(元祿 9)년에는 개를 학대하는 자를 밀고하면 상금을 주었다. 그것 때문에 단순한 정신론을 넘어 감시사회화하게 되어, '악법'으로 인식하고 막부에 불만을 가지게 되었다.

켄로쿠의 대기근은 1695~1696년에 동북을 덮친 냉해로 수확이 평년의 3할밖에 없어, 쓰가루한(津輕藩)에서는 주민의 3분의 1에 상당하는 5만 이상의 사자가 생겼다 한다. 이때 생존을 위해 조수를 잡는 것도 허가되지 않았다. 또 이것으로 조수가 사람을 두려워하지 않고, 오히려 사람을 공격하는 일까지 생겼다 한다.

[주15] 宗義眞
소우요시자네

對馬府中藩의 3대 번주. 1639(寬永 16)년에 제2대 번주 宗義成의 장남으로 태어나 1655(明曆 원)년 6월에 종4위하 播磨守를 임명받고, 1657(明曆 3)년에 부가 죽자 가독을 상속하여 제3대 한슈가 되었다. 조선과의 무역을 확대하는 등의 정책으로 번정의 기초를 굳힘과 동시에 쓰시마 후츄우한의 격식을 10만 석 격까지 올렸다. 쓰시마 후츄우한의 실질석고는 1만 석 정도였으나 무역수지가 큰 것을 고려했다. 이 정도로 쓰시마 후츄우한의 전성기를 구축한 것이다. 1692(원록 5)년 6월 27일에 차남 義倫에게 가독을 넘기고 은거했으나 번정의 실권은 쥐고 있었다. 후에 義倫가 죽자 4남 義方를 옹립하고, 자신이 1702(元祿 15)년에 사거할 때까지 번정의 실권을 장악했다. 후년에는 죽도문제를 둘러싼 조선과의 교섭이 어려워지고 조선과의 무역이 감퇴하는 등 어려운 조건이 겹쳐 쓰시마 후츄우한의 쇠태가 시작되었다.

[주16] 宗義智

1587년에 豊臣秀吉가 큐우슈우 정벌을 시작하자 도주 儀調와 같이 항복하여, 히데요시의 조선침략의 계획에, 小西行長, 島井宗室 등과 같이 참여하여 진력을 다했다. 1590년에 조선에서 사자가 오자 이를 복속사라고 속여 히데요시에게 소개했다. 그러자 히데요시는 조선이 복속한 것으로 받아들이고, 조선에 명을 정복하는 선도역을 명하려 했다. 조선사절은 히데요시의 전국 통일과 관련된 사절이었으므로, 그 의견을 따를 리 없었다. 곤란해진 쓰시마 도주는 조선에 명에 가는 길을 빌리는 것(假道入明)뿐이라는 거짓을 말했다.

조선과의 교섭에 실패한 요시토시는 1592년에 발발한 임진왜란에 장인 유키나가의 1번대에 들어가, 5,000군은 이끌고 4월 12일에 부산에 상륙하여 13일에 부산을 공략하고, 14일에 동래, 15일에 기장좌수영(機長左水營), 16일에 양산, 17일에 밀양을 공략했다. 그 후에 대구 인동(仁同) 선산(善山)을 차례차례 공략하고 26일에는 경상도 순변사 이일(李鎰)을 상주에서 격파했다. 27일에 경상도를 지나 충청도에 진군하여 탄금대에서 영격하는 신립(申砬)을 격파하고 충주를 공략했다. 경기도에 들어선 5월 1일에 여주를 공략하고, 2일에 한성의 동대문에 도착하고 3일에 수도 한성에 입성했다. 11일에 다시 북상하여 18일에 임진강에서 조선군을 격파하고, 27일에 개성을 공략한 다음, 황해도의 단흥(端興), 봉산(鳳山), 황주(黃州), 중화(中和)를 차례로 공략했다. 평안도로 진격한 6월 8일에 대동강 변에 이르러 16일에 평양을 공략하고 진격을 멈추었다.

1593년에 명의 이여송(李如松)과 조선군이 반격하자 퇴각했다. 이때 이여송이 퇴로를 열어 주었다. 퇴각하던 왜군은 벽제관(碧蹄館)에서 반격하여 명군을 격파했다. 이때부터 명군은 강화를 생각했고, 왜군은 병량이 부족하여 강화의 개시를 약속하고 부산 주변까지 퇴각했다. 1597년에 정유재란이 시작되자, 요시토시는 8월 13일에 남원의 공략전을 개시하여 4일 만에 공략했다. 다음에 전주를 공략하였으나 겨울이 되기 전에 후퇴하여 남해의 왜성에 머물렀다. 1598년 8월 18일에 히데요시가 죽자, 10월 15일에 왜군 귀국령이 내렸다. 요시토시는 고니시와 같이 귀국할 예정이었다. 그러나 순천 왜성에 있던 코니시(小西)는 퇴로가 막혀 움직일 수가 없었다. 그러자 요시토시는 수군을 편성하여 구원하려다 노량해협에서 조선군과 교전하여 대패했으나, 그 틈을 이용하여 코니시와 같이 7년 만에 귀국했다.

임진정유란을 통해 단절된 관계를 수복하라는 토쿠가와이에야스德川家康의 명을 받은 것이 다름 아닌 요시토시였다. 조선의 침략에 적극적으로 참여하여 많은 조선인을 살상하고 국토를 초토화하는 일에 앞장섰던 그가 이번에는 강화의 사자로 나선 것이다. 조선과의 무역은 쓰시마한의 사활이 걸린 문제였기 때문에 그가 전력을 경주하는 것은 당연한 일이었다. 그를 교섭의 상대로 하는 조선은 1609년에 기유약조를 맺는다. 화전의 앞장에 섰던 그는 1615년 1월 31일에 48세로 생을 마감했다.

소우요시토시
宗義智 1588~1615 | 소우요시나리 宗義成 1615~1657 | 소우요시자네 宗義眞 1657~1692 | 소우요시쓰구 宗義倫 1692~1694 |
소우요시미치
宗義方 1694~1718 | 소우요시노부 宗義誠 1718~1730 | 소우미치히로 宗方熙 1731~1732 | 소우요시유키 宗義如 1732~1752 |
소우요시시게
宗義蕃 1752~1762 | 소우요시나가 宗義暢 1762~1778 | 소우요시카쓰 宗義功 1778~1785 | 소우요시카쓰 宗義功 1785~1812 |

宗義質1812~1838 | 宗義章1839~1842 | 宗義和1842~1862 | 宗義達1862~1871
| 廃藩置県

[주17] 후세인의 사고

죽도에서 조선인을 납치한 일본은 조선에 조선인들의 죽도도해를
금하는 요구를 했고, 쓰시마한은 그것을 기화로 해서 죽도를 탈취하
려는 숙원을 달성하려 했다. 처음에는 조선이 문제의 확대를 피하기
위하여 '일본의 죽도, 조선의 울릉도'라는 식으로 대응하려다, 위기감
을 깨딛고 '죽도가 조신의 울릉도이니' 일본인의 도해를 금해 달라는
요구를 하게 되었다. 막부는 여러 통로로 죽도의 지리적 사실을 조사
하고

일본인이 거주하지 않는다. 거리를 물었더니 호우키에서는 160리 정
도이고, 조선에 40리 정도 있라고 한다. 그렇다면 조선국의 울릉도라고
말할 수 있지 않은가. 그리고 일본인이 거주하거나, 우리가 취한 섬이라
면 지금 새삼스럽게 돌려주기 어려운 일이나 그러한 증거 등도 없어, 우
리쪽에서 상관하지 않으면 어떠하겠는가.
日本人居住不仕候、道程之儀相尋候得者伯耆より八百六拾里程有之、朝
鮮江者四拾里程有之儀二候、然者朝鮮国之蔚陵嶋二而も可有之候哉、夫
共二日本人居住仕候か此方江取候嶋二候ハヽ 今更遣しかたき事二候得
共、左樣之証拠等も無之候間此方より構不申候樣二被成如何可有之候哉
(『竹島紀事』元祿九年正月廿八日).

라고 일본이 취한 일도 없고, 일본인이 거주하는 것도 아니니 일본
인이 가지 않으면 문제가 해결된다며, 일본인의 도해를 금한 것이다.
모든 객관적인 자료에 근거하여 죽도가 조선령임을 판단한 조치였다.
그럼에도 후대가 되면 奧原碧雲이 "우유부단한 德川幕府가 교묘한

조선의 외교공략에 나약하게도 우리는 무릎을 꿇었다"라고 말하는 것처럼 인식하는 기운이 강했다. 사실을 조사하여 사실에 의거한 판단이었음에도 불만을 가지고, 그것을 처리한 德川綱吉의 실정한 결과로 보고 원망을 한다.

그것은 임진왜란과 같은 침략을 통해 일본인의 진취성을 확인하고 민족의 우수함을 확인하는 것이 일본인이라는 것을 확인해 주는 일이었다. 오쿠하라가 1963년 4월에 울릉도에서 조선인을 납치한 사실은 "태생적으로 진취의 기상이 풍부하여 지지 않는 혼을 가진 해국의 남아는 자기가 독점해 온 어장을 빤히 보면서 조선인에게 빼앗기는 것을 보고, 분함을 참을 수 없어 즉시 조선인 두 사람을 생포하여 돌아온" 것으로 칭송한 것에서 알 수 있듯이, 그들은 인국과의 공존이 아니라 침탈과 살상에서 생존의 의미를 찾고 있었다.

그런 사상을 잘 나태내고 있는 것이 <ruby>岡嶋正義<rt>오카지마마사요시</rt></ruby>로, 그는 그의 저서 『竹島考』 등에서, 조선에 가까운 섬이라 해도 "우리 배가 왕래하는 바다에 있는 고도이므로, 살해당하는 것이 두려워 옛날부터 조선의 인민이 거주하지 못했다"는 것이다. 또 오오야·무라카와케가 죽도를 발견했을 당시는 토요토미 히데요시가 침략한 기억이 남아 있는 시대였으므로 "우리 배를 보면 호랑이나 이리, 늑대를 본 듯 두려워서 도망친다(吾船隻ノ往來セル海中ニ在ル孤島ナレバ 怯殺セラレシコト 懼 テ往昔ヨリ彼ガ人民居ヲ結ず又快ク渡海スルコトヲモ不得(<竹島考> 或文1)." 그래서 무인도가 된 것이라고 설명했다.

조선인이 도해하지 않아 무인도라는 것은 그것이 조선령이라는 것을 의미하나 조선인이 도해하지 않았다는 주장은 사실과 다르다. 오카지마는 토요토미의 침략을 경험한 조선이 일본을 두려워한다는 것으로 침략의 본질을 호도하고, 그것에서 정통성을 구하고 있다. 그래서 자국이 저지른 살상을 거리낌 없이 언급하고, 조선인이 혐오한다는 사실에도 태연할 수 있는 것이다. 그래서 그는 죽도에서 얻는 이익이 지역을 이롭게 한다는 사실에 집착한 나머지 인국의 분란과 멸망을 원하는 저주도 주저하지 않았다. 『죽도고』의 편찬목적을, 죽도도해의 재흥을 도모할 때 도움이 되는 것이라고 말한 그는 죽도도해를 기원하며

> 그 나라가 혹시 내란으로 삼한시대처럼 갈라지거나 나라를 칠 일이 생겨, 세가 불리해지면 옛날처럼 본방에 무릎을 꿇는 것이 필연이다. 쉽게 그런 기회가 오면 원래 죽도는 호우키국의 속도였으므로 재빨리 이것을 수복하는 계획의 의론이 있어야 한다.
> 異邦ト雖國難ノ生ゼンコトヲ人トシテ冀可キニハアラネトモ時運ハ計リ難ク彼國モシ內乱起テ三韓時代ノ如ク分剖スル欤或敵國ヲ生ジテ勢危起ニ及トキハ必シモ往丗ノ如ク本邦ニ膝ヲ屈ンコト必然ナリ苟モ其機ノ見ルルトキハ元來竹島ハ伯耆國ノ屬島ナレバ速ニ是ヲ收覆スルノ計議アル可コトナリ(＜竹島考＞或問6).

라고 국난을 원하지 않는다고 전제하면서도, 조선이 삼국시대처럼 분할되거나 침략을 받아 세력이 약해지면, 그것을 죽도를 차지하는 호기로 삼자는 선동이었다. 인국의 위기를 염원하는 선동으로, 죽도도해를 위해서라면 어떤 일이고 불사하겠다는 의지의 표현이며, 인국의 혼란을 기원하는 저주였다. 그런 그였기에 일본인의 죽도도해가 금지된 사실을 조선인들의 간계에 의한 것으로 보았다.

> 천재의 폐도를 옛날에 우리나라가 개도하여 다년간 막대한 이윤을 얻고 있는 것이 부러워 겐로쿠 중에 여러 간계를 부려 우리 배를 거부하여 결

국은 죽도를 탈양하여 오랫동안 자기들 속지로 했다.
千載ノ廢島ヲ曽テ吾邦ヨリ開島ヲ成シタル多年ノ間渡海ノ莫太ノ利潤ヲ
得ルコトヲ羨ミ元祿中種々ノ奸濫ヲ構ヘテ吾舩隻ヲ拒ミ遂ニ竹島ヲ奪攘
ノ永ク己ガ属地ト成シタリ(<竹島考>或問6)

이러한 사고들이 발전하여 오늘날 독도의 영유권을 주장하는 일본인들에게 계승되고 있다. 오카지마는 토요토미가 자행한 침략을 부끄러워하거나, 일본이 조선에 끼친 패악을 반성하는 일 없이, 그 경험을 통하여 조선인이 일본인을 만나면 짐승 보듯이 한다는 사실을 통해 일본인의 무위를 확인하고 있는 것이다. 그런 정신을 계승받은 오쿠하라 헤키운이었기에, 울릉도에서 조선인을 납치한 일본 어민을 통해 '진취의 기상이 풍부'한 자국인을 확인하려 했을 것이고, 그런 사고를 계승한 일본인들이 독도의 영유권을 주장하고 있는 것이다.

[주18] 제국주의의 사상

고대율령국가는 조선을 번국으로 해서 복속시키는 '대국'(帝國的世界)으로서의 천황의 세계를 성립하려 한다. 중국 고대제국을 모방하여 자신들의 세계를 만들려고 한 것이다. 그 정통성, 곧 어떻게 해서 세계가 성립하고 천황의 세계로서 지금 존재하고 있는가라는, 자신들의 세계의 근거를 확증하는 것이 『古事記』·『日本書紀』였다. 정통성의 근원을 신의 시대에서 구하며, 신화적 이야기는 형태 지어진다. 그것은 텍스트에 있어서, 세계상과 더불어 세계의 이야기의 전체를 성립시키는 것으로, 비로소 형태를 가지는 것이고, 『고사기』, 『일본서기』의 제각각 다른 신화를 성립시킨다. 8세기 초, 천황의 신화는 다원적으로 성립한 것이다. 9세기 이후 『일본서기』는 講書를 중심으로 해서, 해석을 통해서 변환되어『고사기』와 같은 것으로 하여 신화는 다시 만들어진다. 신화의 일원화이다.

그러나 중세[12세기 말 鎌倉막부의 성립이 지표가 됨]에는, 율령국가의 세계원리가 의미를 잃어, 거기에 있어서는 自己同一을 다하지 못하게 된다. 어떻게 세계를 설명하고 납득할까, 제국적 세계가 아닌, 불교적인 보편세계에 있어서 '天竺'·'震旦' 같은 세계='同時所成의 세계'가 되는 '本朝', 자신들을 확신하려고 하는 것이다. 그러한 세계를 근거 짓는 것으로서『일본서기』의 신화는 새롭게 의미 지어져 고쳐진다.『일본서기』가 말하는 것은, 유교·불교가 말하는 것과 일치하는 것으로서, 신화가 변환되는 것이다.

그러한 중세적인 모습을 本居宣長는 근본적으로 전환한 것이다. 노리나가는 '외국'(중국)에 대해서 '황국(皇國)'을 보다 높은 고유의 가치가 있는 것으로 주장하고 확신한다. '황국'은 천황의 통치하에 있는 세계라는 의미인데, 제국적 세계는 아니다. 역사의 근원부터 일관하여 천황에 귀속하는 것에 의해서 질서지어진, 민족적 문화적 세계라는 것을『고사기』가 말하는 '古伝'·'古言'의 이야기(物語)에 의해 확신하는 것이다. 말(言)에 의한 것만이, 제대로 마음(意)도 사건(事)도 전달된다. 그러므로 한문으로 장식된『일본서기』가 아닌, 옛날 말을 잃지 않고 전하는『고사기』야말로 중요하다고,『일본서기』와『고사기』의 가치를 역전시킨다.『고사기』로 축을 이동하여, 거기에 민족적 문화적 세계(당연히 인종적 세계이기도 하다)의 근거가 되는 이야기를 읽어 내는― 천황의 정통성 그것이 중요한 것이 아니라 천황과 함께 존재하는 사회로서의 질서의 근원을 구하는― 것이다. 신화의 변환이었다.

요컨대 고대에 있어서는 제국적 세계의 근거 이야기로 성립한 신화가, 중세에 있어서는 보편적 세계의, 근세에 있어서는 민족적 문화적 세계의, 근거 이야기(物語)로 변환되는 것이고, 각각의 역사단계에서, 원전으로서『고사기』·『일본서기』는 의미를 갱신하며 계속 살아간다.

근대의 민족적 국민국가는 자신들 세계의 문화적 고유성에 정체성을 구한다. 그것은 노리나가와 기본적으로 같은 방향성을 갖는다. 단지 노리나가가 그대로 근대에 수용되어서, 그 연장상에『고사기』의 근대에서 고전으로서의 위치의 확립이 있었다는 것은 아니다. 근대에는 근대운동 자체 속에서 민족의 문화적 근원으로서 신화의 의미를 찾아내고『고사기』를 고전화해 간다.

그것은 청일전쟁이 야기한 내셔널리즘의 앙양―국민·국가에의 강렬한 의식―의 근본에서 고유의 문화에 있어서 국민적 일체성을 확신하고 그것을 역사적으로 확인하면서 그 위에서 추진하려고 하는 운동―'국민문학'이라는 깃발을 세우고 있었으므로, '국민문학' 운동이라고 하는 것이 어울릴 것이다―에 의해 완수된다(『古事記와 日本書紀』).

후세의 일본인들이 17세기에 이루어진 죽도도해금제에 대해 불만을 느끼고, 당시의 절대권력자를 비난하고, 원래는 일본령이었으나 조선왕이 요구하자 양도했다는 식의 논리를 펴는 것은, 당시의 국학사상을 이해하지 못하면 이해할 수 없는 현상이다. 일본은 시대를 불문하고『고사기』에서 자국의 정통성을 구해 왔는데, 그 정통성이라는 것은『고사기』의 본질을 떠난『고사기』가 말하지도 않은 사항을 자의적으로 왜곡 윤색하여 당대의 일본인들을 선동하고 있었다.『고사기』를 왜곡하는 것은 그것을 30여 년에 걸쳐 연구했다는 모토오리 노리나가가 대표적이다. 그는『고사기』를 빙자하여,『고사기』가 말하지 않은 내용으로 일본과 일본인을 확대포장하려 했다. 그런 사상이 국학으로 발전하고, 일본제일주의를 창조하여, 침략과 강탈을 무위의 발현으로 여기게 한 것이다.

[주19] 내각의 결정

나카이 요우자부로우의 출원을 받은 정부는 島根縣의 의견을 요구한 적이 있었기 때문에, 현으로서는 다시 메이지 37년 11월 15일에 내무부장명으로 오키도사에게 동도를 오키도청의 소관으로 하는 데 지장이 없는지 어떤지 또 동도를 어떻게 명명해야 할 것인가를 조회했다. 이에 대해서 오키도사는 동년 11월 30일, 동도를 오키도의 소관으로 하는 것에 이의가 없다는 뜻을 회답함과 동시에 이것을 죽도로 명명하는 것이 적당하다는 내용의 의견을 상신했다.

정부는 이런 의견들을 근거로 해서 심의한 결과 메이지 38(1905)년 1월 28일의 각의 결정에 의해 동도를 시마네 현 소속 오키도사의 소관으로 하고 이것을 죽도로 명명하기로 하여, 그 뜻을 내무대신이 시마네현 지사에게 훈령했다.

메이지 38년 1월 28일 각의 결정
별지 내무대신 요구로 무인도 소속에 관한 건을 심사함에, 우는 북위 37도 9분 30초, 동경 131도 55분, 오키노시마에서의 거리 서북 85리에 있는 무인도는 타국이 이를 점령했다고 인정되는 흔적이 없고, 재작년 36년 본방인 나카이 요우자부로우라는 자가 어사를 준비하고, 인부를 옮겨 엽구를 갖추고, 강치잡이에 착수했다. 이번에 영토편입 및 대하를 출원하였다. 이 기회에 소속 및 도명을 확정할 필요가 있어 그 섬을 죽도라고 명명하고 지금부터 시마네현 소속 오키도사의 소관으로 하려 한다. 그러므로 심사함에 있어 메이지 36년 이래 나카이 요우자부로우라는 자가 그 섬에 이주하여 어업에 종사한 것은 관계서류가 명확하여 국제법상 점령의 사실이 있는 것으로 인정하고, 이를 본국 소속으로 하여 시마네현 소속 오키도사의 소관으로 해서 지장이 없는 것으로 사고한다. 그래서 요구대로 각의 결정이 이루어졌다고 인정한다.

　　　내무대신 훈령

훈제87호

북위 37도 9분 30초, 동경 131도 55분 오키노시마에서 서북 85리에 있는 도서를 죽도라 칭하고, 지금부터 그 소속을 오키도사의 소관으로 한다. 이 뜻을 관내에 고시해야 한다. 우를 훈령한다.

　　　메이지 38년 2월 15일

　　　　　　　내무대신 요시카와 아키마사

明治三十八年一月二十八日閣議決定

別紙內務大臣請義無人島所属ニ関スル件ヲ審査スルニ右ハ北緯三十七度九分三十秒東経百三十一度五十五分隠岐島ヲ距ル西北八十五浬ニ在ル無人島ハ地図ニ於テ之ヲ占領シタリト認ムヘキ形跡ナク一作三十六年本邦人中井養三郎ナル者ニ於テ漁舎ヲ構ヘ人ヲ移シ猟具ヲ備ヘテ海驢猟ニ着手シ今回領土編入並ニ貸下ヲ出願セシ所此際所属及島名ヲ確定スルノ必要アルヲモッテ該島ヲ竹島ト名ケ自今島根県所属隠岐島司ノ所管ト為サントスト謂フニ在リ依テ審査スルニ明治三十六年以来中井養三郎ナル者該島ニ移住シ漁業ニ従事セルコトハ関係書類に依テ明ナル所ナレハ国際法上占領ノ事実アルモノト認メ之ヲ本邦とし島根県所属隠岐島司ノ所管ト為シ差支無之儀ト思考ス依テ請議ノ通閣議決定相な可燃ト認ム

　　　　　内務大臣訓令

訓第八七号

北緯三十七度九分三十秒東経百三十一度五十五分隠岐島ヲ距ル西北八十五浬ニ在ル島嶼ヲ竹島ト称シ自今其所属隠岐島司ノ所管トス　此旨管内ニ告示セラルヘシ右訓令ス

　　　明治三十八年二月十五日

　　　　　　　内務大臣　芳川顕正

[주20] 나카이의 영토인식

松江市 奧原秀夫氏 소장자료에 『竹島經營者中井養三郎氏立志傳』이라는 것이 있다. 이 자료에 의하면 中井은 일확천금을 꿈꾸던 자로 새로운 시업의 도전을 즐겨 실패를 거듭했다. 처음에 러시아령 브라디보스토쿠(浦汐斯德)에서 잠수기를 동원하여 해삼을 채취하는 사업을 시도하여 실패하자 1892(明治 25)년에 조선의 전라 충청해안에 잠수기를 들고 방황하다 귀향하여 해삼채취를 하다 또 실패했다(1898년). 그러자 거주지를 隱岐國 西鄉으로 옮기고 란코도에 강치가 많다는 이야기를 듣고 강치어렵을 결심하고 실행에 옮기는데, 그 과정에 그의 영토인식이 자연스럽게 나타난다.

메이지 36년 5월에 의기투합하는 고하라, 시마타니 겐조우 양씨를 란코도에 도항시켰다. 양씨는 굴강한 건아 8인과 함께 폭 8척 길이 4간의 어선을 타고, 북해의 넓은 파도를 헤치고 동도에 도착하여 처음으로 일장기를 암두에 걸었다. 시마타니 씨는 유망하다는 보고를 가지고 일단 먼저 귀항했다. 그렇지만 총기나 화약 기타 엽구가 불완전하기 때문에 동년에는 충분히 성공하지 못하고 귀국하여, 익년 어기를 기다려 일대웅비를 시도할 것을 계획했다. (중략) 그런데 동업이 유망하다는 것을 탐지하자 이시바시 마쓰타로우, 이쿠치 류우타, 카토우 시케쿠라 제씨의 유력한 경쟁자가 나타나 경쟁적으로 남획하는 폐단을 낳아, 강치어업은 수년 사이에 절멸될 것 같아 걱정이 되어, 엽구의 대하, 제한포획의 필요를 느꼈다. 덧붙이자면 해도에 따르면 동도는 조선의 영역 안에 속하여, 일단 외국인이 내습한다 해도, 이것이 보호받을 길이 없어, 이러한 사업에 자본을 투자하는 것은 아주 위험하다는 것을 알고, 동도의 대하를 조선정부에 청원하여 독점적으로 어렵권을 점유할 결심을 하고 동년의 어기가 끝나자, 일확천금의 꿈을 안고 상경의 길에 올랐다.

씨는 우선 오키출신인 농상무성 수산국원 후지타 칸타로우 씨에게 부탁하여, 마키 수산국장을 면담하고 진술하였다. 동씨도 이 일을 찬성하고, 해군수로국에 소개하여 랸코도의 소속을 확인시켰다. 씨는 즉시 키모쓰키 수로국장을 면회하여 지도를 부탁했더니, 동도의 소속을 확인할 미증이 없고, 특히 일한 양국에서의 거리를 측정하면 일본 쪽이 10해리가 가까운 거리에 있다(이즈모노쿠니 타고바나에서 108해리, 조선국 릿토네루갑에서 118해리). 또 조선인이 종래 동도의 경영에 관여한 흔적이 없는 것에 반해, 본방인이 이미 동도경영에 종사한 자가 있는 이상, 당연히 일본영토로 편입해야 하는 것이라는 이야기를 듣고, 용약분기하여, 결국 뜻을 정하고 랸코도의 영토 편입의 대하원을 내무, 외무, 농상무 3대신에게 제출하게 되었다.

이리하여 내무성 지방국에 출두하여 진술하는 일도 있었으나, 동국에서는, 목하 일로 양국이 개전 중이므로, 외교상 영토편입은 그 시기가 아니다. 원서는 지방청에서 각하할 것이라는 뜻을 전했다. 씨는 할 수 없이 다시 이것을 마키 수산국장에게 상의하였으나 외교상의 일이 되면 어떻게 할 수 없다는 말에 실망낙담했다. 어쩔 수 없어 불우를 원망할 뿐이었다. 그때 마침 지방관회의에 참가하기 위해 이하라 시마네켄 지사가 농상주임인 현속 후지타 코우넨 씨를 거느리고 상경하여 있었으므로, 씨는 활로를 이곳에서 찾으려고, 후지타씨를 여관으로 찾아가 이것을 상의했다. 동씨도 크게 찬성하여 지방국에 구신할 것을 약속하였다. 그런데 지방국의 의견은 전술과 같아, 후지타씨도 도저히 성공의 가능성이 없으니, 귀국하여 시기를 기다릴 수밖에 없다는 뜻을 이야기했다. 지금은 장래가 유망한 사업을 목전에 두고, 소속불명으로 빤히 알면서도 경영의 시기를 놓치고, 그 위에 남획이 수년에 이르면 동업의 전도는 아주 한심하다는 것을 생각하면, 씨의 가슴속을 헤아리고도 남는다.

그렇다 해도 남아가 한번 뜻을 정하면 백난을 배제할 결심이 없겠는가. 동향 출신의 쿠와타 쿠마조우 씨(현재 귀족원 다액납세의원이다)에게 이것을 상의했다. 쿠와타박사는 즉시 글을 써서, 씨를 야마자 정무국장에게 소개했다. 씨는 야마자 국장을 면회하여 랸코도 경영에 대해 의견을 진술했다. 열성이 얼굴에 넘쳐, 그러나 의연하여 결심한 것이 있는 것 같았다. 국장은 천천히 다 듣고, 외교상의 일은 타자가 관여할 것이 아니다. 사소한 암도의 편입과 같은 사소한 작은 사건일 뿐이다. 지세상으로 보아도 역사상으로 보아도 또는 시국상으로 보아도 현재의 영토편입은 큰 이익이 있다는 것을 인정한다는 뜻을 내비쳤다.

여기서 쿠와타 씨를 동행하여 내무성에 가서 이노우에 서기관을 면회하고 사정을 진술하여, 결국 동성의 동의를 얻어 각의에 올려, 메이지 38년 2월 12일에 시마네켄 제40호로, 동현의 영토로 편입하고 죽도라고 명명했다.

明治三十六年五月意氣相投合せる小原、島谷權藏の兩氏をリャンコ島に
渡航せしめたり、兩氏は崛强の健兒八名とともに、巾八尺長四間の漁舟
に搭じ、北海の洪波を蹴破りて、同島に着し、はじめて日章旗を岩頭に
飜し、島谷氏は有望なる報告を齎らして、一先歸航せり。されど銃器火
藥その他獵具の準備不完全なりしため、同年は十分の成功を見ずして歸
國し、翌年の漁期を待ちて、一大雄飛を試みんと計劃せり、(중략) しか
るに仝業の有望なるを探知するや、石橋松太郎、井口龍太、加藤重蔵諸
氏の有力なる競争者あらはれ、競争濫獲の弊を生じ、海驢漁業は数年な
らずして絶滅せんことを憂ひ、猟区代下、制限捕獲の必要を感じ、加ふ
るに、海図によれば、仝島は朝鮮の版図に属するを以て、一旦外人の来
襲に遭ふも、これが保護をうくるの道なきを以て。かかる事業に向って
資本を投するの頗る危険なるを察し、同島代下を朝鮮政府に請願して、
一手に漁猟権を占有せんと決心し、仝年の漁期終るや、一攫万金の夢を
懐にして上京の途に上れり。
氏はまづ隠岐出身なる農商務省水産局員藤田勘太郎氏に図り、牧水産局
長に面会して陳述する処ありき、仝氏もこの挙を賛成し、先づ海軍水路
局につきて、リャンコ島の所属を確かめしむ、氏は即ち肝付水路局長に
面会して、教を請ふや、同島の所属は確たる徴証なく、ことに日韓両国
よりの距離を測定すれば、日本の方十浬に近距離にあり(出雲国多古鼻よ
り百〇八浬、朝鮮国リットネル岬より百十八浬)加ふるに、朝鮮人にして
従来同島経営に関する形迹なきに反し、本邦人にして既に同島経営に従
事せるものある以上は、当然日本領土に編入すべきものなりとの説を聞
き、勇躍奮起、遂に意を決して、リャンコ島領土編入に代下願を内務外
務農商務三大臣に提出するに至れり。
かくて、内務省地方局に出頭して、陳述する処ありしも、同局に於て
は、目下日露両国開戦中なれば、外交上領土編入はその時期にあらず、
願書は地方庁に却下すべき旨を通ぜらる、氏はやむを得ず、再びこれを
牧水産局長にはかる処ありしも、外交上の事とあれば如何ともするに能
はずとの言に、失望落胆、空しく不遇をかこつのみなりき、時恰も地方
官会議に列席のため、井原島根県知事は農商主任たる県属藤田幸年氏を
随ひて上京中なりしかば、氏の活路をここに求めて、藤田氏を旅館に訪
ひてこれを図る、仝氏も大に賛成して地方局に向って具申すべきことを
約せらる、然るに地方局の意見前述の如く、藤田氏も到底成功の見込な
きを以て、帰国して時機をまつの外なき旨を以てせり。今や将来有望の

事業を目前に控えて、所属不明のためにみすみす経営の時期を失し、剰
へ濫獲数年に亘らば同業の前途頗る寒心すべきをおもへば、氏の胸中実
に察するに余ありしなり、されど男児一たび志を決す、百難を排除する
の決心なかるべからずと、同郷出身の桑田熊蔵氏(現今貴族院多額納税議
員たり)にこれを図る、桑田博士即ち書を裁して、氏を山座政務局長に紹
介す、氏は山座局長に面会して、リャンコ島経営につきて意見を陳述
し、熱誠面に溢れ、しかし毅然として決する処あるが如し。局長はおも
むろに聴き終わりて、外交上のことは他者の関知する処にあらず、眇た
る岩島編入の如き。些々たる小事件のみ、地勢上よりみるも歴上より見
るも、はたまた時局上より見るも今日領土編入は大に利益あるを認むる
旨を漏されたり。
ここに於いて、桑田氏を同行して内務省にいたり、井上書記官に面会し
て、事情を陳述し、遂に同省の同意を得て閣議に上り、明治三十八年二
月十二日島根県第四〇号を以て同県の領土に編入し、竹島と命名せられ
たり。

　긴 인용이었으나 나카이는 자신이 강치어업을 독점하려고 하는 랸
코도가 [해도에 따르면 동도는 조선의 영역 안에 속]하는 것으로 인
식하고 있었다. 그것도 막연한 생각이 아니라 해도에 근거하는 사고
였다. 나카이는 각지를 배회하며 도전과 실패를 반복한 사람으로, 사
회인식에 민감했고 또 일을 해결하는 방법까지도 알고 있었다. 특히
공관의 관리들의 생리와 그들을 회유하는 방법에는 특수한 능력을
소유하고 있었던 것 같다. 그가 해도를 근거로 랸코도를 조선령으로
보았다는 것은, 그 시대인식이 그러했다는 것을 의미한다.

鬱陵島

第一 地理

一. 位置

　鬱陵島は、韓國江原道の海上にある大島にして、北緯三十七度二十九分、東經百三十度五十三分に位し、江原道の沿岸を距ること約八十浬、隱岐島の西北百四十浬にあり。

　울릉도

　지리

　위치

　울릉도는 한국 강원도의 해상에 있는 대도로 북위 37도 29분, 동경 130도 53분에 위치하고, 강원도의 연안에서 떨어져 약 80해리, 오키도의 서북 140해리에 있다.

二．地勢

　本島は、江原道金崗山の一支脈、東海に入りて、隆起競るものにして、峯巒重疊、山勢嶮峻にして、平坦の地を見る能はず、中央なる羅里山は、海拔四千尺に達す、全島蔚々たる樹木を以ておほはれしが、近年濫伐の結果、海岸附近は岩骨露出せる禿山となれリ。

　川は、概ね中央の高地より發源し、四方に分流す。その最も大なるものは、河幅數間に及ぶものあれども、多くは、潺湲たる溪流に過ぎず。もとより、堤塘の設備なく、暴雨の際には屢々氾濫の害を被ることあり。沿岸は、懸崖峻壁にして狂瀾怒濤常に巖脚を洗ひ、處々に跌宕雄偉の絶景をなす。島の東北三本立岩の如きその一なり。

　全島港灣すべきものなく、沿海は水深く、海底不良にして、船舶の碇泊すべき處なし。唯島の東南道洞に一小灣あり。直徑二町ばかり、帆船の假泊に堪ふべし。されど、風波梢高さ時は、江原道の竹邊灣、または、隱岐國西鄕港に避難せざるべからず。道洞の東方約一里の處に苧洞灣あり。カプト岩その右を擁し、タテ岩その左にありて僅に船舶を假泊せしむるに足る。概して、東岸は傾斜急にして、西岸は傾斜梢緩徐なりとす。

　지세

　본도는 강원도 금강산의 한 지맥, 동해에 들어가 융기를 다투는 것으로, 봉우리가 중첩하고 산세가 험준하여, 평탄한 땅을 볼 수 없다. 중앙에 있는 나리산은 해발 4,000척에 달한다. 전도가 울창한 수목으로 덮였으나, 근년에 남벌한 결과 해안 부근은 암골이 노출되어 민둥.

산이 되었다.[주1]

천은 중앙의 고지에서 발원되어 사방으로 분류한다. 그 가장 큰 것은 강폭이 수 간에 이르는 것이 있으나, 많은 것은 물이 흐르는 계류에 지나지 않는다. 원래 제방의 설비가 없어, 폭우 시에는 자주 범람의 피해를 입는 일이 있다. 연안은 절벽이 높고 험한 벽으로 광란하는 파도가 항상 암각을 씻어 곳곳에 질탕웅위의 절경을 이룬다. 섬의 동북에 서 있는 세 바위 같은 것이 그 하나다.

전도에 항만으로 할 만한 곳이 없다. 연해는 물이 깊고 해저는 불량하여 선박이 정박할 만한 곳이 없나. 난 섬의 동님 도동에 하나의 작은 만이 있다. 직경이 2정 정도로 범선의 가박은 할 수 있다. 하지만 바람과 물결이 약간 높을 때에는 강원도의 죽변항 또는 오키노쿠니 사이고 항에 피난하지 않을 수 없다. 도동의 동방 약 1리의 곳에 저동만이 있다. 투구바위가 그 오른쪽을 싸고, 입암이 그 왼쪽에 있어, 겨우 선박을 가박할 수 있다. 대체로 동안은 경사가 급하고 서안은 경사가 완만하다 한다.

三. 面積

面積は、未だ精密なる調査を遂げたるものなく、郡守、鄕長に就きて調査せしも、何れも不精確なりき。朝鮮開化史に記する處によれば、全島の面積七十五方哩とせり。目測によれば、東西四里、南北三里餘りもあらんかとおもはる、水路誌によれば、周回十八浬あれども、外務者の調査によれば、周回十四里餘とし、同島駐在日本警官の答によれば、周回約十二里と稱せり。

면적

면적은 아직 정밀한 조사를 한 것이 없고, 군수 향장에게 조사했어도 모두 부정확했다. 조선 개화사에 기록한 것에 의하면 전도의 면적은 75방리로 했다. 목측에 의하면 동서 4리 남북 3리 이상 된다고 생각된다. 수로지에 의하면 주위 18해리가 되나, 외무성의 조사에 의하면 주위 14리 이상 있는 것으로 했다. 동도 주재 일본경관의 답에 의하면 주위 약 12리라고 답했다.

四. 地質

本島の大部分は玢岩より成り、偶々花崗岩、浮石等の存在する處ありき。土質は安山岩質の埴土にして、地味頗る豊壤、農耕に適す。道洞川の沿岸には、輝緑岩存在し、海岸の岩山は、皆玄武岩より成れるが如し。鑛物につきては、未だ精査せしものなし。

지질

본도의 대부분은 분암으로 되어, 곳곳에 화강암, 부석 등이 존재하는 곳이 있었다. 토질은 안산암질의 점토로, 지질이 매우 풍양하여 농경에 적합하다. 도동천의 연안에는 휘록암이 존재하고, 해안의 암산은 모두 현무암으로 이루어진 것 같다. 광물에 대해서는 아직 정밀조사한 것이 없다.

第二 氣候

一. 溫度

氣候は、島根縣の沿海地方に比すれば、氣溫稍低きが如く、渡航當日(三月廿八日)の氣候は、午前十時に於て十二度、午後二時に於て十五度なりき。

기후

온도

기후는 시마네켄의 연해 지방에 비교하면 기온이 약간 낮은 것 같다. 도항 당일(3월 28일)의 기후는 오전 10시에 12도, 오후 2시에 15도였다.

二. 雨雪

雨量は內地に比して少く最も多きは七月なり。また、春夏の候は霧多し、冬季は降雪多くして、海岸部は積雪四五尺、山間部は一丈四尺に達することあり。融雪は三月乃至四月にして、今回上陸の際も、山腹には積雪數尺に及べる處ありき。

初霜は每年十一月初旬にして、終霜は八十八夜前後なり。

우설

우량은 내지와 비교해 적어, 가장 많기는 7월이다. 또 춘하의 기후는 안개가 많고 동계는 강설이 많아 해안부는 적설 4, 5척, 산간부는 1장 4척에 달하는 일도 있다. 융설은 3월 내지 4월로, 이번 상륙 때에도 산허리에는 적설이 수척에 달하는 곳이 있었다.

첫 서리는 매년 11월 초순이고, 마지막 서리는 88야(입춘에서 88일 지난 날, 대개 5월 2일경) 전후이다.

第三 生物

一. 動物

海中の孤島なるを以て、動物の種類は甚だ僅少なるが如し、今回視察の際、管見したるもの左の如し。

犬 牛 山羊 豚 山猫 大鼠 雞 烏 鳶

생물

동물

해중의 고도라서 동물의 종류는 매우 적다. 이번 시찰 때 목격한 것은 아래와 같다.

개, 소, 산양, 돼지, 산고양이, 큰 쥐, 닭, 까마귀, 솔개

二. 植物

全島蔚々たる溫帶の森林を以て、おぼはれ、山毛欅、楓、栂、五葉

松、白檀(柏槇の一種)、欅、キハダ、アララギ、等の良林に富み、ハコ
ベ、ヤヘムグラ、タンポポ、ノゲシ、キク、ヨモギ、スギナ、ヘビイチ
ゴ、クサノワウ、グンノシャウコ、ドクゼリ、ナヂナ等の草木は内地と
畧々異なることなく、麥、大豆、黍、粟、馬鈴薯等の作物を産す。

식물

섬 전체가 무성한 온대의 삼림으로 덮여 너도밤나무, 단풍, 솔송나
무, 잣나무, 백단(백전의 일종), 느티나무, 황벽나무, 산달래 등의 양재
가 풍부하고, 벌꽃, 갈퀴덩굴, 민들레, 방기지풍, 국회, 쑥, 삼채, 뱀딸
기, 애기똥풀, 군노사뷰, 독근, 냉이 등의 초목은 내지와 다르지 않다.
보리, 대두, 기장, 조, 감자 등의 작물을 생산한다.

第四 生業

住民の生業は農業を主とし、まれには、漁業、商業に従事するものあ
れとも、甚だ、幼稚にして、専業と見做す能はざるが如し。

생업

주민의 생업은 농업을 주로 하며 드물게 어업, 상업에 종사하는 자
가 있지만 매우 유치하고 전업으로 볼 수 없을 것 같다.

一. 農業

　地味　　土質は安山岩質の埴土にして、地味は甚だ肥沃なり。開墾後
溉に二十年を經たる土地にして、なほ施肥をなさずして、耕作する處あ
りという。

　開拓　　灌漑の便を缺くを以て、全烏ほとんど水田なく、圃地として
作物を栽培せり、十數年前までは、鬱蒼たる森林全島をおほひしが、現
今は到る處の山腹は、六七分まで開拓せられて畑となり、今後開拓の餘
地は甚だ少きか如し。[주2]その開墾法は、樹木伐採の器具なきと、運搬
の不便なるとによりすべて、燒夷開拓するが故に、徒らに日子を費すの
みならず、枝葉のみ燒かれて、幹の樹立するの戕、實に、奇觀を呈す、
而して官有山林といへども、開墾すれば、そのものの占有に歸するな
り。

　農産物　　主なる作物は、大麥、大豆、馬鈴薯にして、その他、粟、
唐黍、小豆、蕎麥、鶉豆、麻、蘿蔔、牛蒡、葱、白茶、烟草等を産
す。米は、日本人の試作せる處によれば、相當の收穫あるも、灌漑の便
なきため、栽培困難にして、全島を通じて、僅に、七八俵の收穫にすぎ
ずといふ。

　大麥　　大麥は、その産額約一萬石にして、島民はこれに馬鈴薯を混
じて、日常の食料とす、産額においては、實に本島農産物の第一位を占
む。收穫は、普通一斗播(我五升に當る)につき、十五斗(約我七斗五升)
なり。而して、六七十斗を收納するものは大農に屬すといふ。

　大豆　　大豆の産額は、約七千石にして、收量において、本島農産物
の第二位を占め、輸出品として、價額において、第一位を占む、島民は

日常品を賣買するに大豆を以て價格の標準とす。種類は晩熟種にして、數種あるが如し。品質は日本産に比して劣等なり。これ撰種の不十分と、調製の不注意に基づけるが如し。收量は、大麥十五石を收穫すべき地域にて大豆十石を收穫するを以て普通とす。

　馬鈴薯　馬鈴薯もまた島民各戶に耕作し、大麥とともに炊ぎて常食とするが故に、少きも四五石、多きは十數石を栽培せり。

　その他、粟、黍、小豆、蕎麥、烟草、野菜類は、各自使用のため耕作すれども、數量多からず。麻は島民の夏衣の材料として、これを耕作せり。農作物の病虫害につきては、別に豫防驅除の方法を知らざるものの如し。

　耕作の方法　　内地の耕作法に比すれば、極めて粗放にして、大部分は無肥料なり。且つ、休閑地なきを以て、地味漸次瘠薄となるの傾向あり。耕轉は鍬または犁を用ふ。

　犁は人力によるものと、牛にひかしむるものとあり、人力によるものは、役牛を有せざるもの、または傾斜甚しき土地に行はれ、一人は前にあって引き、一人は後よりこれを操縱す。故に、前人はさながら牛馬の代用をなせり。

　家禽及び家畜　　道洞地方にては、鷄はほとんど毎戶これを飼養せるが如し。牛はその數多からず。全島を通じて僅に數十頭に過ぎず。種類は赭褐色を帯びたる朝鮮牛なり。豚及び山羊を飼養するものまた多し。馬はこれを産せずといふ。

농업

토질: 토질은 안산암질의 점토로 매우 비옥하다. 개간 후에 이미 20

년을 경과한 토지이고 또 비료를 사용하지 않고 경작하는 곳이 있다 한다.

개척: 관개의 사용이 불편하여, 전도에 거의 수전이 없고, 밭으로 해서 작물을 재배한다. 십수 년 전까지는 울창한 삼림이 섬 전체를 덮고 있었으나, 현재는 곳곳의 산허리는 6, 7부까지 개척하여 밭이 되어, 금후로는 개척의 여지가 매우 적은 것 같다. 그 개간법은 수목 벌채의 기구가 없고 운반이 불편하여, 불로 태워 개척하기 때문에 헛되이 날짜만 허비할 뿐이다. 지엽만 타고 줄기가 서 있는 상태는 참으로 기이한 광경을 이룬다. 그리고 관유산림이라 해도 개간하면 그것을 점유하게 된다.

농산물: 주된 작물은 보리, 대두, 감자와 그 외 조, 수수, 팥, 메밀, 곽두, 삼, 무, 우엉, 파, 백차, 연초 등을 생산한다. 쌀은 일본인이 시작한 것에 따르면 상당한 수확이 있어도, 관개시설이 없어 재배가 곤란하여, 전도를 통해서 겨우 7, 8섬의 수확에 지나지 않는다 한다.

대맥: 대맥은 그 생산량이 약 일만 석으로, 도민은 이것에 감자를 섞어 일상의 식료로 한다. 생산량은 실로 본도 농산물의 제1위를 차지한다. 수확은 보통 1두파(5되에 해당)에서 15두(약 7두 5되)가 된다. 그리고 6, 7, 10두를 수납하는 것은 대농에 속한다 한다.

대두: 대두의 생산량은 약 7천 석으로 수화량은 본도 농산물의 제2위를 차지하여, 수출품으로, 가격에서 제1위를 차지한다. 도민은 일상품을 매매할 때 대두를 가격의 표준으로 한다. 종류는 만숙종으로 여러 종이 있는 것 같다. 품질은 일본산에 비교해 열등하다. 이는 종자의 선택의 불충분과 조제의 부주의에 근거하는 것 같다. 수화량은 대맥 15석을 수확할 수 있는 지역으로, 대두 10석을 수확하는 것을 보

통으로 한다.

감자: 감자도 또한 도민 각호가 경작하여, 대맥과 함께 밥을 지어 주식으로 하기 때문에 적어도 4, 5석, 많게는 십수 석을 재배했다.

그 외, 조, 기장, 팥, 메밀, 연초, 야채류는 각자가 사용하기 위해 경작하지만 수량은 많지 않다. 마는 섬주민의 하복의 재료로 이것을 경작한다. 농작물의 병충해에 대해서는 별로 예방구제의 방법을 알지 못하는 것 같다.

경작방법: 내지의 경작법과 비교하면 지극히 조잡하고 대부분은 비료를 주지 않는다. 또 휴경지가 없어서 땅의 성질이 점치 척박해지는 경향이다. 땅을 가는 것은 가래 또는 쟁기를 이용한다.

쟁기는 인력에 의한 것과 소가 끄는 것이 있다. 사람에 의하는 것은 부릴 소를 갖고 있지 않거나 또는 경사가 심한 토지에서 행해지며, 한 명은 앞에서 끌고 한 명은 뒤에서 이것을 조종한다. 그래서 앞사람은 그렇게 우마의 대용을 했다.

가금 및 가축: 도동 지방에서는, 닭은 거의 매호가 이것을 사육하는 것 같다. 소는 그 수가 많지 않다. 전도를 통해서 겨우 수십 두에 지나지 않는다. 종류는 자갈색을 띤 조선우이다. 돼지 및 산양을 사육하는 자 또한 많다. 말은 생산하지 않는다 한다.

二. 林業

林相　森林の面積約三千町歩あり數十年前までは、全島綠樹鬱蒼として、晝なほ暗きの盛觀を呈せしが、近時移住民の增加とともに、伐採開墾せられ、今は昔日の林相を見る能はず。

樹木の種類　　　溫帶の森林にして、その種類は山毛欅（ブナ）、楓（カヘデ）、栂（トガ）、五葉松、白檀（ビヤクダン）、アララギ、タブ、ツバキ、ケンポナシ、欅（ケヤキ）、キハダ、桑、タラ、モクノキ、ユヅリハ、ウツギ等なり。されど欅、白檀、栂等の貴重樹は、明治七八年以來、日本人または露西亞人に伐採せられ、海岸地方は裸山となり、山嶺深谷の間に僅にこれを見るのみなリ。

　　樹木の用途　　　栂、五葉松等の建築材は、角材または丸材となして輸出し、出毛欅は木履くの齒木として、小幅の板材となし、欅、白檀、キハダ、ケンポナシ、アララギ等は工藝用材として輸出せば收益多かるべし。されど、山間運搬の困難なると、舟運の使を缺くが故に、搬出多からず、僅に在島本邦人木挽の手によりて挽木の搬出せらるるに過ぎす。

　　また、韓人は燃料として木材を使用するも、木炭は使用せず。目下本邦人中製炭者一名ありて、本邦人使用の木炭を製造せり。

　　將來の經營　　　面積狹小にして、大なる經營に適せざれども、約三千町歩の森林中、島民の燃料備林を殘し、現今の山毛欅、楓等を伐採し、栗、落葉松等を以て更新し、一は建築材とし、一は鐵道枕木として輸出せば、京釜鐵道の備林の一部となるべし。

임업

임상: 삼림의 면적은 약 3,000정보가 있어서 수십 년 전까지는 전도가 녹수울창하여 낮에도 어두운 경관을 보였으나, 최근에 이주민의 증가와 더불어 벌채개간되어, 지금은 옛날의 산림의 상태를 볼 수 없다.[주3]

수목의 종류: 온대의 삼림으로 그 종류는 너도밤나무, 단풍, 솔송나

무, 잣나무, 백단, 산달래, 후박, 동백, 호깨나무, 느티나무, 황벽나무, 뽕나무, 다라, 감탕나무, 굴거리나무, 병꽃나무 등이 된다. 느티나무, 백단, 솔송나무 등의 귀중수는 메이지 78년 이래 일본인 또는 러시아인에 의해 벌채돼 해안 지방은 민둥산이 되어 산령심곡 사이에서 이것을 겨우 볼 뿐이다.[주4]

수목의 용도: 솔송나무, 잣나무 등의 건축재는 각재 또는 통나무로 만들어 수출하고 너도밤나무는 나막신 치목의 작은 폭의 판자가 된다. 느티나무, 백단, 황벽나무, 호깨나무, 산달래 등은 공예용재로 수출해 수익을 더한다. 그러나 산간 운반이 곤란함과 운반할 사람이 없기 때문에 반출이 많지 않고 겨우 재도 본방인의 손에 의해 판자가 반출되는 것에 지나지 않는다.

또 한국인은 연료로 목재를 사용해도 목탄은 사용하지 않는다. 목하 본방인 중 제탄자 한 명이 있어, 본방인이 사용하는 목탄을 제조한다.

장래의 경영: 면적이 협소해 큰 경영에 적합하지 않지만, 약 3천 정보의 삼림 중 섬주민의 연료 비림을 남기고 현금의 너도밤나무, 느티나무 등을 벌채하고, 밤, 낙엽송 등으로 갱신하여, 일부는 건축재로 하고 일부는 철도침목으로 수출하면 경부철도를 위한 나무의 일부가 될 것이다.

三. 漁業

潮流　本島附近數浬の處にては、區々一定せざるも、遙に沖合に出づれば、北方流にして、その速力略竹島附近に等し。視察當日(三月廿八日)午後七時における溫度左の如し。

氣溫十二度　海水溫九度　比重一、〇二五

海深　道洞彎口における海深は十三尋して、底質は砂なり。また、苧洞沖合約半里における海深は十五尋なりき。漁夫の言によれば、本島二里の沖合に於て、二百五十尋の錨索、なほ海底に達せずといふ。

漁港　本島には、安全なる漁港なし。ただ道洞は稍彎形を成し、彎口は東南に面し、廣さ彎口百間港奧七八十間沙濱を成し、兩側は斷崖峭立せり。海上平穩の時は、苧洞、沙洞、通九尾、南陽洞、台霞洞等にも入船するを得べきも、他は懸崖峻嶮近づく能はず。

漁獲物の種類　近海は魚族海藻類に富み、鮪、柔魚、鰤、鰮、鯗、鰭、メヂカ、サワヅ、鯖、飛魚、鱝、メバル、アブラメ、鯛、章魚、鰈、ツツリ、サヨリ、河豚等を産し、鯨、マイルカ、カマイルカ、シヤチ等の海獸、群來し稀には海驢も來ることありといふ。

鳥賊漁　鳥賊の漁撈法は、隱岐における、釣獲法と等しくその處理法もまた同じく鯣に製造す。漁獲總額は知るに由なきも、輸出額は左の如し。

三十七年　　　　一千七百貫目　　　　　　　價額貳千貳百拾九圓

三十八年　　　　一千四百七十九貫目　　　　價額貳千六拾九圓

鱝漁　漁撈法葉底延繩を以てす。餌はアブラメ。メバル等の底魚を細切として使用す。處理方法は、生鮮のまま賣却す、漁獲高は詳ならず。

鰮漁　漁撈法は、鰮魚の害敵に追はれて、海岸に群集する時、攪を以て掬ひ捕るるのみ。地曳網は、海岸に岩石多きと、沿海に暗礁多きため使用する能はず。

鮑漁　潛水器を使用し、また海女の潛水によりて採捕す。漁期は五月より九月の間にして、潜水器業者は長崎地方及び隱岐より來り、海女は志摩國地方より出漁するものの如し。乾鮑の製造額左の如し。

　　　三十七年　　　　五十貫目　　　　　價額　　　百八拾七圓
　　　三十八年　　　　九千百貫目　　　　仝　　　　八千〇五拾圓

海苔　採取方法は島根縣に仝じ。長一尺五寸幅一尺二寸の大形板海苔に漉きて、本邦內地に輸送す。その製造額左の如し。

　　　三十七年　　　　百三十八貫目　　　價額　　　四百拾四圓
　　　三十八年　　　　百七十四貫目　　　仝　　　　五百貳拾四圓

和布　和布の採收は、韓人の獨占なるが如し。處理方法は、長四尺幅六寸厚六分に重ねて乾燥し、韓國內地に輸送す。その製造額左の如し。

　　　三十七年　十一万五百七十把　　價額　千參百八拾參圓
　　　三十八年　五百三十把　　　　　　　　仝　　七拾四圓

將來の經營　　韓人ハ和布海苔を採取するのみにて、他の漁業に從事するものなし。本邦人中、農業の傍、漁業に從事するもの約四十人（三十八年調査）あり。本島には安全なる漁港なきを以て甚だ困難を感ずれども、鮪延繩、鮪流繩、柔魚釣等を大漁船にて經營せば稍有望なるべく、小規模の漁業にては飛魚網、鰤刺網、鰤兒網等望あるが如し。

어업

조류: 본도 부근 수 리의 곳에 구역이 일정하지 않은 먼 바다에 나가면, 북방류의 속력이 대략 죽도 부근과 같다. 시찰 당일(3월 28일) 오후 7시의 온도는 아래와 같다.

기온 12도   해수온 9도   비중 1,025

해심: 도동 만구의 해심은 13심으로 바닥은 모래다. 또 저동 먼 바다 약 반리의 해심은 15심이었다. 어부의 말에 의하면 본도 2리의 먼 바다에서 250발의 추를 넣었으나 해저에 이르지 않았다 한다.

어항: 본 섬에는 안전한 어항이 없다. 다만 도동은 약간 만형을 이루어, 만구는 동남에 면하여 넓이가 만구는 100간 항구 안은 7, 80간의 모래해변을 이룬다. 양측은 절벽이 솟아 있다. 해상이 평온할 때는 저동, 사동, 통구미, 남양동, 태하동 등에도 배가 들어갈 수 있어도, 다른 곳은 절벽 낭떠러지가 험준하여 다가갈 수 없다.

어획물의 종류: 가까운 바다는 어족, 해조류 등이 풍부하여, 다랑어, 오징어, 방어, 정어리, 상어, 만새기, 메지카, 사와즈, 청어, 날치, 가오리, 볼락, 쥐노래미, 도미, 낙지, 가자미, 쓰쓰리, 공미리, 복어 등이 나고, 고래, 돌고래, 지느러미돌고래, 범고래 등의 해수가 떼 지어 오고, 가끔은 강치가 오는 일도 있다 한다.

오징어, 오징어 어로법은 오키의 낚시법과 같고, 그 처리법도 역시 같게 마른 오징어로 제조한다. 어획총액은 알 방법이 없으나 수출액은 좌와 같다.

        37년   1,700관   가격   2,219원
        38년   1,479관   가격   1,069원

가오리: 어로법 엽저연승으로 한다. 낚싯밥은 쥐노래미, 볼락 등의 해저의 물고기를 잘게 썰어 사용한다. 처리방법은 생선 그대로 매각한다. 어획량은 자세하지 않다.

정어리: 어로법은 정어리를 해치는 적에게 쫓겨, 해안에 몰려왔을 때, 그물로 떠서 잡을 뿐이다. 지예망은 해안에 암석이 많고, 연해에

암초가 많아 사용하기에 적당하지 않다.

전복: 잠수기를 사용하고 또 해녀가 잠수하여 잡는다. 어기는 5월부터 9월 사이로, 잠수업자는 나가사키 지방 및 오키에서 온다. 해녀는 시마노쿠니(지금의 미에켄 三重県 지방에서 오는 것 같다. 말린 전복의 제조 수량은 아래와 같다.

37년　　50관　　가격　　187원

38년　　9,100관　동　　8,050원

김: 채취방법은 시마네켄과 같다. 길이 1척 5촌, 폭 2척 2촌의 대형 핀의 김으로 치리하여 본방의 내지로 수송한디. 그 제조 수량이 아래와 같다.

37년　　138관　　가격　　414원

38년　　174관　　동　　524원

미역: 미역채취는 한인이 독점하는 것과 같다. 처리방법은 길이 4척 폭 6촌 두께 6부로 겹쳐 건조하여, 한국 내지로 수공한다. 그 제조 수량은 아래와 같다.

37년　　110,570파　　가격　　1,383원

38년　　530파　　동　　74원

장래의 경영: 한인은 미역, 김을 채취할 뿐, 다른 어업에 종사하는 자가 없다. 자국인 중에 농업을 하면서 어업에 종사하는 자가 약 40인(38년 조사)이 있다. 본도에는 안전한 어항이 없어 많은 곤란을 느끼지만 유연승, 유류승, 유어조 등을 큰 어선으로 경영하면 약간 유망할 것이다. 소규모의 어업으로는 비어망, 사자망, 사어망 등이 유망한 것 같다.[주5]

第五 商業貿易

一. 商業機關

商業機關として、道洞に士商議所なるものあり、わが商業會議所に相當するものにして、十名の評議員をおき、島會の協議によりてこれを推選す。評議員は折々會集して、商業上諸般の事項を協定し、商人の信用程度を評議し、外人との商取引の紹介をなせり。

在留日本人は、明治三十五年六月、日商組合なるものを組織し、貿易品の濫賣を矯正し、信用を保持し、かつ、日韓人相互の取引の圓滿を圖り、その他すべて秩序を維持するを目的とし、一の規約を締結せり。

상업무역

상업기관

상업기관은 도동에 사상의소라는 것이 있다. 상업회의소에 해당하는 것으로 10명의 평의원을 두고, 도회의 협의에 의해 이를 추천한다. 평의원은 가끔 모여서 상업상 여러 가지 사항을 협정하고 상인의 신용정도를 협의하고 외인과의 상거래를 소개한다.

재류 일본인은 메이지 35년 6월에 일상조합이라는 것을 조직하고 무역품의 무분별한 매입을 교정하고 신용을 지킨다. 또 일한인 상호의 원만한 거래를 꾀하고 그 외의 모든 질서를 유지할 것을 목적으로 하여 하나의 규약을 체결한다.[주6]

二. 輸出入品

輸出品の主なるものは、大豆、大麥、木材、鯣にして、輸入品の主なるものは、米、木綿とす、何れも關稅を要せず。在留日本人中、帆船數艘を所有し、輸出入品運送の便をはかれり。商取引は現金を以てせず、大豆を標準として交換せり。今最近の輸出入額を表示すれば左の如し。

수출입품

수출품의 주된 것은 대두, 대맥, 목재, 오징어이고, 수입품의 주된 것은 쌀, 목면이다. 모두 관세가 필요 없다. 재류 일본인 중에 범선 수척을 소유하고 수출입품 수송에 편리를 도모했다. 상품의 거래는 현금으로 하지 않고 대두를 기준으로 해서 교환한다. 최근의 수출입량을 표시하면 아래와 같다.[주7]

수출입품조사표
輸出之部

품명	37년		38년	
	수량	가격	수량	가격
大豆	3,079石	21,553圓	3,188,05石	20,723圓
大麥	480	2,160	321,00	1,284
小麥	131	917	96,00	637
槻材	94,222才	3,297	153,035才	6,886
栂材	70,151	2,104	13,140才	394
五葉松	1,600貫	400		
栒梍梨	60	250		
木茸	60	96	320.5貫	480
烏�	150	112	50.0	50
乾鮑	50	187	970斤	582
鯣	1,707	1,707	1,499.8貫	1,499
海苔	138	414	174,9	524
若市	110,570把	1,383	53束	79

품명	수량	가격	수량	가격
黃柏皮	930貫	139		
馬鈴薯	1,225	122	27,000斤	540
ト卜皮	800石	600	800貫	700
仝油	2	26	83箱	124
鮑罐詰			10	96
白檀				
槻皮				
ト゛柏			150貫	34
干鰯			800	250
鹽鰤			120尾	96
槻坂			40	60
白杉			63,000斤	15
薪			1,000貫	36,632
合計	17種	35,467	21種	71,685

輸入之部

품명	37년		38년	
	수량	가격	수량	가격
白米	520石	7,021圓	6,149石	8,916圓
支那米	3	58		
糯	4	46	7,7	123
淸酒	43	1,293	34,3	1,029
燒酎	1	72	21,7	651
食鹽	114	195		1,437
醬油	32	80	27,1	460
素麵	215貫	113	34凾	61
砂糖	590斤	82	265斤	39
菓子	20	2		
酒粕	13石	45		
甘藷	1,000貫	45	400貫	12
小豆	8斗	12		
煙草	28貫	154	5	30
卷莨	150個	150		
石油	182箱	618	137凾	442
燐寸	3,400個	68	7	28
金巾	144疋	964	150疋	1,020
木綿	1,032	1,341	2,465	3,697
綾木綿	183	1,409	473	3,689
天竺木綿	50	140	392	1,176
衣服裏地	40反	44		
反物	55	110	45反	45

品名				
紡績糸	12瓦	26	15瓦	45
綿「子ル」	8犬	6		
疊「ヘリ」	40反	40		
綿	134貫	260	219貫	97
繩	230束	80	304束	76
叺莚	8,310枚	554	8,670枚	736
草履	400足	6		
障子	40枚	20	15枚	7
陶器	500個	250		20
鉄	190貫	72	103貫	38
鋼鉄	225斤	288		
空瓶	750本	3		
韓錢	345貫	621		
杉皮	350斤	21	700斤	49
羽二重金巾			10疋	70
木炭			910貫	32
芋				
雑貨				700
疊	98	98	52疊	46
瓦			2,000枚	32
合糸			20貫	70
白麥			10石	95
干鰯			800貫	250
監鰤			150	120
漁小船			5隻	50
石油空罐				35
其他				42
合計	38종	16,407	38종	25,480

以上の統計は、本島と日本との輸出入を調査せるものにして、この他、本島より韓國へ輸出する重要品は、大豆、和布、板類、人蔘、藥草等にして、價格は壹万圓以上に上るといふ。

이상의 통계는 본도와 일본과의 수출입을 조사한 것으로, 이 외에 본도에서 한국으로 수출하는 중요품은 대두, 미역, 판류, 인삼, 약초 등으로 가격은 일만 원 이상에 이른다 한다.

第六　交通

一．通信機關

　通信機關としては、道洞に一の日本郵便受取所ありて、內地との、通信を取り扱ふのみ。電信は海軍通信所と、ある地點との間に敷設せらる、ものあるのみ。而して、郵便物は風波平穩なる時を見はからひ、帆船を以て韓國釜山、または伯州境港に回送す、されば、中途風波の犯す處となり、一遞送に數月を要することありといふ。

교통

통신기관

　통신기관으로는 도동에 하나의 일본우편 수취소가 있어, 내지와의 통신을 취급할 뿐이다. 전신은 해군통신소와 어느 지점 사이에 부설된 것이 있을 뿐이다. 그리고 우편물은 풍파가 평온할 때를 가려 범선으로 한국 부산 또는 하쿠슈우의 사카이 항에 회송한다. 그래서 중도에 풍파를 만나기도 하여 한 번 보내는 데 수개월을 요하는 일도 있다 한다.

二．海上交通

　絶海の孤島にして、加ふるに港灣なきを以て、定期航海の船舶なく、冬季海上不穩なる時は、數月間內地との交通斷絶すること少からず。平時在留本邦人所有の帆船によりて、辛うじて交通するのみなり。

해상교통

절해의 고도인데다 항만이 없어 정기항로의 항해가 없고, 동계의 해상이 불온할 때는 수개월간 내지와의 교통이 단절되는 일이 적지 않다. 평상시에는 재류 본방인이 소유하는 범선으로 어렵게 교통할 뿐이다.

三. 陸上交通

本島は峨々たる峯巒重疊して、平坦の地少く、交通の不便なることいふべからず。住民の部落は、主として海岸に位し、一部落より他部落に出づるには、必ず峻坂を超えざるべからす。道路の如きも、僅に羊腹たる鳥徑草路の通ずるあるのみ。物貨の運輸甚だ不便なり。

육상교통

본도는 뾰족뾰족한 봉우리들이 우뚝이 중첩하여 평탄한 땅이 적고 교통이 불편하다는 것은 말할 필요가 없다. 주민의 부락은 주로 해안에 위치하여, 한 부락에서 타 부락으로 나가기 위해서는 반드시 험한 고개를 넘어야 한다. 도로와 같은 것도 아주 꼬불꼬불하게 새들이 다니는 좁은 길이 통할 뿐이다. 화물의 운수는 아주 불편하다.

第七 住民

一. 戸數人口

　本島は、もと無人島なりしが、數百年前より、韓人の漁業のため渡航するものあり同時に、隱岐國伯耆地方よりも漁期間渡島するものありき。爾來、韓人の渡海者漸次增加して、遂に永住の姿をなすに至りぬ、同島には、未だ戸籍なく、人口の調查なけらば、詳細を知る能はざれども、現今戸數約七百人口五千乃至七千と見れば、大差なかるべしといふ。

　주민
　호수 인구
　본도는 원래 무인도였으나 수백 년 전부터 한인이 어업을 위해 도항하는 자가 있었고 동시에 오키노쿠니 하쿠슈우 지방에서도 어렵 기간에 도도하는 자가 있었다. 이래 한인의 도해자가 점차 증가하여 결국에는 영주하는 상황이 되었다. 동도에는 아직 호적이 없고 인구 조사가 없어 상세히 알 수는 없으나, 현재의 호수 약 칠백, 인구 오천 내지 칠천으로 보면 큰 차이 없을 것이라 한다.

二. 人情風俗

　在島韓二人は主として、江原道慶尚道地方より移住せしものなり。性質溫諄粗朴にして、禮儀を守るの風ありき。されど、開發進取の氣象は全く缺乏して、倫安苟且、いたづらに遊惰に耽り、中には飲酒、賭博をなすものあり、勤勉貯蓄の精神は絶江てなし。生業は専ら農業にして、餘暇には和布海苔を採取するものあり。高帽白衣、長烟管を口にしつゝ、終日悠遊するさま、さながら太古の狀態もおひやらる。

　韓人の小僮を「チョンガー」といひ、頭髮を中央より分け、後頭部にて結束し、辮髮の如く背後に垂れ、紫の小片などを結びつく。衣服は淡紅色の筒袖の胴衣の白袴を穿ち腰邊には、小袋など雜多の日用具を纏附し、容貌概て、端麗愛すべく、一見女子とおもはるゝ、しかも、これ皆男子なり。未婚の少女はチュージャーと稱し頭髮服裝は、小僮を相肖たれども、たゞ袴の製法の差異あり。少女は常に家居して外出すること少く、人に面貌をあらはさざるを通例とす、大人は、上に白衣を被り帽をいたたく、而して、衣服の原料は綾木綿、金巾を普通とし、富有者は袖、絹を用ふるものあり。

　婚姻は、新郎まづ輿に乗じて新婦の許にいたりて、これを迎へ歸り、一ヶ月間は、盛に宴會を開きて、親戚知己を饗するなり。故に貧者は、何時までも結婚する能はず依然チョンガーとして、侮蔑を受く。これに反して、富者は年少より結婚して、頭髮をあげ、帽をいただき、白衣を被り、悠遊闊步するなり。

인정 풍속

　재도 한인은 주로 강원도, 경상도 지방에서 이주한 자이다. 성질이 온순소복하여 예의를 지키는 풍조가 있다. 그래도 개발 진취의 기상은 아주 결핍하여, 격식에 안주하여 가난하고 그저 놀기만 한다. 그중에는 음주 도박을 하는 자가 있어, 근면 저축정신은 없다. 생업은 오직 농업으로 여가에는 미역, 김을 채취하는 자가 있다. 갓에 백의, 긴

담뱃대를 입에 물고 종일 한가하게 거니는 모습은 태고의 상태를 생
각하게 한다.[주8]

한인의 소동을 '총가-'라며 두발을 중간에서 나누어 후두부에서
묶어, 변발처럼 배후에 늘어트리고 보라색 헝겊쪼가리로 맨다. 의복
은 담홍색 통소매의 윗도리에 흰 바지를 입고 허리 부근에는 작은 주
머니 등 잡다한 일용구를 걸치고 있다. 용모는 대개 단아하고 귀여워,
언뜻 보면 여자라고 생각할 수도 있으나 모두 남자다. 미혼의 소녀는
츄-자(妻子)라 하며, 두발복장은 소동을 닮았으나 다만 하의의 제조
법에 차이가 있다. 소녀는 항상 집에 있으며 외출하는 일이 적고, 사
람에게 얼굴을 보이지 않는 것을 통례로 한다. 어른은 위에 흰옷을
입고 모자를 쓴다. 그리고 의복의 원료는 무늬가 있는 목면 옥양목이
보통으로, 부자는 소매를 비단으로 하는 자가 있다.

혼인은 신랑이 먼저 가마에 타고 신부가 있는 곳에 도착하여, 그를
맞이하여 돌아와, 1개월간 성대한 연회를 벌여 친척 지기를 대접한다.
그래서 빈자는 언제까지나 결혼하지 못하고 여전히 총각으로 모멸을
당한다. 이에 반하여 부자는 소년 때부터 결혼하여 머리를 올리고 모
자를 쓰고 백의를 입고 한가롭게 활보한다.

三. 住居

韓人の家屋は極めて陋矮不潔なり。山腹の凹處に三々五々相連り、
藁葺平家造の小舍にして、外壁は粗造なる土壁にして、前部に三尺の四
尺位の窓を付して、光線をとり床下に溫突を設く。普通の家は二間に三
間位にして二三室を有し、少許の家具、食器等を有するにすぎす、家族

は大抵七八人を有し、雑居の様をなせり。

주거

한인의 가옥은 매우 누추하고 작으며 불결하다. 산복의 오목한 곳에 삼삼오오가 늘어선 초가지붕 단층의 소옥으로, 외벽은 거친 흙벽이고, 앞부분에 3척, 4척의 창을 달아, 광선을 받고 바닥 아래에 온돌을 설치한다. 보통집은 2간에 3간 정도로 해서 2, 3실을 가진다. 약간의 가구, 식기 등을 가지는 것에 불과하다. 가족은 대개 7, 8인이 잡거하는 형태를 이룬다.

四. 食物

大麥または黍に、馬鈴薯を和して炊ぎたるものを常食とす。貴人の饗應にも麥飯にすぎず。米飯は、在島日本人間に用ひらるのみ。酒は麥にて醸造したるものにて、多少酸味を帶びたる獨酒にして、風味劣等、本邦人の口に適せず。

식물

대맥 또는 수수에 감자를 섞어서 지은 것을 상식으로 한다. 귀인의 대접도 보리밥일 뿐이다. 쌀밥은 재도 일본인 사이에 사용될 뿐이다. 술은 보리로 양조한 것으로 다소 산미를 띠는 탁주로, 맛이 열등하여 본방인의 입에 맞지 않는다.

五. 衛生

衛生思想　　　　島民一般に衛生思想極めて幼稚にして、不潔陋穢言語に絶す。而して、傳染病の如きも、その如何に恐るべきか、如何に豫防すべきかにつきては、何等の感念なきもの〻如し。鍼醫は八九名あるよしなれど、もとより、醫學上の智識を備ふるにあらず、學者は卽ち醫師を兼ぬるの有樣なり。

傳染病　交通不便なるを以て、外部より病毒の侵入すること少く、不潔の割合には傳染病少きが如し。されど、天然痘は比較比的多數にして、道洞の韓人中にも、痘痕あるもの甚だ多かりき。近年より漸く種痘法行はる〻に至れりといふ。

飲料水　　　　飲料水は、溪流を汲んでこれを使用す。溪水は比較的清冽なれども、降雨の時は混濁を免れず。井を掘ることは、本邦人移住以來行はる〻に至しものにして、今なほ韓人中には井水を用ふるものなし。

便所　　　　　韓人中には、便所の設備を有せず。道洞における本邦人移住民四十餘戶に對し、共同便所二ヶ所あるに過ぎず、以てその一斑を知るに足るべし。

위생

위생사상: 도민 일반의 위생사상이 아주 유치하여 불결하고 더럽기가 말할 수 없다. 그리고 전염병 같은 것도, 그것이 얼마나 무서운 것인가, 어떻게 예방해야 하는가에 대해서는, 아무런 생각이 없는 것 같다. 침의는 8, 9명 있다 하나, 원래 의학상의 지식을 갖춘 것이 아니

다. 학자가 의사를 겸하는 것 같다.

전염병: 교통이 불편하여 외부에서 병독이 침입하는 일이 적어 불결한 것에 비해 전염병이 적은 것 같다. 그래도 천연두는 비교적 많아, 도동의 한인 중에도 천연두 흔적이 있는 자가 아주 많았다. 근년부터 겨우 종두법을 행하게 되었다 한다.

음료수: 음료수는 계류를 퍼서 이것을 사용한다. 계곡물은 비교적 청렬하지만, 강우시에는 혼탁을 면하지 못한다. 샘을 파는 일은 본방인이 이주한 이래에 이루어지게 된 것으로, 지금도 한인 중에는 샘물을 사용하는 자가 없다.

변소: 한인들은 변소를 만들지 않는다. 도동에 있는 본방의 이주민 40호에 공동변소 2개소가 있는 것에 지나지 않는다. 그것으로 그 전반을 알 수 없다.

第八 敎育

一. 學校

韓人の設立にか丶る學校は、全島を通じて十四校あり。生徒は八歳より二十歳位までにして、就學は各人の自由とす。而して就學の時期も、もとより一定することなく、また、一定の校舍あるなし。村民中學識あるものあれば卽ちその宅を以て學舍に充て有志のものは來り學ぶこと、恰も舊時のわが寺小屋に似たり。敎科書は、大學、小學等にしてその方法は、先生は椽上にありて、長烟管をくちにしつ丶敎授すれば、生徒は庭上に莚を布きて、素續すといふ。

교육

학교

한인이 설립하기 시작한 학교는 전도를 통해 14교가 있다. 생도는 8세부터 20세 정도까지로, 취학은 각자의 자유로 한다. 그리고 취학 기간도 애초부터 일정하지 않고 또 일정한 교사는 없다. 촌민 중에 학식이 있는 자가 있으면, 곧 그의 집을 학사로 하고 뜻이 있는 자가 와서 배우는 것이, 마치 옛날 우리 테라코야(寺子屋:서당)와 닮았다. 교과서는 대학 소학으로 그 방법은, 선생은 마루 위에 있으며 긴 담뱃대를 입에 물고 가르치면, 생도는 마당에 앉아 멍석을 깔고 그대로 따라 읽는다.

二. 島民の敎育程度

日進文明の科學的知識に至りては、ほとんど、絶無といふも不可なけれども、比較的文字を解するもの多く、郡守、鄕長をはじめ、上流の人士は、漢學の素養ありて、作詩の技を有す。小童の徒といへども、平仄音韻に通ずるもの少からずといふ。

도민의 교육 정도

나날이 진보하는 문명의 과학적 지식을 말하자면 거의 절무하다고 말하는 것도 불가한 일이 아니지만, 비교적 문자를 이해하는 자가 많고, 군수 향장을 비롯한 상류인사는 한학의 소양이 있어, 작시의 기능

을 가지고 있다. 소동이라 해도 평측 평회음운에 통하는 자가 적지
않다.

三. 宗敎

　道民中宗敎心の發達甚だ幼稚にして、無宗敎といふも不可なし。道
洞の如きも、郡守舘の背後に小祠あり。每月朔日と十五日とは、祠前
に禮拜するのみにて、祭典の式など行ふことなく、唯五節句には、すべ
て、休業といふ。

종교

　도민의 종교심 발달이 매우 유치하여, 무종교라고 말하는 것도 불
가한 일이 아니다. 도동 같은 곳도 군수관의 배후에 작은 사당이 있
다. 매월 초하루와 15일은 사당 앞에서 예배할 뿐, 제전의 식 등을 행
하는 일이 없다. 단 5절구에는 모두 휴업한다고 한다.

第九 政治

一. 郡衙

　鬱陵島の郡衙は、道洞韓人部落にありて士商議所隣接す。板葺平屋
造の矮屋にして、門を入れば、庭あり、一段高さ處に鬱島新衙と揭額セ
ル二間に四間の辻堂的建築物あり、是卽ち郡守の政廳なり。めぐらすに

築垣を以てし、その側には罪人拘留所あり。^[주9]

정치

군아

울릉도의 군아는 도동 한인 부락에 있으며 사상의소와 이웃한다. 판자로 이은 단층구조의 작은 집으로, 문을 들어가면 정원이 있고, 조금 높은 곳에 울릉도신아라고 액자를 건 2간의 곳에 4간의 불당과 같은 건축물이 있다. 이것이 곧 군수의 정청이다. 담을 둘렀다. 그 옆에는 죄인 구류소가 있다.

二. 郡守及鄕長

本島に郡守一人、鄕長一人を置き、郡守は全島を統轄し、行政司法の全權を掌握して島民に對して、生殺與奪の權利を有す。鄕長は郡守の職務を代理し、または、その委任を受けて事務を分掌す。郡守は韓國政府より任命する處にして、年俸七百圓を受くといふ。

군수 및 향장

본도에 군수 한 사람, 향장 한 사람을 두어, 군수가 전도를 통할하고 행정사법 전권을 장악하고 도민에 대하여, 생살여탈의 권리를 가진다. 향장은 군수의 직무를 대리하고 또는 그 위임을 맡아 사무를 분담한다. 군수는 한국 정부가 임명하는 것으로 연봉 700원을 받는다 한다.

三．洞任

　全島二十余部落に分れ、各部落に洞任一人を於き、郡守の監督をうけ、擔任部內の事務を處理す。本邦の町村長に当たるものにして、俸給として一戸につき大豆五升(日本の二升五合)宛を納めしむ。

　동임

　전도가 20여 부락으로 나뉘어, 각 부락에 동임 한 사람을 두고, 군수의 감독을 받아 담임하는 부락의 사무를 처리한다. 본방의 정촌장에 해당하는 것으로, 봉급으로 1호당 대두 5승(일본의 2승 5합)씩을 수납하게 한다.

四．島會

　島會は島民の總會なり。されど、實際出席するものは、主として上流者のみにして、郡守以下の給料旅費、郡衙の費用及び徵稅額等を協議す。面して、一ヶ年の支出額は約壹萬貳千兩(我貳千四百圓)なりといふ。

　도회

　도회는 도민의 총회다. 그래도 실제로 출석하는 자는 주로 상류자뿐으로, 군수 이하의 급료 여비, 군위의 비용 및 징세액 등을 협의한다. 그리고 1년의 지출액은 약 1만 2천 냥(우리 돈 2,400원)이라 한다.

五．制度

郡守の職務執行上につきては、何等の成文律令なく、自己の頭腦によりて、臨機に判決するのみ。故に偏頗不公平あるは、もとより免れずといへども、島民はよく是に服從し、敢て抗議を唱ふるものなし、郡守は掌璽官をしてその官印の保管に任ぜしめ常に左右に侍せしむ。その印彰寫左の如し。その他、施政上に同する一切の法令記錄を有せず。隨つて行政司法警察事件の件目經過等を知るに由なし。

제도

군수의 직무 집행상에 대해서는 어떤 성문율령이 없고, 자기 두뇌에 의지하여 임기적으로 판단할 뿐이다. 그래서 편파적인 불공평한 것은, 애초부터 피할 수 없지만, 도민은 이에 복종하며 일부러 항의를 말하는 자가 없다. 군수는 장새관에게 그 관인을 보관하게 하여 항상 좌우에 있게 한다. 그 인창의 사본은 아래와 같다. 그 외 시정상 근거하는 일체 법령기록을 갖지 않는다. 따라서 행정, 사법, 경찰 사건의 종류, 경과를 알 수 없다.

六．租税

　租税徴收は、韓國政府は、郡守に一任して顧みず。隨つて、島民は韓國政府に對して納税することなく、また、別に經費の交付を受くることなし。徴税額は、一ヶ年一戸につき、大麥六斗五升(一斗は我五升)大豆六斗五升を二期に分ち、大麥は六月、大豆は十月これを徴收す。

조세

조세의 징수는 한국정부가 군수에 일임하고 돌아보지 않는다. 따라서 도민은 한국정부에 납세하는 일이 없고 또 따로 경비의 교부를 받는 일이 없다. 징세액은 1년에 1호마다 대맥 6두 5승(1두는 우리의 5승) 대두 6두 5승을 2기로 나누어, 대맥은 6월에, 대두는 10월에 이를 징수한다.

七. 貨幣及び度量衡

貨幣は韓錢にして、韓人間に使用せられ、日韓人間には、主として大豆と物品と交換す。稀には日本貨幣を使用することあり。韓錢は一定の相場なく、時々高低あり、その流通高また少額なるか故、現品変換多く行はる。

度量衡の制は極めて不完全にして、ほとんど、一定の計器なし。唯度器に於て一尺（我一尺二寸六七に當る）と、量器に於て一斗（約我五升に當る）は、一般に使用せらるも、その數多からず。形狀物質は本邦の直尺方形桝と大差なし。

화폐 및 도량형

화폐는 한전으로 한인 간에 사용되고, 일한인 간에는 주로 대두와 물품을 교환한다. 가끔은 일본 화폐를 사용하는 일이 있다. 한전은 일정한 시세가 없어 때때로 고저가 있다. 그 유통고가 아직 소액이기 때문에 현품교환을 많이 한다.

도량형의 제도는 아주 불완전하여 거의 일정한 계기가 없다. 다만 도기는 1척(우리 1척 2촌 6, 7에 해당한다)과 양기의 1두(우리의 약 5 승에 해당한다)는 일반적으로 사용되지만, 그 수가 많지 않다. 형상 물질은 본방의 직척방형 말과 큰 차이가 없다.

第十 土地

一. 土地所有權

土地に對しては、地券を交付して、所有權を確認することなく、また、登録登記等のことなし。而して、韓人は土地所有權を日本人の如く重要視せずして、客易に賣買するの風あり。その、これ所有を公認せらる、ことなく、權利の基礎薄弱なるがためなるべく、賣買の際も、僅に賣買契約書に郡守の証認を受くるを得るにすぎず。

山林の如きは、官有地にして、伐木は各人の自由に任せ、開墾すれば開墾者の所有に歸するなり。

토지

토지소유권

토지에 대해서는 지권을 교부하여, 소유권을 확인하는 일 없고 또 등록 등기 등이 없다. 그리고 한인은 토지소유권을 일본인처럼 중요 시하지 않고 용이하게 매매하는 풍조가 있다. 그 소유를 공인하는 일

없이, 권리의 기초가 박약하기 때문에, 매매할 때도 겨우 매매계약서에 군수의 증인을 받는 것에 불과하다.

산림과 같은 것은 관유지로 벌목은 각자의 자유에 맡기고, 개간하면 개간자의 소유가 된다.

二. 土地使用權

日韓兩國人に於ける土地の使用は、契約によりてこれを定む。元來外國人は、土地所有權を公認せられざるを以て、在島本邦人は、ある契約によりて、永遠に土地使用權を得るの方法をとり、これを實行しつゝアリ。

韓人中土地を所有せざるもの多く、これ等は、他人の耕地を小作す。小作料は收獲物の二分の一(麥及び大豆を地主小作人等分す)を地主に納むるを普通とす。

토지사용권

일한 양국인의 토지 사용은 계약에 의해 이를 정한다. 원래 외국인의 토지소유권을 공인하지 않기 때문에, 재도 본방인은 어떤 계약으로, 영원히 토지 사용권을 얻는 방법을 취하여, 이것을 실행하고 있다.

한인 중에 토지를 소유하지 않는 자가 많아, 이들은 타인의 경지를 소작한다. 소작료는 수확물의 반(보리 및 대두를 지주와 소작인이 등분한다)을 지주에게 바치는 것을 보통으로 한다.

三．土地の價格

土地の賣買價格は、甚だ低廉にして、槪略左の如し。

極上畑 大豆十石の收獲ある地域 韓錢 四五百兩(日本の約八九拾圓)

| 中畑 | 仝 | 仝 | 三百五拾兩乃至 四百兩(日本の約七八拾圓) |
| 下畑 | 仝 | 仝 | 貳百兩(日本の約四拾圓) |

토지의 가격

토지의 매매계약은 아주 저렴하다. 개략은 아래와 같다.

최상전 대두 10석을 수확한 지역　한전4, 500냥(일본의 약 890원)

| 중전 | 동 | 동 | 350냥 내지 400냥(일본의 약 780원) |
| 하전 | 동 | 동 | 200냥(일본의 약 40원) |

第十一 本邦移住民

一．移住者

十數年以前より、竊々移住者を出し、目下三百人以上に上れり。而して、島根縣人最も多數を占めその大部分は隱岐國人なり。

生業は、商業、漁業、挽木或は職工等にして、資本を投じて大經營を企圖するものなく、動もすれば、飮酒遊惰に流るゝの獘あり。

본방 이주민

이주자

십수 년 이전부터 조금씩 이주자가 생겨, 목하 300인 이상에 이르렀다. 그리고 시마네켄 사람이 가장 다수를 점하고 그 대부분은 오키노쿠니 사람이다.

생업은 상업, 어업, 만목 혹은 직공 등으로 자본을 투자하여 대경영을 기도하는 자는 없고, 걸핏하면 음주유타에 빠지는 폐가 있다.

二. 移住者の部落

日本人の住居セル部落は十三部落に亘り、その中、道洞を第一とす。

道洞は、本島の東南部にありて、小湾を抱き、帆船の假泊に堪へ、本邦より渡島するものは皆こゝに上陸す。日本人の部落は海岸に接近して、小流を挾み、茅屋小舍四五十戶あり。これより上ること六七町、道洞川附近の山膓畦間に、韓人の小舍三十戶許あり。道洞は島内第一の部落にして、鬱島郡衙の所在地なり。日本人の部落には鬱陵島郵便受取所、鬱陵島日本巡査駐在所あり。巡査駐在所には、釜山理事廳より、巡査部長一名巡査二名を派遣し、本邦の諸法令に準據して、諸般の取締保護をなしつゝあり。

이주자의 부락

일본인이 거주하는 부락은 13부락에 이르고, 그중에서 도동을 제1로 한다.

도동은 본도의 동남부에 있고, 작은 만이 있어, 범선이 가박할 수

있다. 본방에서 도도하는 자는 모두 이곳으로 상륙한다. 일본인 부락
은 해안에 접근하여 소류를 끼고, 갈대지붕의 작은 집이 50호 있다.
여기서 6, 7정 올라가면 도동 부근의 산 중턱 밭두렁 사이에 한인의
소옥이 30호 정도 있다. 도동은 도내 제일의 부락으로 울릉도 군아의
소재지다. 일본인 부락에는 울릉도 우편 수취소, 울릉도 일본 순사 주
재소가 있다. 순사 주재소에는 부산 이사청에서 순사부장 1명, 순사
2명을 파견하여 본방의 제 법령에 준거하여 제반을 단속 보호를 하고
있다.

三. 生活の程度

　道洞は島內第一の部落なるにも拘はらず、地域挾隘、家屋は矮小不
潔にして、商店らしき商店なく職工、勞働者、漁業者等にして、生活の
程度甚だ低し。

　物價は、比較的高價にして、視察の當時、大豆一升六七錢、白米一
升貳拾七八錢、日本酒一升七八拾錢、醬油(下等品)一升二十五錢乃至
三十錢、位なりき。それ等の日用品は、皆本邦人間に賣買せらる、もの
にして、韓人の生活程度は一層低きが故、これ等の日用品を購人すルの
資力なく、槪して、各自の生産製造せるものを使用するに過ぎず。故
に、將夾韓人を顧客として、商業發展の見込なきもの、如し。

　勞働者の賃錢は比較的高直にして、槪略左の如し。

　木挽職 日本人　　一日貳圓

　大工職　全　　　一日壹圓八拾錢

　日傭稼　全　　　一日壹圓六拾錢

全　　韓人　　一日　　六拾錢

생활의 정도

도동은 도내 제일의 부락임에도 불구하고, 지역이 협소하고, 가옥은 왜소하고 불결하며 상점이 없고, 직공, 노동자, 어업자 등의 생활 정도가 매우 낮다.

물가는 비교적 고가로 시찰할 당시 대두 1승에 육칠 전, 백미 1승에 이십칠팔 전, 일본주 1승에 칠팔십 전, 간장(하등품) 1승에 25전 내지 30전 정도였다. 그러한 일용품은 모두 본방인 사이에 매매되는 것으로, 한인의 생활 정도는 한층 낮기 때문에, 이러한 일용품을 구입할 자금력이 없다. 대개 각자가 생산 제조하는 것을 사용하는 것에 지나지 않는다. 그래서 장래 한인을 고객으로 하는 상업발전은 가망이 없는 것과 같다.[주10]

노동자의 임금은 비교적 고가로 대략 아래와 같다.

나무썰기직	일본인	1일 2원
목수직	동	1일 1원 80전
일용직	동	1일 1원 60전
동	한인	1일 60전

四. 教育

視察當時全島にて木邦在留人中學齡兒童男十一人、女十二人あり。その大部分は道洞にあるを以て、昨年八月、民家を借り入れ、仮校舍となし、日商組合取締眞野由若、教授を擔任せしが、開校後間もなく、

暴風のために校舎韓覆し、その後適當の家屋なく、閉校の姿となり、本
島居住民の子弟は、全く無敎育の狀態にあり。

교육

시찰 당시 전도에 본방 재류인 중 학령 아동이 남자 11인, 여자 12
인 있다. 그 대부분은 도동에 있어, 작년 8월에 민가를 빌려 가교사로
해서, 일상조합의 중역 신노 요시와카가 교수를 맡았으나, 개교한 후
얼마 안 되어 폭풍이 불어 교사가 무너지고, 그 후에 적당한 가옥이
없어 페교하게 되이, 본도 기주민의 자제는 전혀 교육을 받지 못하는
상태다.

五. 日商組合

在島本邦人の秩序を維持し、風紀を振作し、貿易を奬勵し、公益を
增進するため、合議を以て、日商組合を組織し、事務所を道洞におき、
由浪乙次郎を組合長に片岡吉兵衛を副組長に推選して、日本人の自治
團體をつくれり。同組合規約は、明治三十五年六月その筋の認可を得
て、目下勵行しつつあり。

日商組合規約(抄錄)

一、役員　　　　名譽職詳議員十四名を公選し、評議員は名譽職組合
　　　　　　長、全副長、取締(三名)を選擧し、取締は月俸貳拾五圓を給す。
一、渡航者　　　三日以內に組合加入料として、韓錢一百文を添へ
　　　　　　届け出で、歸國者は五日以前に届け出づべし。
一、組合費用　　當分月額四拾圓以內として、一般に賦課し、收支

決算は、取締より報告す。

一、船舶出入　船長より、積荷目録便乘者氏名を届け出つるものとす。

一、負債者　　代辯者を立てざれば、歸國を許さず。

一、組合員の取引　毎月朔日支拂とす。

一、組合維持費　荷主より輸出稅千分の五を徵集す。

一、組合員の契約登記を經るものは手數料として、一百文を納めしむ。

일상조합

재도 방인의 질서를 유지하고, 풍기를 진작하고, 무역을 장려하고, 공익을 추진하기 위해, 합의를 통해 일상조합을 조직하고 사무소를 도동에 두고, 유라 키지로우를 조합장에 가타오카 요시베에를 부조장에 추천해서 일본인 자치단체를 만든다. 동 조합규약은 메이지 35년 6월에 그 내용의 인가를 받아 현재 이행하고 있다.

일상조합규약(초록)

1. 역원: 상의원 14명을 공선하고, 평의원은 명예직조합장, 동부장, 취체(3명)를 선거하고, 중역은 월봉 25원을 지급한다.

1. 도항자: 3일 이내에 조합가입료로 한전 1백 문을 납부하고, 귀국자는 5일 이전에 신고해야 한다.

1. 조합비용: 당분간은 월액 40원 이내로 하여, 일반에게 부과하고, 수지결산은 중역이 보고한다.

1. 선박출입: 선장에게 하물목록 편승자의 씨명을 신고하게 한다.

1. 부채자: 대변자를 세우지 않으면 귀국을 허락하지 않는다.

1. 조합원의 거래: 매월 초하루에 지불한다.

1. 조합유지비: 하주에게 수출세 천분의 5를 징수한다.

1. 조합원의 계약등기를 마친 자는 수수료로 백 문을 납부하게 한다.

六. 戸數人口及び職業

在島日本人は、九十六戸三百三人にして、これを部落別、縣別、職業別にすれば左の如し。

재도 일본인은 96호 303명으로, 이를 부락별, 현별, 직업별로 하면 아래와 같다.

部落別(明治三十九年二月末日調)				
地名	戸數	人口		計
		男	女	
道洞 도동	51	113	68	181
苧洞(모시게) 저동	6	12	9	21
苧洞ノ内臥達里 저동의 와달리	1	3	—	3
天府洞ノ内竹岩洞 천부동의 죽암동	5	7	5	12
新村洞 신촌동	1	1	1	2
玄浦 현포	2	3	2	5
天府洞ノ内昌浦 천부동의 창포	1	2	1	3
臺霞洞 태하동	4	8	5	13
南陽洞 남양동	12	15	11	26
通九味 통구미	9	17	8	25
長興洞 장흥동	1	1	1	2
玉泉洞 옥천동	1	3		3
沙洞 사동	2	4	3	7
合計 합계	96	189	114	303
各府縣別(明治三十九年二月末日調)				

府縣名	戶數	人口		計
		男	女	
大阪 오사카	1	2	－	2
兵庫 효우고	2	5	2	7
長崎 나가사키	1	2	－	2
山梨 야마나시	－	1	－	1
岐阜 기후	－	1	－	1
福井 후쿠이	1	1	－	1
鳥取 톳토리	12	16	12	28
島根 시마네	64	123	95	218
岡山 오카야마	－	1	2	3
山口 야마구치	1	2	－	2
和歌山 와카야마	3	5	2	7
高知 코우치	1	1	－	1
愛媛 에히메	1	1	－	1
福岡 후쿠오카	－	7	2	9
佐賀 사가	8	12	1	13
鹿兒島 카고시마	－	1	1	2
計　計	96	184	119	303

これを職業別にすれば、

道洞にて、官吏三、輸入商一三、仲買商九、輸出商九、醫師一、大工九、鍛冶三、桶工一、藥種商一、荒物商二、菓子商二、石油油類商二、木挽六、炭燒一、漁具商一、豆腐商一、理髮人一、日雇稼二、裁縫二、陶器屋三、飲食店一、漁夫二四、船乘二四　僕婢二、郵便受取所一、

苧洞にては、

木挽五、小間物雜貨商一、仲買人一、漁夫一、日雇稼一、

南陽洞にては

仲買人二、木挽六、漁夫一、鍛冶一、小間物雜貨商一、細工匠一、日雇稼一、

通九味にては、

漁夫八、木挽四、仲買一、大工一、

等にして、十人以下の部落は省略せり。

호수 인구 및 직업

이것을 직업별로 하면,

도동에, 관리 3, 수입상 13, 중매상 9, 수출상 9, 의사 1, 목수 9, 대

장장이 3, 통공 1, 약종상 1, 잡화상 2, 과자상 2, 석유유류상 2, 큰

톱장이 6, 숯 굽는 사람 1, 어구상 1, 두부상 1, 이발인 1, 일용가 2,

재봉 2, 도기집 3, 음시전 1, 어부 24, 선승 24, 노비 2, 우편수취소 1,

저동에는, 큰톱장이 5, 소품 잡화상 1, 중매인 1, 어부 1, 일용가 1,

남양동에는

중매인 2, 큰톱장이 6, 어부 1, 대장장이 1, 소품 잡화상 1, 세공장

1, 일용가 1,

통구미에는, 어부 8, 큰톱장이 4, 중매 1, 목수 1,

등으로 10명 이하의 부락은 생략한다.

第十二　沿革

　本島は鬱陵島と稱し、また蔚陵と書す、即ち、古の于山國なり。字

音相近きにより武陵、羽陵等の別名あり。江原道の海上にありて、もと

無人島なりしか、數百年前より、漁業のため韓人の渡航するもの多く、

同時に日本人もまた渡航し、一時兩國人雜居せしが、元祿中、兩國人

の交渉事件を生じ、德川幕府は、對馬の宗氏をして、朝鮮政府に談判

せしめしが、朝鮮政府の外交策その宜しきを得て、幕府は遂に同島を朝鮮に讓り、同時に日本人の渡島を禁止せり。邇來朝鮮の叛圖に歸せしも、本邦人の渡島するもの全く跡を絶たず。明治の初頃より、本邦人の渡島伐木するもの漸く多し。明治十六年、韓國政府は、金玉均を以て、東西諸島開拓使兼捕鯨使に任じ、本島開拓事務を辨理せしめしが、翌年京城の變ありて果さず。その後島民徐敬秀を以て越松萬戸に差定し、島民を鎭撫し、外國人の樹木伐採を防禁せしめたり。

既にして、露國の韓廷に勢力を得るや、明治三十年、本島の殖林の權利、一時露人の手に歸し、同島にある日本人は退去を命せられ、露國は兵士を本島に派して、一時占領に類似せる處置をなせしが、三十七八年戰役の結果、日本人の勢力大に加はり露人はその影を收め、日本移住民は、漸次に增加し、道洞を根據地として、目下三百人以上に達し、商業漁業に關する優勝權は、すべて本邦人の掌握する處となれり。

연혁

본도는 울릉도라고 칭하고 또는 울릉이라고 쓴다. 즉 옛날의 우산국이다. 자음이 서로 닮은 것에 의해 무릉, 우릉 등의 별명이 있다. 강원도의 해상에 있고, 원래 무인도였으나 수백 년 전부터 어업을 위해 한인이 도항하는 자가 많고, 동시에 일본인도 도항해서, 한때 양국인이 함께 잡거했지만, 겐로쿠 중에 양국인의 교섭사건이 생겨, 도쿠가와 막부는 쓰시마의 소우씨에게 조선정부에 담판하게 했지만, 조선정부의 외교책이 좋아, 막부는 결국 동 도를 조선에 양보하고, 동시에 일본인의 도도를 금지했다. 이래 조선의 판도에 돌아갔지만 본방인의 도도가 완전히 멈춘 것은 아니다. 메이지 초기부터 본방인이 도도하여 벌목하는 자가 점점 많아진다.[주11] 메이지 16년에 한국 정부는 김옥균을 동서제도개척사 겸 포경사에 임명해, 본도 개척사무를 변리하게 했지만, 다음 해 경성의 변이 있어 수행하지 못했다. 그 후 도민 서경수를 월송만호에 정하여 도민을 진무하고, 외국인의 수목벌채를 방지하게 했다.

이미 러시아가 한국 조정에 세력을 얻어, 메이지 30년에 본도의 벌목식림의 권리가 일시 러시아인의 손에 들어가, 동 도에 있는 일본인은 퇴거를 명받고, 러시아는 병사를 본도에 파견하여, 일시 점령과 유사한 처치를 했으나 37, 8년 전쟁의 결과 일본인의 세력이 크게 증가하여 러시아인은 그 자취를 감추고, 일본 이주민은 점차 증가하여, 도동을 근거지로 해서 지금은 3백 명 이상에 달해, 상업·어업에 관한 우선권은, 전부 본방인이 장악하게 되었다.[주12]

주

울릉도

[주1] 울릉도의 수림

오쿠하라 헤키운이 울릉도의 임업의 상황을 「수십 년 전까지는 전도가 녹수울창하여 낮에도 어두운 경관을 보였으나, 최근에 이주민의 증가와 더불어 벌채개간되어, 지금은 옛날의 산림의 상태를 볼 수 없다」라고, 옛날에는 울창했다는 숲이 지금은 그 상태를 엿볼 수 없다며, 최근에 증가한 이주민이 개간한 결과로 단정했다. 여기서 말한 수십 년전이란 어느 시기를 말하는 것인가가 확실하지 않으나, 일본에 의해 강제로 개국한 1876년 이후로 보아야 한다.

1854년 무렵에 일미화친조약이라는 불평등조약을 맺은 일본은 인국제국을 침략하는 방법과 국내의 변혁과 동시에 인근제국과 연대하는 방법을 취할 수 있었으나, 미국과의 불평등조약을 맺은 경험을 살려 조선을 침략하여 손해를 보충하는 정책을 취했다. 일본은 조선과의 교섭이 여의치 않자 1875년에는 군함 운양호(雲揚號)를 보내 조선의 강화도를 점령하고 방화약탈을 감행하고, 오히려 손해배상을 하라며 전함을 파견하여 위협하여 강화도조약을 체결했다. 무력하고 무능한 조선은, 국호 조선에 '대(大)'를 관하여 '대조선국(大朝鮮國)'으로 칭할 것만을 고집했다 한다. 소위 12관의 강화도조약(일한수호조규)의 제5관에

경기, 충청, 전라, 경상, 함경 5도의 연안에서 통상에 편리한 항구 2개소를 선정한 후 지정할 수 있다. 개항의 시기는 일본력 명치 9년 2월부터 같이 계산하여 20개월에 해당하는 시기로 한다.
京圻忠淸全羅慶尚咸鏡五道ノ沿海ニテ通商ニ便利ナル港口二箇所ヲ見立タル後地名ヲ指定スヘシ開港ノ期ハ日本曆明治九年二月ヨリ朝鮮曆丙子年正月ヨリ共ニ數ヘテ二十個月ニ當ルヲ期トスヘシ

라는 내용이 있다. 이 조약을 계기로 그때까지 對馬藩(쓰시마한)이 독점하고 있던 조선무역의 특권이 폐지되고 일본인이라면 누구라도 자유로이 무역할 수 있게 되었다. 이익을 쫓는 일본인들의 울릉도 도해도 이때부터 시작한 것으로 보아야 한다.

조선이 울릉도장을 도감으로 개칭하고 배계주(裵季周)를 초대도장으로 파견한 것이 1875년의 일이고, 김옥균이 울릉도 개척을 건의한 것이 1877년, 이규원(李圭遠)이 울릉도를 시찰한 것이 1882년이었다. 이규원이 갔을 때 이미 일본인 78인이 거주하고 있었으며 "대일본국 마쓰시마 쓰키타니 메이지 2년 2월 13일 이와사키 타다노리가 이것을 세우다(大日本國松島槻谷明治二年二月十三日岩崎忠照建之)"라는 표목까지 세워 놓고 있었다. 이규원의 보고를 받은 조선에서는 8월에 울릉도 개척방안을 논의하고, 9월에 박영효가 일본외무경에 일본인의 울릉도 불법침입과 벌목을 항의했다. 이미 일본인들이 이주하여 침탈하고 있었던 것이다.

오쿠하라 헤키운이 울릉도를 방문한 1906(명치 39)년에 '수십' 년 전의 수림을 이야기하였으나, 강화도조약이 맺어진 것이 1876년이었다는 사실을 감안하면, 20년 후에 말하는 '수십 년'은 과장된 표현으로 보아야 한다. '십수 년'으로 말해야 할 것을 '수십 년'으로 말한 것으로, 일본인들이 도해하기 시작한 지 십수 년 만에 울창했던 울릉도의 수림이 황폐하게 되었다는 것을 의미한다. 그만큼 일본인들은 울릉도에서 마음껏 불법벌목을 자행하고 있었다. 참지 못한 강원도 관찰사 임한수(林翰洙)는 1881년에 다음과 같이 정부에 건의했다.

(5월) 22일, 이에 앞서, 강원도 울릉도에 일본인 7명이 잠입하여 벌목하는 것을, 이 섬의 수토관이 순회할 때에 발견하였다. 이 섬의 관찰사 임한수는 서둘러서 보고하였다. 최근에 일본의 배가 이전과 달리 왕래하여, 이 섬을 목적으로 하여 피해가 적지 않으니, 품의를 올려 조처할 것을 요청한다. 통리기무위문의 공문서로, 엄하게 방지할 의지를 가지고 서계를 내어, 일본국의 외무성에 전하게 하고, 그 위에 이 섬을 다른 나라에 허망하게 위임하는 것은, 참으로 어리석은 일이므로, 부호군 이규원을 울릉도 검찰사로 임명하여, 서둘러 가서 협의하여 천명이 덮인 땅(조선의 영토)이 되게 해야 한다.　　　　　　　　(『독도와 죽도』, p.179.)

이 보고를 받은 조선 정부는, 다음 23일에 이규원을 울릉도 감찰사로 임명히여 순시하게 했고, 6월에 예조판서 심순택(沈舜澤)의 이름으로 일본 정부에, 일본인의 울릉도의 진출을 강하게 항의했다. 일본 정부는 8월 20일에 사실을 조사할 필요가 있다고 회답하고 또, 11월 7일부로, 도항자는 "서둘러서 귀향해야 한다는 취지의 말을 들었습니다"라는 서간을 보냈다. 당시의 일본은 현재 말하는 송도가 겐로쿠 12년에 죽도로 칭한 곳으로, 옛날부터 우리 영토 외의 땅이었다는 것을 알아야 한다(今日ノ松島ハ卽チ元禄十二年称スル所ノ竹島ニシテ、古來我版図外ノ地タルヤ知ルベシ)는 사고를 가지고 있었다.

[주2] 울릉도감의 고소

일본의 불법벌목이 멈추지 않자, 울릉도감 배계주(裴季周)는 1898년 7월에 도일하여 시마네·톳토리 경찰에, 일본인의 울릉도에서의 불법행위의 단속을 요구함과 동시에 마쓰에(松江) 지방재판소에 일본인의 벌목과 재취죄(裁取罪)로 고소했다(『獨島研究文獻資料』).

(전략) 근래 일본국 시마네·톳토리 양현의 인민이 그 섬에 들어와, 수목

을 도벌하여, 그것을 싣고 가기 때문에, 도감이 스스로 시마네, 톳토리 양현에 가서, 도둑맞은 재목을 확인하고, 그 심판을 그 지방재판소에 청구하여 정당한 판결을 받았습니다만, 정부의 공문이 없이는 강하게 청구하기 어렵기 때문에, 상응하는 조치를 해 줄 것을 그 도감이 요청하였다. 원래 일본 시마네·톳토리 양현의 인민이 그 섬에 들어가, 수목을 도벌하는 것은 아주 옳지 않은 일이므로, 일본 외무성에 조회하고 관할청에 통달하여, 상응하는 단속법을 만들어, 금후로는 그와 같은 폐가 없게 하도록 하고 또 차압한 재목은 하나하나 청구해야 한다는 내용의, 우리(대한제국) 외무성에서 훈령이 있었기 때문에, 귀 대신이 관할 지방청에 전달한 후에, 상당하는 단속법을 마련하여, 금후로는 수목을 도벌하는 일이 없도록 해 주고 또 차압한 재목은 자세히 조사한 후에, 하나하나 회보하여 줄 것을, 이 점을 조회하여 (일본 정부의) 의도를 알고 싶습니다.
(前略)近来日本国島根鳥取両県之人民該島ニ入込ミ、樹木ヲ盗伐シテ之ヲ載セ去ルニ付、島監躬ラ島根鳥取両県に赴キ、被盗ノ材木ヲ認メ、其審判ヲ該地方裁判所ニ請求シ正当ナル判決ヲ受ケタルモ、政府ノ公文無之テハ強テ請求シ難キニ付、相当ノ取扱有之度旨該島監ヨリ申立有之侯、抑々日本島根鳥取両県人民カ該島ニ入込ミ、樹木ヲ盗伐スルハ尤モ不都合ノ至リ付、日本外務省ニ照会シ管轄庁ニ伝達シテ、相当ノ取締法ヲ設ケ、今後右様ノ弊無之可致、且押ヘタル材木ハ一々之ヲ請求スヘキ旨、我外務省ヨリ訓令有之侯間、貴大臣ヨリ管轄地方庁ヘ御伝達ノ上、相当ノ取締法ヲ設ケ、今後樹木ヲ盗伐スルコト 無之様被致度、且差押アル材木ハ詳細取調ノ上、逐一御回報被下度、此段御照会得貴意侯。(『독도와 죽도』, p.191.)

鳥取縣은 조사를 하여, 당사자들은 사실무근으로 날조된 것이라고 주장하나 "과거에 현하의 사이하쿠군(西伯郡) 오키국(境港)의 상인과 배계주가 매매한 목재를 울릉도 해안에서 절취하여, 은밀히 오키국에 은닉한 사실이 있어, 목하 마쓰에지방재판소 사이고우(西鄕)지부에서 취조하게 되었다고 들었기에, 이를 미루어 생각해도 도감이 보고한 사건은 사실일 것이라고 사료됩니다"라는 내용을, 10월 18일부로 내무·외무대신에 보고했다. 그러나 아오키(靑木) 외무대신은 한국 공사에게, 울릉도에 도항한 일은 있으나, 난폭한 짓을 하거나 수목을 벌채하거나 했다는 것은 '전혀 사실무근이라고 인정'되었다는 답을 했다.

[주3] 벌목과 조선

1666(寬文6)년 4월 8일에는 울릉도에 도착한 일본 어민들은 그곳에서 벌목하여 15단 돛단배 1척을 만든다. 총수 3척이 된 대선단은 섬에서 수확한 특산물을 만재하고 7월 3일에 섬을 떠났다. 그러나 귀로에 폭풍을 만나 조난했다. 2척은 침몰하고 신조한 배 1척만이 조선에 표착하여 선두 1인, 사공 21인(호우키국인 12인, 오키국인 9인)이 구조되었는데, 그 과정을 나타내는 기록이 있다.

카쓰사네의 대, 칸분 6(1666)년 병오년에 죽도에 도해한 배가 조선국 부산의 먼 바다에서 파선하게 되었습니다. 그렇지만 선두나 사공 모두가 별 탈 없이 육지로 헤엄쳐서 상륙할 수 있었습니다. 그리고 조선국 곳곳에서 대접을 받고 순조롭게 송환되어 귀국하게 되었습니다. 자세한 것은 별기에 있어, 이 사건의 기록은 생략합니다. 그리고 조선국왕이 [내려준] 선두나 수부에 준 전별목록이 2통 정도 있어 지금까지 소지하고 있습니다. 그것을 좌에 써 두기로 합니다.
右勝實代 寬文六午年 竹島渡海之船 朝鮮国釜山沖ニ而及破船 尤船頭水主共無恙陸江泳上 則朝鮮国所々ニ而御馳走 順々ニ送帰シ相成事 其別有之略ス 尤朝鮮国王ヨリ船頭水主江 餞別目録二通有之于今致所持 則左書顕也(『竹島渡海由來記拔書控』本文11).

[주4] 재목의 헌상

죽도에 도해하는 오오야(大谷)·무라카와(村川)양가는 죽도에서 잡은 전복 등을 장군을 비롯한 막신들에게 헌상하며, 도해의 권리를 유지하고 있었다. 죽도의 목재 역시 진품으로 해서 헌상하고 있었는데,

막신들이 먼저 원하기도 했다.

1638(칸에이 15)년의 일이었습니다. 니시노고마루의 재목을 제공할 것을
명받았습니다. (중략) 무인년 2월에, 우의 필요한 재목을 헌상하기 위해
이치베에와 큐우에몬 두 사람 모두 참부했습니다. (중략) 니시노고마루
나 서원의 바닥판자나 책장 등의 납품에 응하기 때문에, 그것을 증명하
는 켄이나 시사쓰를 받아, [통항] 면허를 받았습니다.
寬永十五年西之御丸 御材木御用被為仰付 難有奉畏入 寅二月右御用木為
献上市兵衛九右衛門両人共参府(中略)西御丸御書院御床板御書棚等之御
用 相勤候ニ付 道中[御紋之]御符驗御指札奉蒙御免(『竹島渡海由來記拔書
控』本文4).

오는 봄에 죽도에 도선한다는 이야기, 무사히 착안의 시말을 듣고 싶습
니다. 재목의 건은 양인의 서장에 말해 두었습니다.
来春竹島江船被為相渡候旨 無事着岸之左右可承候 材木之儀 両人江之書
状申遣候(『竹島渡海由來記拔書控』本文7).

이쪽은 갖고 싶다고 생각했던 죽도산 전단의 판자, 그것을 가져다주는
노고를 [미안하게 생각하는 바입니다.] 그러나 난풍을 만나 해중에 투기
했다는 것.
御満足之段乞察候栴檀板茂御取寄候処難風付而捨リ申候故(『竹島渡海由
來記拔書控』本文17).

[주5] 해변에 흘러온 나무

남서울대학교의 안병걸(安秉杰) 교수는 하계휴가가 되면 학생들을
인솔하고 동해안의 저쪽, 일본 서해안에 쓰레기를 주우러 간다. 해당
지역의 행정관청이나 사회단체의 협조를 얻기도 하고, 지역대학들과
연계해서 하는 경우도 있으나 아주 어려운 일인 것 같다. 학생들과
같이 자전거를 타고 해안을 달리다 곳곳에서 줍는 행사라 하니, 그것
을 매개로 해서, 학생들의 심심단련, 일본문화의 체험, 동 세대 간의

교류, 지역사회 인사들과의 교류 등을 통해 양국의 이해를 넓히는 효과까지 얻고 있다니 유익한 일로 권장할 만한 일임에는 틀림없다.

상상 이상으로 어려운 일이기에 학생들이 얻고 느끼는 보람도, 일본 지역사회의 관심과 호응도 상상 이상이라 한다. 언뜻 듣는 말에 의하면, 일본은 자국의 서해안에 밀려오는 쓰레기를 보며 서쪽에 존재하는 국가와 주민을 원망하기도 하고 얕보는 언동을 취하며, 일본인은 쓰레기를 투척하지 않는 것처럼 말한다 한다. 언제나 그런 언동을 취하는 사람들이 문제다. 안병걸 교수가 더듬는 해안은 독도자료를 조사하고 장기간 체류하며 더듬어 본 경험이 나에게도 있다. 나의 눈에는 이국의 쓰레기보다는 일본의 쓰레기가 더 많았다.

바다를 통해 해안을 통해 흘러 들어오는 것은 쓰레기만이 아니다. 새로운 문명이나 문화 또 그것을 전달하는 자들도 그곳을 통해 들어갔다. 선진문명의 도래를 반기며 숭상하는 것은 예나 지금이나 마찬가지이다. 현재의 현상으로 과거를 비추는 것도 중요하다 하겠으나 그 원천에 감사하며 현재의 문제를 풀어 가려는 마음자세가 중요하다 할 것이다. 일본의 국수주의자 오카지마 마사요시(岡嶋正義)가 편찬한 『죽도고』에는 흥미로운 쓰레기담이 전한다.

호우테키 7년의 일이다. 아세리군 미쿠리야노나타의 해변에 어디인지도 모르는 곳에서 많은 뽑힌 나무가 조수에 흘러왔다. 그 지역의 관리가 가까운 곳의 사람들을 모아 이것을 정리시키고, 서둘러 그 내용을 본부에 보고했더니, 서둘러 관리를 보내어 점검했다. 모두가 본 방에서는 볼 수 없는 진기한 양재였다. 세상에서 말하길, 서토에 홍수가 나서 산이 무너져 뽑힌 나무가 파도를 타고 바람에 떠내려 온 것일까라고 말했다. 후한의 원초 중에 발해에 대풍이 불어 나무 만여 주가 뽑힌 일이 있었다 한다. 이번에도 그러한 변이가 일어나 그렇게 된 것일까. 이러할 때 마침 그 전년 겨울에 에도후 야요우스간의 하야시 대학두전의 동생집에 불이 나 인근 건물에 옮겨, 그때 전적으로 출납을 위임받아, 현재 양재로 명예가 높은 야스다 시치지에몬이 조락하자, 이 진기한 재목을 거선 2척에 싣고 에도후로 운반하여, 이것을 배 터에서 야요우스카시의 동생에게 연일 운송하였더니, 아무리 번화가라고 해도 희대의 진기한 일이었으므로, 동도(에도)에 널리 퍼져, 세상에서는 이를 인슈우 중국목재의 어전이라 했다. 그야말로 그 진기한 재목으로 건축했기 때문이다. 또 동시에 건조할 때 문에, 어떤 이름을 붙여야 한다고 정해진 것도 없었으나, 당시 사람들이 히쿠레(저무는 해) 어전이라고 미칭한 것이, 현재 고로들의 입에 회자된다. 그 유래는 어떻게 된 것인가라고 물었더니, 이때의 영조는 조각이 교묘하여 옥을 닦고 금을 호화롭게 한 것이 아니라 자연의 정취와도 어울리고, 그 장식이 당당하여 어떤 양공이 보아도 조금도 비난할 데가 없는, 묘하고 기관하여, 길을 가던 사람도 잠깐 멈추어 서서 실증 내지 않고 바라보는 사이에 시각이 바뀌고 날이 저무는 것을 잊어버린다는 것을 의미하여 그렇게 별명을 붙였다 한다.

이때에 생각지도 않는 영해에 진목이 왔다. 구하지도 않는데도 세상의 성스런 명예가 있는 것은 오로지 하늘의 서응으로 희대의 경사라고 말해야 한다. 동 9년 2월에 시바노고벳교우가 사람을 보내고, 동 11년에 장군선하의 축하에 의해, 태수가(大守家)를 초청하는 의식을 행하고, 그 후에 다시 태수가에 임관하는 초청이 있었다. 그런 대례를 빠짐없이 성대하게 행하는 축융(祝融)의 재난을 잊기 어려운 것이 안

타깝다. 불과 10여 년이 지난 메이와 9년 2월 29일에, 메구로의 교우닌자카에서 불이 발생하여 그렇게 이름이 높은 타이카고옥도 일시에 불에 타 재가 된 것을 생각하며, 인하쿠 연해에 지금도 죽도의 갈대가 흘러오는 것을 생각하면, 그 발목도 어쩌면 그 섬의 산이 무너져 호우키노쿠니 해변에 밀려온 것인지도 모른다. 심히 견강부회의 이야기이나 이것으로 권미를 꾸민다.

拔木多寄伯耆邊海

宝曆七年ノ事ナリシガ伯州汗入郡御廚ノ灘邊ニ何地ヨリトモ知ズ拔木夥シク潮汐ニ漂テ寄來リケレバ其ノ地ノ役人近郷ノ人夫ヲ發シコレヲ取上サセ急ギ其ノ由ヲ本府ヘ走報セシカバ早々御役人ヲ彼遣點檢ヲ遂ラルル處悉ク本邦ニテハ見モ及ザル珍異ノ良材ナリ時評ニ曰ク西土洪水シテ山崩レ拔木波濤ニ浮ビ風ニ標テ奇來レルモノナラン歟ト云ヘリ後漢ノ元初中渤海大風シ樹ヲ拔コトニ萬餘株ト云々此度モ斯ル變異ニ依テ然シムルモノニヤ懸ル處ニ折カラ其前年ノ冬江府冶容子河岸林大學頭殿ノ第ヨリ出火シ因邸回祿ニ罹リタレハ其ノ比專ハラ出納ノ事ヲ委任セラレ今ニ良宰ノ名譽ヲ傳フレ安田七左衛門ガ凋落ニ依テ此珍材ヲ巨船二艘ニ積テ江府ニ漕運シコレヲ船場ヨリ冶容子河岸ノ第ヘ連日運輸シケレバ流石繁華地ト雖稀代ノ勝事ナレバ普ク東都ニ流傳シ事成就ノ上世ニ是ヲ因州侯ノ唐木ノ御殿ト云ハヤセシトカヤ全ク彼異材ヲ以テ建營アリシカ故ナリ又同時ニ造建アリシ御門ヲ誰名ヅケウトシモ無レトモ時人擧テ日暮御門ト美稱セシコト今故老ノ口ニ膾炙セル處ナリ其ノ由來イカニト尋ルニ此時ノ營作ハ彫刻巧ヲ極シテ玉ヲ磨キ金ヲ鏤シテ奢美ヲ逞フセルニハ非シテ自然ニ程位規ニカナヒ其ノ粧ヒ魏々然トシテ何ナル良工ガ看覽ストモ聊モ難スベウモ見エザル至妙ノ奇觀ナレバ道ヲ行カウ人々モシ

バシトテコソ立留リケレ詠ニ厭ズ時刻ヲ移セル內ハヤ日ノ暮ルヲモ打忘
ルト之意ニ擬シテ斯ハ綽號シケルトゾ此時ニ値不圖領海ニ珍樹其來リ又
求ザルニ世ノ聲譽アルコト偏ニ天ノ瑞應ニシテ稀代ノ盛事ト謂ベキ同九
年二月芝ノ御別業ヨリ御徙移アリテ同拾一年將軍宣下ノ御祝賀ニ依テ
大樹家御招請ノ御儀式行ハレ其ノ後又大守家御任官ノ御招請アリケ樣
ノ御大禮事闕ナク賑々シク取行ケルガ祝融ノ災免レ難ク惜ベシ僅十餘年
ヲ歷テ明和九年二月廿九日目黑行人坂ヨリ火起リサシモ名ヲ得シ大厦
高屋モ一時ニ灰燼トノ成ニケル想ニ因伯ノ沿海ニハ今モ竹島蘆ノ漂ヒ來
レルヲ以テ考ルニ件ノ拔木モ若クハ彼島ノ境界山崩シテ伯耆ノ國ノ灘辺
ヘ寄來レルモ知ベカラズ甚附會ノ說ト雖コレヲ卷尾ニ贅ス

[주6] 해류와 진품

　일본은 자국이 천하의 중심이라는 사실, 그래서 천황이 통치해야
하고, 천황이 통치하기 때문에 세계의 중심이라는 사실을 확인하기
위하여 또 천황의 정통성을 확인하기 위하여 편찬한 『고사기』가 있
다. 우리나라의 단군신화나 광개토왕비문의 고구려 건국신화와 동질
의 내용이다. 그 기록에는 이상하게도 중국이나 고구려가 등장하지
않는다. 현실적으로 많은 관계를 맺고 있었음에도 중국과 고구려의
기사를 생략한 셈인데, 그것이 일본이 천하의 중심이라는 사실을 확
인하는 방법이었다. 그래서 『고사기』에 등장하는 나라나 인물은 기록
의 중심인 일본인과 일본의 신에 복종하는 역할을 수행한다. 백제와
신라가 아무런 이유 없이 일본의 조공국으로 설정되어 있는 것도 하
나의 예이다.

　우리의 문명과 문화가 일본에 전래된 것도 조공으로 처리된다. 그

런데『고사기』가 소개하는 이국의 문화전래의 대부분은 오우진(應神)
천황조에 집중되어 있다. 한자의 전래도, 방적기술의 전래도, 양조기
술도, 수리시설의 능력도 모두 오우진조에 전래된 것으로 하고 있으
나 그것은『고사기』의 목적을 달성하기 위한 편집의 방법일 뿐이다.
그 천황이 즉위하기 전에 순회하는 일이 있었는데, 그 도중에 그가
비범한 인물이라는 것을 입증하는 이야기가 해변에서 일어난 일이
있었다.

> 어자를 데리고, 재계하려고, 아후미와 와카사노쿠니를 순행했을 때, 코
> 시노쿠니의 쓰누가에 임시궁을 짓고 그곳에 태자를 맞이하였다. 그때 그
> 지역에 계시는 이자사와케노오호카미노미코토가 밤에 꿈에 나타나 말하
> 길 "나의 이름과 어자의 이름을 바꾸려고 생각한다"라고 말했다. 그래서
> 축복하여 "황송한 일입니다. 명에 따라 바꾸겠습니다"라고 아뢰었다. 또
> 그 신의 말씀에 "내일 아침에 바닷가에 가시면 좋다. 이름을 바꾼 의미
> 의 선물을 헌상하겠다"라고 말씀하셨다. 그래서 아침에 바닷가에 가 보
> 았더니, 코에 상처를 입은 돌고래가 포구 일대를 가득 메우듯이 물가에
> 모여들었다. 이것을 보고, 어자가 사자를 통하여 신에게 아뢰게 하길
> "신은 저에게 식료의 물고기를 주셨다"라고 말하였다. 그리고 신의 어명
> 을 칭송하여 미케쓰오호카미라고 이름 지었다.
> 率其太子、爲將禊而、経歴淡海及若狭国之時、於高志前之角鹿造仮宮而
> 坐。爾坐其地伊奢沙和気大神之命、見於夜夢云、以吾名、欲易御子之御
> 名。爾、言禱白之、恐。随命易奉。亦、其神詔、明日之旦、応幸於浜。
> 献易名之幣。故、其旦幸行于浜之時、毀鼻入鹿魚、既依一浦。於是、御
> 子、令白于神云、於我給御食之魚。故、亦、称其御名号御食津大神。
> 故、於今謂気比大神也。亦、其入鹿魚之鼻血臭。故、号其浦謂血浦。今
> 謂都奴賀也。(『고사기』중.)

이런 진담을 가지는 일은 개인적인 신성성을 획득하는 일이며, 자
타를 차별하는 것으로 확인하는 화이사상이었다. 일본 서해안으로 흘
러온 돌고래나 재목을 획득하는 것으로 신분의 신성성을 입증했던

일은 모두 당사자의 행운을 확인하는 일로, 천운, 하늘의 수호라고 확대해석할 수도 있는 일이었다. 그러나 현재의 일본인들은 해변의 쓰레기를 보며, 그것을 흘려보낸 이국을 탄원하고 있다 한다. 남서울대학교의 안병걸 교수님이 그곳에 가서 쓰레기를 줍는 일이 어떤 형태의 천복으로 나타날지 그 귀결이 기대된다.

[주7] 강화도조약과 관세

강화도사건을 의도적으로 일으킨 일본은 그 변상을 요구하며, 군함으로 위협하여 1876년 8월 20일에 다음 내용이 포함되는 「수호조규부록 및 통상장정(章程)」을 조인했다.

우리 인민이 귀국에 수송하는 각 물건은 우리 해관(海關)에서 수출세를 과한다. 귀국이 우리 내지에 수입하는 물건도 수년, 우리 해역에서 수입세를 과하기로 우리정부 내의(內議)에서 결정했다. 我人民ノ貴國に輸送スル各物件ハ我海域ニ於テ輸出稅ヲ課セス貴國ヨリ我內地ヘ輸入スル物産モ數年我海關ニ於テ輸入稅ヲ課セサル事ニ我政府ノ內議決定セリ(山邊健太郎, 『日韓倂合小史』, p.39).

이런 내용의 조약을 맺으면서 일본은 "양국 화친의 결실을 나타내기 위해서는 피차 서로가 동등의 예의를 가지고 접대하고 조금도 침월(侵越) 시혐(猜嫌)하는 일이 있어서는 안 된다. 먼저 종전의 교정을 저해할 수 있는 걱정이 있는 제 예규를 모두 혁제하는 데 노력하여 관용 홍통의 법을 개광(開擴)하여 쌍방 모두의 안녕을 영원히 기하도록 한다"라는 서약을 했다.

뒤늦게야 내용의 불합리함을 깨달은 조선이, 수출입 상품을 취급하는 상인에게 과세하도록 하려 하자, 부산재류의 일본 상인들이 반대하며 소동을 일으켰다. 그러자 일본 정부는 군함 히에(比叡)를 파견하여, 육전대를 상륙시키고, 군함을 발포하며 조선정부에 항의했다. 말이 항의이지 공갈협박이었다. 조선정부는 어쩔 수 없이 과세를 포기했다. 이런 사실은 과거에 있었던 일이라고 생각하기 쉬우나, 우리가 역사의 중단으로 우리의 논리를 세울 수 있는 여유를 가지지 못한 틈을 이용하여, 독도영유에 대한 변설을 계속하는 일은 형태를 달리한 침략과 무엇이 다르겠는가.

[주8] 일상풍습의 차이

1895년의 청일전쟁 후에는, 서일본의 각 현에서 조선해 출어자가 급증하여 "4도의 연안 이르는 모든 곳에 일본 어선의 돛 그림자를 보지 않는 곳이 없다", "조선해의 어업권은 모두 일본의 독점장인 것처럼 보인다"라고 말할 정도였다.

그런데 그들은 실로 예의 없기가 그지없는 자들로, 조선을 미개국으로 단정하고 열등한 나라라는 관념을 가지고 매사에 난폭했다.

이러한 문제를 해결한다는 명목으로 1897년에는 부산에 조선어업협회를 설립하고 출어자의 보호와 단속을 시행하기로 했다. 1899년 6월에는, 농상무성의 마키 보쿠신(牧朴眞) 수산국장이 한국에서 출어 실태를 시찰하고 후쿠오카(福岡)에서 관계 각 현협의회를 개최하고, 출어자의 감독을 철저히 할 방침을 분명히 함과 동시에, 각 현에 대해 통어조합의 조직화를 지시했다. 시마네현(島根縣)에서는 1900년 3월 24일부로 지사의 인가를 얻어 「시마네현한해통어조합(島根縣韓海

通漁組合)」을 설립했다. 조합의 규약 제4조에 "한해출어의 발달을 기도하고 동시에 동업자의 풍의교정(風儀矯正) 및 조난구호를 목적으로 한다"라고, 제5조에서는 "서로 품행을 조심하고 특히 도박 및 과도한 음주 등을 경계하기로 한다"라고, 어민의 행동을 규제하는 내용을 포함시켰다.

그러나 규약으로 정해 놓은 것은, 위반자를 연합회 본부로 통보하는 것으로, 벌금처분뿐이었으므로, 말하는 '풍의교정'이 실현되는 일은 없었다. 그런 조약이 생기고 10년이 경과된 1910년 11월에, 시마네현이 다음과 같이 통어자에 대한 유시의 통첩을 내고 있는 것을 보아도 알 수 있는 일이다.

조선통어자에 대한 유시의 건 통첩

최근 조선연해에 통어선이 현저하게 증가하고, 나날이 발전하는 추세에 있는데, 병합 후의 오늘에 이르러서는 일선인 사이에 한층 친밀융화를 꾀해야 하는 것은 당연한 일이기에, 출어자도 이 점에 주의하여 언동에 신중을 기해야 할 것이다. 그런데도 다수의 어민 중에는 왕왕 그 행동이 방만하여, 함부로 토착 조선인의 채소밭에 들어가거나 수목을 벌채하고, 심지어는 흉기류를 가지고 위협하는 자도 있다는 내용의 이야기를 누누이 소문으로 전해 듣고 있다. 이는 언어가 통하지 않기 때문에 쉽게 의사가 소통하지 못하여, 서로 다른 행동이 나오는 일이 적지 않을 것으로 인정한다 해도, 그와 같은 일들로 인해 일반 내지인에게 누를 끼치고, 나가서는 일선인 간의 친밀융화를 해쳐, 이 종류의 사업경영에 지장을 초래하는 일이 있어서는 곤란하기 때문에, 마음가짐을 달리할 것을 출어자에게 잘 전달하여 유시하고, 그러한 통달이 있었다는 것을 통첩하여, 당업자에게 엄중히 유시할 것을, 명에 따라 이를 통첩하는 바이다(明治 43年 11月 29日 簾丙農第1522號(『新修島根縣史』通史編近代, p.649, 『죽도와 독도』 p.262).

여러 문제를 내포하면서도 일본 어민의 조선해출어는 증가일로였

고, 그것에 비례하여 조선과 조선인은 비참해질 뿐이었다. 우리 땅에
와서 주인행세를 하는 일본인들이, 그곳 식민지에 사는 조선인들을
동등한 인간으로 보았을 까닭이 없다. 그래도 인간대접을 받는다고
생각하는 사람들은 태생적인 재능으로 시대의 흐름을 나름대로 판단
하여, 민족을 부정하고 일본인에 동화되려고 노력한 친일파 일족들이
었다.

[주9] 울릉도·독도의 사정

　우리의 사시들이 전히는 울릉도와 독도에 대한 주요 기술은 다음
과 같다.

우산국은 명주의 정동해도에 있다.
于山國在冥州正東海島　　　　　　　　　　（『三國史記』智證王13年）
울릉도가 있다<현의 정동해중에 있다>.
有鬱陵島在縣正東海中　　　　　　　　　　（『高麗史』地理志蔚珍縣）
우산과 무릉 두 섬이 현의 정동해중에 있다.
于山武陵二島在縣正東海中　　　　　　　（『世宗實錄地理志』江原道蔚珍縣）
우산도·울릉도는 무릉이라고도 하고 우릉이라고도 한다. 2도가 현의
정동해중에 있다.
于山島鬱陵島一云武陵一云羽陵二島在縣正東海中（『新增東國輿地勝覽江
原道蔚珍縣』）

　이 외에도 독도와 울릉도를 전하는 기록이 많이 있으나, 이상의 것
들을 보면 신라 이래로 독도와 울릉도를 인식하고 있었다는 것을 알
수 있다. 그럼에도 조선의 독도인식을 부정하는 자들은 기록 간의 차
이를 자의적으로 취사선택하여, 기록의 본질을 왜곡한 그 방법이 치
밀하여 혼동하는 사람도 많다. 그것은 기록의 본질을 응시하려는 의

지와 노력이 부족하기 때문이다. 본질을 간과하지 않으려는 노력이 필요하다.

19세기 말에 있었던 일련의 사건을 다음처럼 약술한다.

> 1877년 金玉均이 개척을 건의함
> 1882년 李圭遠의 鬱陵島 檢察
> 1883년 김옥균을 東海諸島開拓史兼管捕鯨事에 임명
> 1895년 8월, 島長을 島監으로 개칭하고 裵季周를 초대도감으로 임명
> 1898년 裵季周가 도일하여 松江地方裁判所에 일본인의 伐木을 告訴함
> 1900년 島監을 島務로 개칭하고 그 밑에 島長을 두었다.
> 　鬱陵島를 鬱島로, 島監을 郡守로 개정, 鬱陵島를 鬱陵郡으로 승격하고 배계주를 군수로 임명함 대한제국 정부는 10월 25일자 칙령을 관보에 게재했다. 제2조에 "郡廳의 위치는 台霞洞으로 정하고 區域은 鬱陵全島와 竹島 石島를 管轄할 事"라는 내용이 있다.
> 1903년 沈興澤 군수 임명
> 1906년 울릉도 군수 심흥택 보고서
> 1907년 울릉도 및 독도의 관할권을 강원도에서 경상도로 移屬

[주10] 침략상품

양산 통도사의 승려 이동인(李東仁)은 1879년에 김옥균이 주었다는 금덩이 4개를 일본인에게 보이고 쿄우토(京都)로 건너가 일본어를 배웠다. 그동안 일본인의 각별한 비호를 받다 1880년에 귀국하며 일본이 준 돈 1천 엔으로 램프·석유·잡화 등을 구입하여 왕실·세도가와 친지들에게 선물했다. 일본 물건이 서울에 들어오게 된 계기였다. 이후 석유·램프·성냥·잡화 등은 서울에서 가장 많이 팔리는 상품이 되어, 일본의 경제침략이 자연스럽게 시작되었다. 일본은 약 10배에 달하는 이익을 얻고 있었는데, 그 상황을 임종국은 이렇게 이야기했다.

　　조일 간의 10배의 무역역조를 해결하는 중요한 수단이 일본 상인들의 간교한 상술과 약탈적 사기수법이었다. 개항장 주변에 수도 없이 생겨난 조선인 앞잡이들을 구문 몇 푼으로 유혹하면서 일상들은 공짜나 다름없는 헐값에 조선상품을 약탈하였다. 쌀은 춘궁기의 농촌에 영농비 몇 푼을 대여해 주고 수확을 나누었기 때문에, 풍년에는 막대한 이익을 보고 흉년에도 손해는 없었다고 『한국지』는 전하고 있다.

　　금은 차관 담보인 채광권 탈취 또는 조선업자에 대한 고리대적 착취에 의해서 실려 나갔는데, 1868~93년의 26년간에 일제가 수입한 외국산 금은 총액 1,230만 엔이며, 그중 68%인 835만 엔어치가 조선에서 건너간 금이었다.

　　그리고 이들은 밤중에 작당해서 개성의 인삼밭을 습격하였다. 구문 몇 푼으로 조선인 앞잡이와 가짜 매매계약서를 작성한 후, 백주 대낮에 남의 인삼밭을 파 뒤집었다(임종국『실록친일파』, 돌베개, 1994, p.33).

이때 일본인을 도와주고 구전을 받는 조선인 앞잡이들이 있었다. 구전 몇 푼 받으며 동족의 재산을 훔쳐 바치는 조선인들을 보며 일본인들은 마음껏 즐기며 그들을 비웃었기 마련이다. 이동인이가 하는 사업이라는 것은 규모가 크다는 것이 다를 뿐, 인삼밭을 훔치기 위해 갖은 지혜를 제공하고 행동대로 활동하는 거간들과 그 본질은 같았다.

[주11] 일본인의 이주

1881년 5월에 울릉도에서 무단으로 벌채한 목재를 부산과 원산으로 반출하려는 것을 울릉도 수토관이 발견하고 관찰사 임한수(林翰洙)에게 보고했다. 보고를 받은 조정은 이규원을 파견하여 조사한 결과 이미 일본인 78명이 거주하고 있었으며, 그들은 '대일본송도 쓰키타니 명치2년 10월3일 이와사키 타다테루가 이것을 세웠다(大日本松島槻谷明治二年十三日岩崎忠照建之)'라는 표목까지 세웠다는 사실을 알았다. 이규원의 보고를 받은 조선정부는 1982년에 "편토라 해도 버려서는 안 된다"라고 하는 강한 자세로 일본 정부에 항의했다. 그러자 일본의 외무경 이노우에 카오루(井上馨)는 "이후 또 도항자가 있으면, 그 정부와 교제상 상황이 좋지 않을 뿐만 아니라, 우리 정부의 금령이 인민에 미치지 못한다는 것을 나타낼 염려가 있어 용납할 수 없다"라는 의미에서, 1883(明治 16)년 1월에 조선국주재 타케조에(竹添) 공사에게, 수목벌채를 금한 취지를 전하게 하여, 3월 1일부로 태정대신이 내무경과 사법경에 비공식적인 지시를 발송했다.

외무성은 해군성에 명하여 군함을 파견하여 전원을 정리하여 귀국시키거나, 기선에 경부순사를 동승시켜 데려오는 방법밖에 없다며, 공동운수회사의 에치고마루(越後丸)에 내무성 서기관 등을 승선시켜, 10월 7일과 14일에 254명의 일본인을 강제적으로 귀국시켰다. 당시 울릉도에는 수백 명의 일본인이 있었다. 야마구치현(山口縣) 사람이 가장 많고, 다음으로 시마네현(島根縣), 히로시마(廣島), 후쿠오카현(福岡縣)人 순서였다. 그들은 1883(明治 16)년 3월 1일의 도항금지령을 무시하고 도해한 자들이다.

귀국시킨 254명에 대한 재판의 판결은 유죄였으나, 1886년에는 307명 전원을 무죄방면했다. 판결의 주지는 "모두 재목벌채의 건, 도둑질하려는 의도에서 나온 것이 아니고, 해당 목재가 조선국 관리의 증여와 관계되는 것이므로 무죄로 판정"했다. 그러나 울릉도의 도항상륙에 대해서는, 1883년 3월 1일부 태정관의 유달로 조선국에 소속된다는 것이 확인되었다는 입장에서, 그 이전의 시기에 속하는 도항은 묵인했다(『獨島와 竹島』 제4장).

[주12] 일본의 미련

일본제국주의는 동아시아의 평화를 외치며 건국 이래로 수혜를 베푼 조선과 중국을 침략하는 방법을 택하고 그러한 정책의 정통성을 입증하기 위한 논리를 개발하고 있었는데, 오쿠하라 헤키운의 주장이 그 전형의 하나이다.

> 겐로쿠(元祿) 중에 양국인의 교섭사건이 생겨, 토쿠가와(德川)막부는 쓰시마의 소우씨에게 조선정부에 담판하게 했지만, 조선 정부의 외교책이 좋아, 막부는 결국 동 도를 조선에 양보하고, 동시에 일본인의 도도를 금지했다. 이래 조선의 판도에 돌아갔지만 본방위의 도도가 완전히 멈춘 것은 아니다.

라고 사실을 왜곡하고 침략에서 정통성을 구하는 주장을 폈다. 이런 주장은 현재에도 반복되고 있다. 이런 주장은 조선 몰래 밀렵하고 있던 톳토리현(鳥取縣) 요나고(米子)의 오오야케(大谷家)도

> 호우키노카미사마한테 우의 봉서로, 죽도도해금지를 명받았습니다. 어찌할 수 없어 받아들였습니다. 그러나 우의 [금지의] 시발은 지난번에 연행해 온 조선인에 의한 것입니다. 그들에게 물건을 내려 주고 그리고 귀조시켰으나, 그 이후 조선국에서 죽도는 조선의 토지임이 틀림없다는 통달이 [그 나라에서] 오게 되었습니다. 거듭해서 [그 나라는 죽도를] 간망하고 점차 간절한 [교섭을 계속해 나갔습니다.] 조선국왕은 죽도가 왕고부터 일본이 지배하는 섬이었다, 그것이 틀림없다는 증문을 [장군님은] 받으셨습니다. 그 위에 서서 조선국에 섬을 맡기신 것이라 합니다. 그런 연유로 우리들에게 죽도도해의 금지를 명하신 것입니다.
> 덧붙이는 것이기는 합니다만, 당시의 위광으로는, 아무리 조선국왕이 죽도를 간망해도 그렇게 용이하게 따를 수 있는 일이 아닙니다. 그러나 황송하게도 죠우켄인 님(토쿠가와 쓰나요시)의 어대였습니다. 당시 [장군님에게는] 비밀의 자식(숨긴 자식)이 있어서 [후계자를 둘러싸고] 조용하다고는 말할 수 없는 시세였습니다. 그러할 때

여서 상황이 나빠, 결국 금지를 명하신 것이었습니다. 아무리 후회해도 유감스러운 일이었습니다. 선조로부터 여기에 이르기까지 지켜 온 것입니다만, 아아 참으로 아까운 일이었습니다.

從伯耆守様右御奉書ヲ以竹島渡海御制禁被仰無是非御請申上[候]右濫觴先達連帰唐人贈帰以後朝鮮国ヨリ竹島儀唐土地ニ相違無之由通達有之頻ニ懇望漸嚀ニ成リ朝鮮国王ヨリ竹島之儀従往古日本御支配相違無之旨則御証文御取附被遊其上ニ而朝鮮国江御預相成故私共竹島渡海御制禁被為仰出候事

付リ当時之御威光ニ而ハ中々朝鮮国王竹島懇望タリ共容易御従被為成間敷モノ哉乍恐常憲院様御代御密子有之御静謐不成御時節旁折悪敷故御制禁被仰出トカや惜可モ無余仕合先祖ヨリ夙伝而已穴賢(『竹島渡海由來記拔書控』本文22)

라고 사실에 어긋나는 내용, 누가 듣거나 읽어도 모순이 노정되는 주장을 했다. 그러나 이것은 죽도도해를 금지당하여 가업을 상실하게 된 입장에서 하는 주장이라, 사실과 다른 내용이지만 이해하려면 이해하지 못할 것도 없는 주장이다. 그러나 후대에 일본의 이익만을 우선하는 민족주의자 오카지마 마사요시(岡嶋正義)는

천재의 폐도를 옛날에 우리나라가 개도하여 다년간 막대한 이윤을 얻고 있는 것이 부러워 겐로쿠 중에 여러 간람을 부려 우리 배를 거부하여 결국은 죽도를 탈양하여 오랫동안 자기들 속지로 했다.

千載ノ廢島ヲ曽テ吾邦ヨリ開島ヲ成シタル多年ノ間渡海ノ莫太ノ利潤ヲ得ルコトヲ羨ミ元祿中種々ノ奸濫ヲ構ヘテ吾舩隻ヲ拒ミ遂ニ竹島ヲ奪攘ノ永ク己ガ属地ト成シタリ(<竹島考>或問6)

라고 일본이 개발하여 막대한 이익을 얻고 있는 것을 조선이 간계를 부려 탈취한 것으로, 사실과 다른 이야기를 했다. 이곳의 '죽도의 탈양'은 '겐로쿠'를 근거로 생각하면 겐로쿠 9년 1월 28일에 내린 죽도 도해금지령이라는 것을 알 수 있다. 또 자서(自敍)에 '어수(漁豎)의

간람(奸濫)'이라는 표현이 있어 '간람'의 주어가 조선의 '어수'라는 것을 알 수 있고, 이것을 종합하여 겐로쿠기에 죽도와 관련된 조선인을 추정하면, 겐로쿠 6(1693)년에는 납치당했고, 겐로쿠기 9년에는 자진해서 도해했던 안용복이 해당한다.

이것은 오오야케가 안용복을 납치하여 조선인의 죽도도해를 요구한 것이 양국의 영토문제로 발전되어, 일본인의 도해가 금지된 사실을, 조선의 어수, 즉 안용복이 간람을 부린 결과로 왜곡하여 기록한 것이다.

올릉도에서 안용복과 바어둔을 납치하고, 주선인의 울릉도/죽도도해를 조선에 요구했던 토쿠가와(德川)막부는 쓰시마번의 사실과 다른 보고, 울릉도를 탈취하려는 기도가 있었음에도, 톳토리번 등이 보고한 지리적 사실에 의거하여 일본인의 도해를 금지시켰었다. 당시 막부는 1695년 12월 24일에 울릉도와 독도에 관한 7개 항을 물었는데

1. 인슈우와 하쿠슈우에 부속하는 죽도는, 언제쯤부터 양국에 부속한 것인가, 선조에게 영지가 내려진 이전부터의 일인가 또는 그 후의 일인가 하는 것.
因州伯州え付候竹島は、いつの此より兩国之附属候哉、先祖領地被下候以前よりの儀 候哉、但其後よりの儀候哉事。
1. 죽도 외에 양국에 부속하는 섬이 있는가, 아울러 또 어렵에 양국 사람이 가는가에 관한 것.
竹島の外兩国え附属の島有之候哉、並是又魚採ニ兩国ノ者参候哉事。

라는 항목이 들어 있었다. 질문을 받은 톳토리번, 에도번저는 그다음 날인 25일에

1. 죽도는 이나바 호우키의 부속이 아닙니다. 호우키국 요나고의 주민

오오야 큐우에몬, 무라카와 이치베에라고 하는 자가 도해한 건은, 마쓰타히라 신타로우가 영주일 때, (막부가) 봉서로 명령하였다는 것은 듣고 있습니다. 그 이전에도 도해하고 있었다는 것은 듣고는 있었습니다만, 그 건은 잘 알지 못합니다.
竹島は因幡伯耆附属にては無御座候、伯耆国米子町人大屋九右衛門、村川市兵衛と申者渡海仕候儀松平新太郎領国の節、以御奉書被仰出候旨承候、其以前渡海仕候 儀も有之様には及承候之共、其段相知不申候事
1. 죽도와 송도 그 외에도 양국에 부속하는 섬은 없습니다. 이상
竹島松島其外兩国之附属の島無御座候事。以上。(『竹島之書附』)

라고 죽도와 송도, 즉 울릉도와 독도가 因伯州(鳥取縣)의 속지가 아니라는 사실을 분명히 밝혔고, 막부는 이러한 사실에 근거하여 일본인의 양도의 도해를 금한 것이다. 그럼에도 인국의 희생을 바탕으로 하는 이익에 익숙한 일본은 그런 사실을 애써 무시하며 새로운 발판을 마련하려 한다. 이런 사고는 17세기의 쓰마번의 사자 타치바나 마사시게(橘眞重 : 多田與左衛門), 19세기의 오카지마 마사요시·오쿠하라 헤키운 20세기의 다카와 코우조(田川孝三)·카와카미 켄조우(川上健三) 등을 거쳐 현재의 일본외무성에 계승되어 있다.

죽도도항일지
한조 여운

附錄

竹島渡航日誌

　余は海國に於ける芋蟲種屬なり。誤つて、竹島視察一行に加はりて、寒潮百里の程に上る。頃しも三月下旬、日本海の波浪未だ平ならず。加ふるに、頃日しきりに機械水雷爆發の報あり。この時に当たり、絶海の孤岩竹島の絶頭に上りて、大海戰の當時を追想す。また壯快ならずとせんや。

　渡航日程

　三月二十二日　　松江發　　境港泊

　仝月二十三日　　境港發　　西郷港着

　仝月二十四日　　西郷港風待滞在

　仝月二十五日

　仝月二十六日　　西郷港發

仝月二十七日　　竹島着

仝日　　　　　　竹島發

仝日　　　　　　鬱陵島道洞ヘ避難

仝月二十八日　　道洞發

仝月二十九日　　西鄕港着

仝月三十日　　　西鄕港發境港ヲ經テ松江歸着

부록

죽도 도항일지

나는 해국의 유충에 속한다. 잘못하여 죽도시찰 일행에 참가하여 한조백리의 여정에 오른다. 때는 3월 하순으로 일본해의 파도가 아직 거칠다. 더하건대 요즘 자주 기계수뢰폭발의 보도가 있었다. 이때에 즈음하여 절해의 고도 죽도의 절정에 올라 대해전의 당시를 상기한다. 어찌 장쾌하다 하지 않겠는가.

도항일정

3월 22일　　　　마쓰에 출발　　　　사카이 미나토 도착

동월 23일　　　사카이 미나토 출발 사이고우 미나토 도착

동월 24일　　　사이고우 미나토에서 바람을 기다리며 체재

동월 25일

동월 26일　　　사이고우 미나토 출발

동월 27일　　　죽도 도착

동일　　　　　죽도 출발

동일　　　　　울릉도 도동에 피난

동월 28일 　　　도동 출발

동월 29일 　　　사이고우 미나토 도착

동월 30일 　　　사이고우 미나토 출발, 사카이 미나토를 거쳐 마
쓰에에 귀착

　三月二十二日　竹島視察員神西三部長、東隱岐島司以下十餘名は、
滊船第三境丸に搭じて松江を出發し、午後○時四十分境港に着す。引
野旅舘に投宿して、諸般の準備に着手するうち、殘員は、いづれも、同
日最終の滊船にて到着せり。今回竹島渡航用として借り入れたる滊船
は、隱岐滊般株式會社の第二隱岐丸にして、登錄噸數僅に二百四十噸
の小滊船なり。同夜、中島技手より、乘船は、明朝五時出發は五時三
十分と通知に接し。岡崎衛生技術員より船暈豫防藥の配付を受く。た
またま境測候所より、氣壓益々上昂の報告を得て、一同稍安堵の色を
あらはしぬ。されと、元來、海上の無經驗者、多數を占めたれば、「僕
は弱いから宜しく賴む」と、弱き音を吐くやさしの君もましませば、乘ら
ぬ前より醉心地の髥殿もあり。竹島渡航記念繪はかきを賣りつくるあれ
ば、在韓國鬱陵島と筆太に書きつくる機敏連あり。般暈豫防藥の效能
書を、高らかに朗讀するあり、奏效葉服藥後二時、時效六時間と指折
りつつ、頭傾くる弱黨あり。服藥の前後一二時間は食事無用と聞きて、
酒はこの限にあらずと力む飲黨あり。朝餐閉止の動議一隅より起れば、
贊成の聲、忽ちにして大多數を占めぬ。般中の用意にと、パンを註文す
るあり、ビスケットを購入するあり、麥酒を命ずるもの、正宗を命するも
の、烟草を命ずるもの、草鞋を命ずるもの、下婢は目をまはすばかりな
り。荷物を結束するもの、家鄕への書信を認むるもの、竊に戸外に出で

て、天候を窺ふもの、千態万狀、いつしか、夜は更けぬ。

　3월 22일 죽도 시찰원 진자이 3부장 아즈마 오키도사 이하 십여 명은 기선 제3사카이마루에 타고 마쓰에를 출발하여 오후 0시 40분에 사카이 미나토에 도착했다.[주1] 히키노 여관에 투숙하여 제반 준비에 착수하는 동안, 나머지 사람 모두가 동일의 최종 기선으로 도착했다. 이번에 죽도 도항용으로 빌린 기선은 오키 기선주식회사의 제2오키마루로, 등록 톤수가 불과 240톤인 소선이다. 동일 밤, 나카지마 기사가 승선은 내일 아침 5시, 출발은 5시 30분이라고 통지했다. 오카자키 위생기술원한테 배멀미 예방약을 배부받았다. 때마침 사카이 측후소에서 기압이 점점 올라간다는 보고를 받고, 일동은 약간 안도의 빛을 나타냈다. 그래도 원래 해상의 무경험자가 다수를 점하고 있기 때문에 '나는 약하니까 잘 부탁한다'라고 엄살을 떠는 나약한 사람이 있는가 하면, 타기 전부터 취한 것 같은 털보도 있다.

　죽도 도항기념 그림엽서를 파는 사람이 있는가 하면, 재한국울릉도라고 붓으로 써 대는 기민한 자들도 있다. 배멀미 예방약의 효능서를 크게 낭독하는 자가 있어, 주효는 복약 후 2시간, 시효 6시간이라고 손가락으로 세며 머리를 갸우뚱거리는 나약한 자가 있다. 복약 전후 1, 2시간은 식사하지 말라는 말을 듣고, 술은 그것에 해당되지 않는다며 버티는 주당도 있다. 조찬을 폐지하자는 의견이 한쪽에서 나오자, 찬성하는 소리가 금방 다수를 점했다. 선중의 준비로 빵을 주문하는 자가 있고, 비스킷을 구입하는 자가 있고, 맥주를 명령하는 자, 정종을 명령하는 자, 담배를 명하는 자, 짚신을 명령하는 자, 하녀는 정신이 없다. 짐을 묶는 자, 집에 서신을 쓰는 자, 슬그머니 밖에 나가 날씨를 살피는 자, 천태만상에 어느새 밤이 깊었다.

　三月二十三日　夜は未だ暗し。提燈の光にて船場へ急ぎ行く。空は曇りて、星の光を見江す。

　五時四十分、第二隱岐丸は境港を解纜す。斷雲片々空を涼めて、境燈台の白光僅に名殘を止むるのみ。既にして、東天海に接する處、一抹の紅線、曉雲を彩り、島根半島の蒼翠は、今しも眠より醒めんとす。曉風面を吹いて、清爽いふばかりなし。

　顧みれば、山陰の名山、大山の靈峯は、朝の幕を揭げて、今しも、さし昇る朝暾に映じて、千古の白雪いよいよ潔く、雄大の姿、端嚴の相、自ら襟を正さしむ。「大嶽削成三萬丈、絶巓縹渺有無中」と、仁科白谷が放吟せしも、眞に吾人を欺かざるなり。かくて、溪船はいよいよ進行して、美保神社を左に見て、地藏岬燈台の直下にいたる。名にし負ふ荒磯のことなれば、白浪奔馬の如く舷頭を衝いて、雪山崩れ、銀山碎け、船體動搖して、甲板上脚をとどむべからず。船室に入るもの十に八九。

　船は、漫々たる日本海の靑披を橫切りてゆく。島根半島の連山は、いつしか模糊の裡に消江て、隱岐の島山漸く近く、午前十一時四十分。第二隱岐丸は滿艦飾をなして、西鄕灣に投錨す。隱岐島廳はじめ、同地有志者に迎へられて上陸し、事務官一行は、高梨旅舘に、吉田稅務管理局長は同別舘に投宿し、他の一行は、山田屋、德田屋の兩旅舘に分宿せり。

　竹島は西鄕を距ること約一百浬、航行十數時間を要しかつ、役錨地なきを以て、午後六時解纜、翌朝竹島着と定めらる。卽ち、半日を有益に使用すべく、同宿の雪吹敎諭、小林技手と相携へて、近郊を散策す。八尾川に沿うて、左方に鬱々たる小丘甲尾山の城址を眺めつつ、隱岐縣農會の種苗園に至る。主として杉苗を栽培し、麥、紫雲英等を試作せり。右方に、屹立セルは、大滿寺山にして、殘雪斑々、さすがは、隱岐の高峯たるに恥ぢず。

若菜つむ少女、ここかしこに見ゆ。かれ等が歌へる俗謠も何となく海國の聲調を帶びて、耳新らしくきこゆ。

島根縣農事試驗場八田分揚にいたる。田中分場長は、小林技手の奮知なり、氏は絶海の孤島にありて、本島農業の改善を以て自己の任務とし、傍ら夜業會を起して、實踐躬行指導の任にあたらる。卽ち余等のために、場內及び試驗圃地を案內して、款待せられたり。

宿に歸りしは、午後三時半、中島技手來りて、出發延期を告げ、左の電報を示さる。

北ノ風曇荒模樣アリ 二十三日午後二時二十分 境測候所發電

明日ハ稍不穩ノ見込 仝日午後一時十一分 濱田測候所發電

加ふるに、西鄕町の漁夫會議の結果、また天候不穩と決したるを以てなり。雲低う垂れて、薄ら寒き島國の夕暮、明日の天候も想ひやられて、旅愁いとわびし。夜に入りて細雨そぼふり、更けてはいよいよ甚しく、風さへ荒び出づ。

3월 23일, 밤이 아직은 어둡다. 제등의 빛을 따라 선착장에 서둘러 간다. 하늘이 흐려 별빛을 볼 수 없다.

5시 40분, 제2오키마루는 사카이미나토에서 닻을 풀었다. 단편의 구름 조각이 하늘에 떠, 사카이 등대의 백광이 약간 흔적을 남길 뿐, 이미 하늘과 바다가 접하는 동쪽의 곳에 한 줄기의 붉은 선이 새벽

구름을 물들여, 시마네 반도의 푸른 물총새는 막 잠에서 깨어나려 한다. 새벽바람이 얼굴을 스쳐 상쾌함을 표현할 수 없다.

뒤돌아보니 산인의 명산 대산의 영봉은 아침의 막을 올려, 방금 떠오르는 아침 해의 빛을 받아 천고의 백설이 더더욱 맑고 웅대한 자태, 단엄한 모양이 스스로 깃을 바로잡게 한다. "삼만 장을 깎아 이룬 큰 산이 높이 솟은 봉우리가 푸르고 멀게 그 속에 있는 듯 없는 듯하다"라고 니시나 하쿠고쿠가 읊은 것도 그대로 나를 속이지 않는다. 이렇게 기선은 점점 진행하여 미호신사를 좌로 보며 등대 아래에 금방 이르렀다. 명성 그대로 거친 해변이라 흰 파두가 성난 말처럼 뱃머리를 때리며 설산이 무너지고 은산이 깨져, 선체가 동요하여 갑판 위에 발을 멈출 수가 없다. 선실로 들어가는 자가 십중팔구다.

배는 확 트인 일본해의 푸른 파도를 가로질러서 간다. 시마네 반도의 연이어진 산들은 어느새 모호하게 시야에서 사라지고 오키섬의 산이 점점 다가와, 오전 11시 40분에 제2오키마루는 만국기, 전등 등으로 장식하고 사이고우만에 닻을 내렸다. 오키 도청을 비롯한 그곳 유지들의 환영을 받으며 상륙하여, 사무관 일행은 타카나시 여관에, 요시다 세무관리국장은 동 별관에 투숙하고, 다른 일행은 야먀다야, 도쿠다야의 양쪽 여관에 분숙했다.

죽도는 사이고우를 떠나 약 1백 리. 항행은 십수 시간을 요하고 또 닻을 내릴 곳이 없어, 오후 6시경에 닻줄을 풀고, 내일 아침에 죽도에 도착할 것을 정했다. 곧 반일을 유익하게 사용하기 위해, 동숙하는 후부키 교사, 고바야시 기사와 같이 근교를 산책했다. 야비천을 따라 좌측으로 울창하게 우거진 작은 언덕의 코우노우산의 성지를 바라보며 오키현 농회의 종묘원에 이르렀다. 주로 삼나무 모종을 재배하고 보리, 자운영 등을 시작하고 있었다. 오른쪽에 우뚝 솟은 것은 타이만지산으로 잔설이 이곳저곳에 남아 역시 오키의 고봉으로 부끄럽지 않다.

봄나물을 뜯는 처녀가 이곳저곳에 보인다. 그들이 부르는 민요도 어쩐지 해국의 성조가 있어 귀에 새롭게 들린다.

시마네현 농사시험장 핫타 분장에 이르렀다. 타나카 분장장은 고바야시 기사의 친구로, 씨는 절해의 고도에 있으며 본도 농업의 개선을 임무로 하며, 한편으로는 야업회를 일으켜 몸소 실천하는 지도를 맡고 있었다. 즉시 우리들을 위해 장내 및 시험단지를 안내하며 성의껏 대접했다.

숙소에 돌아온 것은 오후 3시 반, 나카지마 기수가 와서, 출발 연기를 알리며 아래의 전보를 보였다.

북풍이 흐리고 거칠다. 23일 오후 2시 20분 사카이 측후소 발전

내일은 약간 불온을 예상 동일 오후 1시 10분 하마다 측후소 발전

추가하여, 사이고우쵸우의 어부회의 결과, 역시 날씨 불온으로 전한 것에 의한다. 구름이 낮게 내려 으스스하게 추운 섬나라의 석양, 내일의 날씨도 예상할 수 있어, 여수가 한층 외롭다. 밤이 되자 가랑비가 내린다. 밤이 깊어가자 점점 심해져 바람까지 거칠게 불었다.

三月二十四日「花ヶ榊ハ、イリマセンカ。花ヶ榊ハ、イリマセンカー。

蓬ハイリマセンカ」と、なまめかしき嬌音に夢を破られて、起き出つ。おもへば、明後日は、陰暦上巳の節句なりけり。かの海國の調なづかしく、若菜つみし、八田少女は、かくして市にひさぐなり。空はかき曇りて、將に雨ふらんとす。今日の天候もいと氣づかはし。出船は午後六時とききつれば、各好める方に出で立つ。海産動物採集にとて、船を灣頭に泛ぶルあり。隠岐の名産馬蹄石の産地を探れるあり。七寸の草鞋、大滿寺山の雪を踏破セし健兒あり。余等は、小林技手、吉田松陽記者と、八田分場より國分寺の舊跡を探り、玉若酢神社に詣でぬ。

　禪尾山國分寺は、西郷を距ること一里、中條村大字池田にあり。舊記によれば、聖武朝の建立にかかり、四天王寺、仁王門、鎮守山王廿一社、並に大乘坊、本藏坊、安樂坊、王藏坊、大乘坊、岸本坊の六坊を有し、三重の高塔雲に聳れて、當國第一の伽藍たりしが、明治維新の際、島內に排佛熱流行し、寺院といふ寺院は、すべて燒燼せられ、本寺もまたその災に係り、今は僅に一坊を再建セルのみ。鎮守社並に本堂に安置セル佛像その他の塑像中には、頗る古色を帶びたるもの少からず。遠藤万川氏が嘗つて松陽紙上に國寶の資格ある佛像の雨晒しとなりて横はりと傳へられしは此處なりけん。

　增鏡によれば「海面より少し入りたる國分寺といふ寺を、宜しき樣に取り拂ひて、おはします所に定む。」と見江太平記にも、府の島に黑木御所を造りしよし見ゆれば、後醍醐天皇の行在所は、必定この地なるべしと、懷古の情に耽りつつ、舊記古文書等もあらんかと、多大の望を囑したりしも、火災の際すべて烏有に歸し、加ふるに寺僧を不在のため、探究の端緒すら得ざりしは、遺憾の極なりき。

　玉若酢神社は、西郷を距ること二十町、中條村大字下西にあり。古より惣社と稱し、國中の大社にして今縣社に列せらる。有名なる八百杉の大樹は、數百年の星霜を經過したりけん、枝葉繁茂して島內第一の名木と稱せらる。同社の祠官隠岐氏は、本島の名閥にして、古來隠岐國造と稱し、有名なる驛鈴を所藏せる由なれど、故ありて見るを得ざりき。

　午後三時歸宿すれば、島廳より隠岐に關する舊書、記錄を貨與せられ、得る所頗る多かりき。

　同日も天候不穩のため、また、一日の延期となる。

　西ノ風曇荒模樣アリ。二十四日午後二時二十五分境測候所發電

　3월 24일 "꽃이나 비쭈기나무는 필요 없습니까. 꽃이나 비쭈기나무는 필요 없습니까. 쑥은 필요 없습니까"라고 요염한 교음에 꿈이 깨어 일어나 나갔다. 생각해 보니 모레가 음력 삼짇날의 명절이다. 이 해국의 음조가 그윽하다. 나물 캐는 핫타소녀는 이렇게 해서 시장에 판다. 하늘이 갑자기 흐려지며 곧 비가 내릴 것 같다. 오늘의 날씨도 매우 걱정이 된다. 출선은 오후 6시라고 들었으므로, 각각 좋아하는 쪽으로 나갔다. 해산동물 채집이라며 배를 만두에 띄우는 자가 있다. 오키의 명산 마제석의 산지를 방문했다. 7촌의 집신, 타이만지산의 눈을 답파한 건아가 있다. 우리들은 고바야시 기사, 요시다 마쓰요우 기자와 핫타 분장에서 고쿠분지의 구적을 찾아, 다마와카스 신사를 참배했다.

　센비산 고쿠분지는 사이고우를 떠나 1리, 나카스지촌 오오아자 이케다에 있다. 구기에 의하면 세이무조에 건립하기 시작하여 사천왕사, 인왕문, 진수산왕 21사, 더불어 대승방, 본장방, 안락방, 왕장방, 대승방, 안본방의 6방이 있다. 3중의 고탑이 구름 위에 솟아, 당국 제1의 가람이었으나, 메이지 유신 때, 도내에 배불열이 유행하여 사원이라는 사원은 모두 소진되어, 본사도 역시 그 재앙을 만나, 지금은 겨우 1방을 재건했을 뿐이다. 진수사 및 본당에 안치한 불상 그 외의 소상 중에는 아주 고색을 띠고 있는 것이 적지 않다. 엔도우 요로쓰가와씨가 옛날에 마쓰요우 지상에 국보의 자격이 있는 불상이 비에 바래며 드러누워 있다라고 전한 것이 이곳인 것 같다.

마스가가미에 의하면 "해면에서 조금 들어간 곳에 있는 고쿠분지라는 절을, 가볍게 떠나, 계실곳을 정하셨다"라고 보이고, 태평기에도, 후(府)의 섬에 쿠로키고쇼를 만들었다는 것이 보여, 고다이고 천황이 가신 곳은, 필시 이곳일 것이라고, 회고의 정에 젖으며, 구기 고문서 등이 없는가 라고 다대한 희망을 말하기도 했으나, 화재시에 모두 없어졌다. 그 위에 절의 스님이 없어 탐구의 단서조차 얻지 못한 것은 유감스럽기 그지없다.

다마와카스 신사는 사이고우를 떠나 20정, 나카스지촌 오아자 시모니시에 있다. 옛날부터 총시리 칭하는, 구준이 대사로 지금은 현사에 든다. 유명한 야호스기라는 큰 나무는 수백 년 성상을 경과해서 지엽이 무성하여 도내 제일의 명목으로 칭해진다. 동사의 사관 오키 씨는 본도의 명벌로 고래로 오키국조를 칭하며, 유명한 역령을 소장하고 있는데도, 사정이 있어 보지 못했다.

오후 3시에 여관으로 돌아와, 도청에서 오키에 관한 구서, 기록을 대여하여, 얻은 것이 아주 많았다.

동일도 날씨가 불온하여 또 하루 연기되었다.

서풍의 구름이 거친 상황 24일 오후 2시 25분 사카이 측후소 발전

三月二十五月　今日こそはと、褥を蹴つて起き出づれば、飛霰窓を撲つて天候いよいよ穩かならず。既にして空晴れ、雲散じて、陽光まばゆきまでに紙障を照す。午後の出帆には間もあるべしとて、吉田局長の一行と舟を浮べて御岬山に向へば一天再びかき曇りて寒雨骨に徹す。囚徒の開墾せる御岬山の開墾地を過ぎて、〇〇〇樓に至る。淡雲低く島前の島山を壓して風威ますます加はる。一同飢を凌ぎて宿に歸りしは午後二時たまたま、出發延期の報に接す。

今日明日 梢風アルベシ 天氣時々雨雪降る。

二十五日午後O時四十五分濱田測候所發電

やがて中島枝手は、竹島漁獵會社員中井養三部氏を紹介せらる、氏は竹島の經營者として、同島に關係淺からざるの人、余等のために一夕の竹島談をなす。言々肺腑より出でて、熱誠人を動かす。而して、竹島の狀況を說くこと最詳密、さなから、實境に臨むの感ありき。

3월 25일, 오늘이야 말로라며 요를 차고 일어나 나갔더니 싸라기가 창을 쳐 날씨가 약간 불온하다. 이미 구름이 흩어져 양광이 눈부시게 종이문을 비친다. 오후 출범까지는 시간도 있다 해서 요시다 국장 일행과 배를 띄워 오쿠우잔으로 갔더니, 온 하늘이 다시 흐려져 찬비가 뼈에 스며든다. 죄수들이 개간한 오코우잔을 지나 ○○○루에 이르렀다. 담운이 낮게 도우젠의 산을 억눌러 바람이 점점 더 세어진다. 일동이 배고픔을 참으며 여관으로 돌아온 것은 오후 2시로 때마침 출발 연기의 소식을 들었다.

오늘 내일 약간 바람이 있을 것이다. 날씨는 때때로 비·눈이 내린다.
25일 오후 0시 45분 하마다 측후소 발전

드디어 나카지마 기수는 죽도어렵회사원 나카이 요우자부로우를 소개했다. 씨는 죽도의 경영자로 동도에 관계가 깊은 사람으로, 우리들을 위해 저녁 한 때에 죽도이야기를 한다. 말들이 폐부에서 나와, 열성이 사람을 감동시킨다. 그리고 죽도의 상황을 이야기하는 것이 아주 상밀하다. 그래서 실경에 임하는 감이 있었다.

三月二十六日　空は曇りたれど、天候梢望あるが如し。

たまたま電報あり、

　　今日明日靜穩　二十六日午前七時三十分　　　濱田候所發電

いよいよ、午後五時出發と決す。連日の鬱屈はじめて伸ぶ。四時五十分甲板上に整列して視察員一同撮影す。時に飛電あり。

　　明日ノ天氣受ケ合ヒガタシ。　二十六日午後時分　境測候所至急發電

神西部長は、中島枝手を隨へて、境測候所に打電すべく上陸す。甲板上、議論百出、或は船長を擁して、天候を質問するあり。或は水先案内を捉へて、談判するあり。されど連日の滯留に飽ぎたれば、出發說大多數を占む而して返電末だ到らず。神西部長遂に意を決して乘船す。折しも、配達夫宙を飛んで棧橋にあらはる、部長直ちに開封して朗讀せらる。

　　今夜出帆ノ由天候靜穩ノ樣子閣下及ビ各位ノ安全ヲ祈ル。

　　　　　　　　　　　二十六日午後五時五分　　　松江發電

これ、島根縣廳第三部員より、一行の出發に對する枕電なりしなり。一同啞然、待つこと數十分返電遂に到らず。部長決然出發を命ず、時まさに六時。汽船埠頭をはなるること數町、配達夫再び棧橋に來る、見送の助村島廳書記、棧橋上にて開封し、手をあげて「行け行け」と信號す。萬歲の聲は港內を搖がし、火輪浪を蹴つて、いよいよ竹島渡航の途に上る。

船は御岬山の岬端を迴れば、白浪船首を嚙んで、玉と碎け雪と散る處、甲板上に立ちて、灣外の暮色を恣にすれば、黑島の岩礁眼前に横はりて、御岬山の翠松指顧の間に聳江、島前の島山は、近く淡墨峨眉を描きて、われ等を迎ふるが如し。既にして島前島後の海峽をすぎて、海

洋に出づれば、日は全く暮れて、天色暗澹、海風肌を襲うて久しく止る
べからず、卽ち船室に入る。

3월 26일, 하늘은 흐렸으나 날씨는 약간 희망이 있는 것 같다.
마침 전보가 왔다.

오늘과 내일 정온, 26일 오전 7시 30분, 하마다 측후소 발전
드디어 오후 5시 출발을 정했다. 연일의 암울이 비로소 깨졌다. 4시
50분 갑판 위에 정렬하여 시찰원 일동이 촬영했다. 그때 전보가 있었다.

내일의 날씨 약속하기 어렵다. 26일 오후 시 분, 사카이 측후소
지급발전

진자이 부장은 나카지마 기수를 데리고 사카이측후소에 타전하기
위해 상륙했다. 갑판 위에서 의논이 백출했다. 혹은 선장을 둘러싸고
날씨를 질문하는 자가 있었다. 혹은 수로 안내를 붙잡고 담판하는 자
가 있다. 그래도 연일의 체류에 싫증났기 때문에 출발하자는 이야기
가 다수를 점한다. 그리고 반전이 아직 오지 않았다. 진자이 부장이
결국 뜻을 정하고 승선한다. 마침 배달부가 허겁지겁 달려서 잔교에
나타났다. 부장이 즉시 개봉하여 낭독한다.

오늘밤 출범의 건, 천후 정온할 듯. 각하 및 각위의 안전을 빈다.

26일 오후 5시 5분 마쓰에 발전
이것은 시마네 현청 제3부원의, 일행에 대한 축전이었다. 일동은
아연하여 수십 분을 기다렸으나 반전이 없다. 부장이 결연히 출발을
명했다. 그때가 6시. 기선이 부두를 떠나 수 정을 갔을 때 배달부가
다시 잔교에 온다. 전송하는 스케무라 도청기사가 잔교 위에서 개봉
하고 손을 들어 '가라가라'고 신호한다. 만세소리는 항내를 울리고,

화륜이 파도를 차며 드디어 죽도 도항의 길에 올랐다.

　배는 오코우잔의 끝을 돌아, 흰 파도가 선수를 물어, 구슬로 깨져 눈처럼 질 때, 갑판 위에 서서, 만 밖의 석양을 바라보니 흑산의 암초가 눈앞에 가로놓이고, 오코우잔의 푸른 솔을 가리키며 바라보는 사이에 솟아 있고, 도우젠의 산은 가깝게 담묵의 산자락을 그리며 우리들을 배웅하는 것 같다. 이미 도우젠 도우고의 해협을 지나 해양에 나오니 해는 완전히 저물어서 하늘빛이 암담하다. 해풍이 피부를 덮쳐 오래 머물수 없었다. 곧 선실로 들어갔다.

　三月二十七日　夜一夜、日本海の海波に搖られつつ、いつしか華胥國に遊びぬ。「竹島見ゆ、竹島身ゆ」との聲に驚かされ甲板に上れば、太陽は既に東天に昇るて、竹島の巨巖は、近く眼前に横はれり。忽ち見る、三頭の鯱（海豚屬）舷頭を掠めて猛進し背部をあらはすこと數回。無數の海鷗波上に亂飛し、數千の海驢岩頭に群集して、叫聲さながら怪物の悲鳴するが如く、喧々猖々　數十町の外に達す。古老の説に「本嶼には怪物住し、奇聲を發す、近つくべからず」と傳られしは、蓋し、これをいひしなるべし。突兀たる兩巖峨々として海面を拔くこと數百尺。斷崖絶壁峭立して、寒潮巖脚を侵蝕し、處々に洞門を開き、幾十の岩礁その附近に羅列す。水深くして數町の附近に船を寄するを得れども、海底不良にして投錨すべからず。この日海上平穩なりければ直ちに端船をおろし、神西事務官は漁夫の一群をのせて、西嶼に上陸し、次きて一行また上陸す。

　春曉千金の夢を貪れる海驢の群は、一行の來航に驚き、轉輾岩角より落ちて水中に沒し、忽ちにして、數百の頭顱を波上にあらはし來る。

漁夫は洞門に刺網を張りて瞬く中に、數頭を獲たり。ああ、かれ等が日本海の樂園として、幾百年間占有せし巨岩も文明の潮流は滔々として、この樂土を奪ひ、銃聲一發岩角に響くや、淋漓たる鮮血海面を染めて、死屍は波上に横はる。しかも、感覺遲鈍なるがれ等は、この慘狀を知らざるものの如く、數十また數百、頭部を波上に露出して悠遊する樣、むしろ憐むに堪へたり。

　西嶼の調査を了へ、次ぎて、東嶼に渡る。岩上幾百の海驢眠末だ醒めず、漁夫櫂をとり、滿身の力をこめて、一打すれば、六尺の海驢血に染みて、櫂ために折る、而して他の海驢は依然として惰眠を貪るものの如し。兩岩相對する處、稍廣き砂礫あり。そのほとりに、竹島漁獵會社の假小屋二棟あり。ここより岩角を辿り、楷子にすがり絶壁を攀ぢ、劍背を亘りて登る、危險いふべからず。多くは半腹より引きかへし、絶巓に達せしは、神西事務官、東島司以下八名にすぎす。頂上に立ちて双眸を放てば、水天彷彿際涯を知らず。回顧すれば、昨年五月二十八日、わが聯合艦隊は、露國艦隊を本島の南方約十八浬の海上に要撃して、敵の司令官子ボカトフ將軍をして、艦隊を擧げて降服せしめし處、砲聲轟々天地を動かし、硝烟爆烟海面をおほひて、海若躍り蛟龍怒り、大濤澎湃鯨鯢を呑むの間、泰然自若たる東郷大將の面影も想像せられて、西方はるかに、淡靄をひけるは、鬱陵島にやあらん、露國艦隊司令長官ロビストウエンスキー提督を生擒せしは、彼方にやなど、浩然たる大觀に對して、天空海濶、身神旣に塵寰のものにあらず。各記念の松樹を栽植して下る。一步を誤れば、千仞の巖窟に陷りて、粉碎免るべからず、戰々兢々冷汗背をうるほす。

　各方面の調査結了しければ、一同歸船し、竹島を一周して各方面の撮影をなす。海波漸く高く、天候稍不穩の徵ありければ、一先づ鬱陵島に避難することとなれり。時に午後二時三十分。

　鬱陵嶋に着し、苧洞沖に假泊せしは、午後九時なりき。この地は、露國の敗竄軍艦ドミトリドンスコイ號の擱岸破壞せし處、カブト岩その右に峙ち、タチ岩その左に聳江て、その間僅に假泊するに足る。夜色沈々として、海波漸く荒く、對岸苧洞には、數點の燈光明滅として、前面高く殘雪斑々たる峻峰の横はれるのみ。部長以下數名はこの夜風波を冒して道洞に上陸し、殘員は船內に留まりて夜を明しぬ。

3월 27일, 밤 하룻밤을 일본해의 해파에 흔들리며 어느새 꿈의 세계에서 놀고 있었다. "죽도가 보인다. 죽도가 보인다"라는 소리에 놀라 갑판에 올라갔더니 태양은 이미 동천에 올라 죽도의 거암은 가깝게 눈앞에 가로놓였다. 즉시 보이는 3두의 물범(강치)이 뱃머리를 스쳐 맹진하며 등을 보이기를 여러 차례였다. 수많은 갈매기가 파도 위를 어지럽게 날고 수천의 강치가 바위에 군집하여 외쳐대는 것이 괴물의 비명 같아, 시끄럽게 떠드는 소리가 10정 밖에 이른다. 고로의 이야기로 "본서에는 괴물이 살며 괴성을 질러 다가갈 수 없다"라고 전하는 것은, 이것을 말하는 것일 것이다. 돌월한 양암이 우뚝하게 해면에 솟아 수백 척이다. 단애절벽이 우뚝 솟아, 한조각 암각을 침식하여, 곳곳에 동굴문을 뚫고, 수십의 암초가 그 부근에 나열한다. 물이 깊어 수 정 부근에가 다가갈수 있었으나 배 해저가 불량하여 닻을 내리지 못하였다. 이날 해상이 평온하여 즉시 단선을 내리고 진자이 사무관은 어부들을 태우고 서서에 상륙하고, 다음에 일행도 상륙했다.

　봄날 새벽의 천금 같은 꿈을 즐기던 강치의 무리는 일행의 내항에 놀라 뒤척거리다 암각에서 떨어져 물속에 가라앉았다. 곧 수백의 머리를 파도 위에 나타내고 온다. 어부는 동굴 문에 자망을 치고 잠깐 사이에 여러 마리를 잡았다. 아아 그들이 일본해의 낙원으로 해서 수백 년간 점유했던 거암도 문명의 조류가 도도하게 이 낙토를 빼앗아, 총성 한 발이 암각에 울리자 줄줄 흐르는 선혈이 해면을 물들이고 시체는 파도 위에 가로눕는다. 그래도 감각이 둔한 그들은 그 참상을 알지 못하는 것처럼, 수십 또 수백이 두부를 파도 위에 노출하고 유유히 노는 모습은 오히려 애처로워 견딜 수 없다.

서서의 조사를 마치고, 다음에 동도로 건넌다. 바위 위에 있는 기백의 강치는 아직 잠이 깨지 않아, 어부들이 노를 잡고 만신의 힘을 모아 한 번 때리면 6척의 강치는 피에 젖고 노도 부러진다. 그래도 다른 강치는 의연히 게으른 잠을 즐기는 것 같다. 양암이 마주하는 곳에 약간 넓은 자갈밭이 있다. 그 근처에 죽도어렵회사의 임시 소옥 2동이 있다. 이곳에서 바위를 더듬어 줄에 매달리며 절벽을 기어올라, 날카로운 등을 넘어 오른다. 위험을 말할 것도 없다. 많은 사람들은 중간에서 돌아가고, 꼭대기에 달한 것은 진자이 사무관, 아즈마 도사 이하 8명에 지나지 않는다. 정상에 서서 두 눈을 뜨니, 바다와 하늘이 방불하여 그 구분을 할 수 없다. 회고하자면, 작년 5월 28일에 우리 연합함대는 노국 함대를 본도의 남방 약 18해리 해상에서 요격하여 적의 사령관 네보카토후 장군으로 하여금, 함대를 들고 항복하게 한 곳으로, 포성이 천지를 움직여, 초연 폭연이 해면을 덮고 바다가 일렁이고 교룡이 분노하여, 큰 파도가 솟구쳐 암수 고래를 삼킬 동안, 태연자약한 토우고우 대장의 모습도 상상되었다. 서방 멀리 옅은 아지랑이를 펼치는 것은 울릉도일 것이다.[주2] 노국 함대 사령장관 로비스

토우엔 스키 - 제독을 사로잡은 것은 저쪽이겠지 등을 생각했다. 호연의 대관에 대해, 도량이 크고 넓은 몸은 이미 세상의 것이 아니다. 각각 기념의 소나무를 심고 내려왔다. 한발을 잘못 디디면 천 길의 암굴에 떨어져 분쇄되는 것을 면할 수 없다. 전전긍긍하여 식은땀이 등을 적신다.

각 방면의 조사를 완료했으므로 일동은 귀선하여, 죽도를 일주하며 각 방면에서 촬영했다. 해파가 점점 높아지고, 날씨가 약간 불온해지는 징조가 있어, 일단 울릉도에 피난하기로 했다. 때는 오후 2시 30분이다.

울릉도에 도착하여 저동 먼 바다에 가박한 것은 오후 9시였다. 이곳은 러시아의 패서군함 도미토리돈스코이호를 해안에 정지시키고 파괴한 곳으로, 관암이 그 오른쪽에 우뚝 서 있고, 입암이 왼쪽에 솟아, 그 사이는 가박하기에 족하다. 밤경치가 조용하고, 파도가 점점 거칠어져, 대안의 저동에는 몇 점의 등불이 명멸하고, 전면에 높게 잔설이 듬성듬성한 준봉이 가로누워 있을 뿐이다. 부장 이하 몇 명은 밤 파도를 무릅쓰고 도동에 상륙하고, 나머지 사람은 선내에 머물러 밤을 밝혔다.

三月二十八日　早起甲板に上れば、東方一帶紫紅色を呈し、海上平穩疊の如く、見渡す限、渺々また沓々。旣にして、東天の彩雲いよいよ鮮かに、黃焰瞳々として海面に映するや、一團の火球半圓を描き、見る見る、火球は波面をはなれ、金箭迸射して、海上金波わき、銀蛇躍るの邊、海洋上の日出に對し、壯快極つていふべき言を知らず。顧れば、峨々たる岩山近く前面にあたり、茅屋五六、岩角に點在する處、卽ち苧洞の部落なり。

　既にして、船は道洞に入りぬ。峨々たる岩山左右に斗出して、絶壁千仞削るが如く、その間僅に百間に過ぎず。端舟に乗じて一同上陸せしは、午前九時なりき。同島駐在の日本警察官及び日商組合員の斡旋によりて、片岡、脇田、吉尾諸氏の宅に分れて休息す。

　道同は同島第一の大部落にして、在島日本人の家屋四五十不規則に海濱に連れり。

　3월 28일, 아침에 일어나 갑판에 올라가니 동방 일대가 자홍색을 띠고, 해상은 평온하여 돗자리 같다. 바라보는 한 아득하고 멀다. 이미 동천의 채운이 점점 선명히, 노란빛이 선명하게 해면을 비추자, 일단의 불덩이가 반원을 그린다. 보는 사이에 불덩이는 파도 면을 떠나 금화살을 쏘아, 해상에 금색 파도가 일고, 금빛 뱀이 약동하는 주변, 해양 위로 해가 뜨는 것에 대해, 장쾌하기 그지없어 할 말을 잊는다. 되돌아보면 우뚝 솟은 암산 가까운 전면에 모옥 5, 6채가 암각에 점재한다. 즉 저동의 부락이다.

　이미 배는 도동에 들어갔다. 높이 솟은 암산의 좌우에 돌출하여 절벽을 높이 깎는 것 같고, 그 사이가 불과 100간에 지나지 않는다. 거룻배를 타고 일동이 상륙하자 오전 9시였다. 동도에 주재하는 일본 경관[주3] 및 일상조합원의 알선으로 가타오카, 와키다, 요시오 제씨의 집에 나누어서 휴식했다.

　도동은 동도 제일의 대부락으로, 재도 일본인의 가옥 4, 50채가 불규칙적으로 해변에 늘어서 있다.

在島日本人は、いづれも、われ等の渡島に對して歡迎の意を表し、淡紅色の胴衣に白袴を穿てる小僮の一群、珍らしげにわれ等に附隨し來る。

次ぎに、各方面に分れて調査に從事することとなり、午前十時神西部長以下十數名は通譯を從へ郡守を訪問す。日本人の部落をすぎて上ること數町「鬱島衙門」と扁額せる政廳の門を入り、刺を通じて、郡守沈興澤に面會す。郡守は京城の人、年齒五十二寬裕の相を備へ座蒲團の上に跪坐し、白衣を着し、冠をつけ、長煙管を携へ、傍なる机上に數部の簿冊あるのみ、簡單素朴頗る太古の風あり。神西部長は訪問の由來を述べ竹島にて捕獲せし海驢一頭をおくる。郡守は遠來の勞を謝し、贈物對して謝辭を述ぶ、辭令頗る巧なり。行政上の質問に對しては、多くは要領を得ざりき。一同記念のため廳前に於て撮影せり。

次ぎて、士商議所を訪問し、所長金光鎬顧問由在恒に面會して種々調査する所ありたり。

午後一時より一部は乘船して鬱陵島を一周し、一部は留りて調査に從事す。この日天氣晴朗、海上平穩にして、西北岸の三本立岩の奇勝の如き、稀に見るの絶景なりきといふ。

薄暮、一同歸航の途に上る。吉尾氏方の小僮金桂同、われ等を送りて本船に來る、年齒十六、別に臨みて、吉田記者の手帳に一辭を題す。「後日相逢何時。相逢丙午三月初四日」と慧にして愛すべし。見送の佐伯巡查部長片岡郵便局員、その他有志の人々と袂を分ちて、汽笛一聲道洞を解纜せしは、午後八時十分。仰げば星斗爛々として、一痕の新月銀刀の如く岩壁の上に懸り、新隱岐町(道洞の日本人部落を吉田學士の命名せるもの)の燈火、點々水に映ずる處、一種いふべからざるの感にうたれて、離別の情に堪へざらしむ。

やがて、汽船は道洞をあとにして、蒼溟の裡に入る。竹島を左に西郷に直船するなり。夜半に至り、風威漸く加はり、波浪漸く高く、曉に至りて激浪甲板を洗ふに至りぬ。しかも船暈豫防藥の奏效著しく、余等は黑䑏鄉裡に遊びて、これを知らざりき。

재도 일본인은 모두 우리들의 도도에 대해 환영의 뜻을 표했고 담홍색 윗도리에 흰 바지를 입은 한 무리의 아이들이 신기한 듯이 우리들을 따라왔다.

다음에 각 방면으로 갈라져 조사에 종사하게 되었고, 오전 10시에 진자이 부장 이하 십수 명은 통역을 거느리고 군수를 방문했다. 일본인 부락을 지나 수 정을 오르자 '울도아문'이란 편액이 걸린 정청의 문을 들어가, 명함을 전하고, 군수 심흥택을 면회했다. 군수는 경성 사람으로 나이 52세의 관유의 인상으로, 방석 위에 가부좌로 앉아, 백의를 입고 관을 쓰고 긴 담뱃대를 지니고 있다. 곁에 있는 책상 위에 여러 부의 부책이 있을 뿐이다. 간단하면서도 소박하여 매우 고풍이 있다. 진자이 부장은 방문한 유래를 말하고, 죽도에서 포획한 강치 한 마리를 보냈다.[주4] 군수는 원래의 노고를 위로하고, 선물에 대한 사의를 말한다, 말이 매우 노련하다. 행정상의 질문에 대해서는 대체로 요령이 없었다. 일동은 기념으로 청 앞에서 촬영을 했다.[주5]

다음에 사상의소를 방문해서 소장 김광호와 고문 유재항(요시 아리쓰네)을면회하고 여러 가지를 조사한 것이 있었다.

오후 1시부터 일부는 승선하여 울릉도를 일주하고, 일부는 남아서 조사에 종사했다. 이날은 날씨가 맑고, 해상이 평온하여, 서북쪽 해안의 3본입암이 기묘하여 보기 드문 절경이었다 한다.

어둑할 무렵, 일동은 귀항의 길에 올랐다. 요시오 씨 집의 소동 김계동이[주6] 우리들을 보내러 본선에 왔다. 나이는 16살로 이별에 임하여 요시다 기자의 수첩에 한마디 적었다. 「후일 언제 상봉할 수 있을까요, 상봉 병오년 3월 초 사일」이라고, 총명하고 사랑스러웠다. 전송하는 사에키 순사부장, 가타오카 우편국원, 기타 유지들과 헤어져, 기적을 울리며 도동을 출범한 것은 오후 8시 10분이었다. 위를 보면 별이 찬란하고, 한 점의 새로운 달은 은장도처럼 암벽 위에 걸려, 신오키정(도동의 일본인 부락을 요시다 학사가 명명한 것)의 등불이 점들이 되어 물에 비쳐, 일종의 형언하기 어려운 기분에 젖어 이별의 정을 참기 어려웠다.

이윽고, 기선은 도동을 뒤로 하고 창명 속으로 들어갔다. 죽도를 왼쪽으로 하고 사이고로 직항했다. 야반중이 되자 풍위가 점점 더하고 파도가 점점 높아지더니, 새벽에는 격랑이 갑판을 씻었다. 그래도 멀미약의 효력이 명백해서, 우리들은 달콤한 잠속에서 꿈을 즐기며 이를 알지 못했다.

　三月二十九日　海波稍平穏に歸したれど、船の動搖なほやまず。船室に横臥して、夏橙を綴るのみ、陰鬱いふばかりなし。午後に至りて、隱岐の島山を雲煙漂渺の間に認む。西鄕に入りしは午後四時、出迎の人は埠頭に山をなす、迎ふる人、迎へらるる人、いづれも欣々然たり。一同上陸同夜はここに滯留することとなりぬ。

　この夜、同地の有力家諸氏の發企によりて、一行のため慰勞の宴會を手錢水亭に開かる。助村島廳書記の開會の挨拶、神西部長の答辭、東島司の演說あり、款待最もつとむ。妓に海島特有のドッサリ節を弄するものあり、妙音神に入りて、悽婉悲壯、うたた斷腸の情に堪へざらしむ。

大山お山から隱岐の島見れば、島が四島に大滿寺、島に珍らしお山
ある。

つけて下され、上りの節に、港這ひ入らにやまぐちまで、賴みますぞ
やおぢさん

3월 29일, 파도가 조금 평온해졌지만, 배의 동요는 아직 멈추지 않는다. 선실에 옆으로 누워서 유자를 빨아 먹을 뿐 음울할 뿐이었다. 오후가 되어서 오키도의 산이 운연이 희미하게 떠도는 사이로 보였다. 사이고우에 들어간 것은 오후 4시, 출영한 사람들이 부두에 산을 이루어, 마중하는 사람이나 마중을 받는 사람이나 모두 기뻐했다. 일동은 상륙하여 동일 밤 이곳에서 체류하기로 했다.

이날 밤, 동 지역의 유력자 제씨가 계획하여 일행을 위해 위로 연회를 수전수정에서 열었다. 스케무라 도청서기의 개회인사, 진자이 부장의 답사, 아즈마 도사의 연설이 있었고, 관대한 대접에 노력했다. 기녀 중에 해도 특유의 돗사리부시를 부르는 자가 있어, 묘음이 신 같아, 처절하고 비장하여, 더욱 단장의 정을 참을 수 없다.

다이센의 산에서 오키 섬을 보면 섬이 4도로 다이만지, 섬에서 진기한 산이 있다.

데려가 주세요. 올라갈 때에 항구에 기어들어가 야마구치까지, 부탁합니다. 아저씨.

三月三十日　午前十時、一行隱岐島廳に至り、玄關にて記念の撮影

をなし、神西部長及び中島技手は用務のため滯在せられ、殘員一同西郷を解纜して境港に向ふ。この日風波稍高く、ことに横波を受けて、船體の動搖甚しく、海波甲板を洗ふ。午後四時境に着し、更に汽船蓬萊丸に乘りかへて歸松せしは、午後七時なりき。

終に臨んで、渡島者一行の姓名を揭げて記念とす。

3월 30일 오전 10시, 일행은 오키 도청에 이르러 현관에서 기념촬영을 하고, 진자이 부장과 나카시마 기수는 용무 때문에 체재하고, 나머지 일동은 사이고우 항을 출발하여 사카이항으로 향한다. 이날 풍파는 약간 높고, 특히 횡파를 받아 선체의 동요가 심하고 해파가 갑판을 씻었다. 오후 4시에 사카이항에 도착하여, 다시 기선을 바꿔 타고 마쓰에로 돌아온 것은 오후 7시였다.

끝마침에 임하여 도도자 일행의 성명을 올려 기념으로 한다.

島根縣事務官:	神西由太朗
松江稅務監督局長:	吉田平吾
隱岐島司	東文輔
縣會議員	植田武兵衛
隱岐敎育會長	渡部新太郎
衛生技術員囑託醫師	岡崎正太郎
島根縣技手	小喜多富次郎
仝	中島善夫
島根縣屬	和久利善三郎

仝	角作太朗
仝	川澄才八
島根縣警部	賀山正雄
浦鄉警察分署長　警部	影山岩八
島根縣屬	上田治一郎
島根縣技手	岡金之助
松江稅務監督局稅務屬	原岩之助
隱岐島廳書記	竹中淸造
仝	松浦喜代松
仝	船田包二
島根縣立師範學校敎諭	雪吹敏光
島根縣農事試驗場技手	小林岩市
島根縣立中學校敎諭:	藤井芳夫
島根縣水産試驗場技手	面高慶之助
八束郡秋鹿村尋常高等小學校長	奧原福市
松陽新報記者:	吉田行精
水産業	高橋重太朗
八束郡水産組合理事	田中金太朗
仝	佐藤久次朗
藥劑師	酒井淸太朗
學生	香川敏德
寫眞師	大野政助
材木商	和泉豊吉

竹島漁獵合資會社員	^{나카 이 요우자부로우} 中井養三朗
仝	^{카 토우시게쿠라} 加藤重藏
仝	^{이 구치류우 타} 井口龍太
水産業	^{나가미 히로이치} 永海寬市
仝	^{나카하타카네시게} 中畑兼繁
水産業水先案內	^{우와 노 와카 지 로우} 宇野若次朗
水産業	^{야 와타 겐 지} 八幡源次
仝	^{노 쓰토미 타} 野津富太
仝	^{사사 이 테이 타 로우} 笹井貞太朗
仝	^{우 노 토키 와} 宇野常盤
仝	^{니시무라 키 요} 西村キヨ
漁夫	^{야마 모토카쿠 노 스케} 山本覺之助
雜役	^{타케 다 토쿠 타 로우} 武田德太朗

계 45인

寒潮餘韻(詩歌)

(竹島 視察員의 詩歌를 모은 것)[주7]

黍明, 境港を解纜す　　　　　　　　　　　　碧雲

여명에 사카이 미나토의 닻줄을 풀다.

燈臺のともし火ややにうすれゆきて浪よりあくる黎明の空。

등대 불빛이 조금 희미해지고 파도부터 밝아지는 새벽하늘.

同

朝靄のはれゆくなべに二つ三つ散るや木の葉の海人のつり舟。

아침안개 개어 가며 두셋씩 흩어지는 나뭇잎은 어부의 낚싯배

海上, 元弘の昔を忍びて[주8]　　　　　　　　風流學士

해상에서, 겐코우의 옛날을 그리며

天が下道しなければ暫しとて八重の汐路を辿りましけん。

천하의 길이 막혀 잠시라며 멀고먼 간만의 저녁 길을 헤맸을까.

同

あら磯にちる白浪を花と見て郡の春やしのびましけん。

거친 해변에 지는 하얀 물결을 꽃으로 보고 고향의 봄을 생각했도다.

碧雲

遷幸の昔おもへばおきの島浪のしぶきに袖ぬれずやは。

환행의 옛날을 생각하면 오키 섬의 파도 방울이 소매를 적시지 않고 있겠는가.

　　　八田分場にいたる途上にて　　　　　　　同

　　　핫타분장에 가는 길에서

春寒し田の畔(くろ)つたひ若菜つむ八田(はった)小女が謠のやさしき。
봄의 싸늘한 밭두렁을 따라 나물 캐는 핫타 소녀들의 노래가 부드럽다.

　　　　　　　　　　　　　　　　　　　　　　同

風寒しおきつ島根は春ながら鹿の子(か)まだらの大滿寺山。
바람이 찬 오키의 시마네는 봄이라면서 사슴의 얼룩처럼 잔설로 얼룩진 다이만지

　　　某望樓長に　　　　　　　　　　風流學士

　　　어느 망루장에게

大君の御威稜(みいつ)いたらぬ隈(くま)もなし八重の汐路の限なければ。
대군의 위엄이 미치지 않는 곳이 없는 여러겹의 조수를 따라가는 길이 아득하다.

西鄕を發して竹島に向ふ　　　　　　　　　　碧雲

사이고우를 떠나 죽도로 향한다.

夕映の名殘の雲の紫やひとすぢうすき島前のやま。

저녁놀의 아쉬움이 남은 보라의 구름 한결 흐릿한 도우젠의 산

竹島にて　　　　　　　　　　　　　　　風流學士

죽도에서

竹島は名のみなりけり來て見れば神代なが岩のみにして。

죽도는 이름뿐이었다. 와서 보니 신화시대부터 바위그대로이다.

　　　　　　　　　　　　　　　　　　同

波の色も巖の色も見えぬまで海驢むれ居る新竹の島。
파도색도 바위색도 보이지 않게 강치가 떼 지어 있는 새로운 대의 섬.

　　　　　　　　　　　　　　　　　　碧雲

北の海や大高汐の高なりに萬古動ぜぬ岩根たけしま。

북해 조수의 물말이 높은데, 만고에 움직이지 않는 바위뿌리 섬 죽도로다.

　　　　　　　　　　　　　　　　　　同

白浪の寄せて碎くる岩かどに眠りむさぼる海驢のひとむれ。

흰 파도가 밀려 깨지는 바위 한편에서 단잠을 자는 강치 한 무리.

大海戰の當時をおもひやりて　　　　　　　風流學士

대해전 당시를 생각하며

今もなほ勝鬨あぐる心地して浪音たかし竹島のおき。

지금도 승리의 함성을 지르는 마음으로 파도소리 높은 죽도의 먼
바다.

船中作　　　　　　　　渡邊春披

선중작

瀛船蹴浪向天涯、殘照依微欲沒時、四顧茫々無一物。檣頭新月小
於眉。

기선이 파도를 차고 하늘 끝으로 향한다. 남은 빛이 지는 것을 아
쉬워한다. 사방을 둘러보아도 아무것도 없다. 돛대 위에 달이 눈썹
처럼 떠 있다.

次韻　　　　士商議所長 金光鎬

차운

爲國忘身到此涯、英雄正是智謀時、掃平海外淸如許、置泊君臣可
展眉。

나라를 위해 몸을 돌보지 않고 이 바다 끝에 왔노니, 지금이 영웅

의 지혜와 계략을 펼칠 때라, 외국을 소탕평정하여 깨끗하게 한다.

이곳에 배를 정박하면 군신이 기뻐할 수 있으리

呈神西 事務官   同

海道茫々兩々晴、濊船南到報昇平、從是兩國情還密、一色桃花滿春城。

바닷길이 아득히 멀고 맑다. 기선이 남쪽에 이르러 천하가 태평함을 알린다. 이때부터 두 나라 정이 더욱 돈독해지고 한 종류의 도화가 봄 성터에 만발하네.

郡守 心興澤

憐君報國一心丹、此地相逢意更歡、欲挽難留情万緒、爲言滄海去平安。

그대의 보국하는 일편단심 어여쁘네. 이곳에서 서로 만나니 마음이 더욱 기쁘고, 붙잡아 두고 싶어도 머물 수 없으니 시름이 느네, 그대에게 말하노니 대해를 편안히 건너가시게.

鬱陵島を辭せんとする時   風流學士

울릉도를 떠나려 할 때

白檀のしげきいはねに春の月おぼろにかをる道洞の村。

백단이 우거진 바위뿌리에 봄의 달빛이 아련하게 풍기는 도동마을.

東島司の航海安全を燒火寺に祈願されしをききて　　　同

아즈마 도사가 항해안전을 다쿠히사에 기원하는 것을 듣고

國の爲渡る船路の安かれとたく火の神にただ祈るかな。

나라를 위해 건너는 항로가 편하라고 다쿠히 신에게 그저 비는구나.

海上靜穩なりければ　　　　　　　　　　　　同

해상이 가라앉게 되어

守りけんたく火の神のみ心のままに和ぎぬる今日の海かな。

지켜 주었도다. 다쿠히 신만이 뜻대로 진정시킬 수 있는 오늘의 바
다다.

手錢樓慰勞會の席上、東島司に　　　　　同

수전루 위로회 석상에서 아즈마 도사에게

隱岐の島またも來て見ん島といへど都恥ぢらふ花の咲島。

오키 섬, 다시 와 보려는 섬이라 해도 화려함을 부끄러워하는 꽃
피는 섬이다.

西鄕の花をよめる　　　　　　　　　　　神酉逸山

사이고의 꽃을 노래하다.

立ち寄りてわざと濡れたし花の雨。

다가가서 일부러 젖어 보는 꽃비

　　　海上安穩なりければ　　　　　　　　同

　　　해상이 안온해졌기 때문에

すやすやと四海枕やはるの風。

편안하게 사해를 베개로 하는 봄바람

　　　某氏の竹島行をおくりて　　　　　　香雨

　　　아무개 씨의 죽도행을 보내고

春寒き海へやさしの君やりて船幸祈る子ありとおぼせ。

찬 봄 바다에 부드러운 임을 보내고 배의 행운을 비는 자가 있다는
것을 아세요.

海驢の子の夢驚かすたはむれにたまたま君が詩興助けん。　　同

어린 강치의 꿈을 깨우는 놀이가 우연히 당신의 시흥을 돕는구나.

(大尾)

주

부록

주1 시카이미나토

주2 울릉도방문

주3 일본경찰관 및 일상조합

주4 죽도선물

주5 심흥택의 대응

주6 친일파

주7 시가의 구성

주8 元弘 (겐코우)

[주1] 시카이미나토(境港)

톳토리현 서북부의 항구도시. 동은 美保湾, 서는 中海에 접하고, 북부의 시마네반도와는 境水道로 접한다. 시역은 弓ヶ浜(夜見ヶ浜)의 북반부를 점한다. 1954年에 境, 外江 2정과 渡, 上道, 余子, 中浜 4촌을 합병하여 사카이 미나토초우가 되었다. 1981년에 시제를 시행했다.

시카이미나토는 시마네반도에 의해 북서계절풍을 피할 수 있어, 고래로 전마선이 필요 없는 양항이었다. 後鳥羽 상황이 오키로 배류할 때 기항했다는 전승이 있다. 근세에 톳토리번의 船手改所나 번소, 廻米役所 등이 있었다. 제2차세계대전과 전중기에는 대중국·조선 무역항으로 이용되었다. 1897년 9월 12일에 울릉도 도감 배계주가 울릉도에서 남벌하는 일본인들을 고소하기 위해 찾아간 곳이 사카이미나토였다.

『독도와 죽도』는 사카이미나토와 울릉도와의 관계를 다음과 같이 언급했다. 사카이미나토의 1898년(明治 31년)과 1899년의 외국무역은 쌀과 술 그리고 면직물이 주요한 수출품으로 되어 있고, 수입은 콩류, 목재, 멸치 등이다. 그것은 분명히 울릉도의 일본인을 대상으로 하는 수출품으로 사카이미나토 무역의 90%가 울릉도와 관계된다는 것이다.

러시아가 재목특허권을 얻은 1899년 11월 말을 기한으로 울릉도에서 일본인이 퇴거한다는 말이 전해지자 사카이미나토에는 "그렇게 되면 사카이미나토의 무역액이 크게 감소된다며, 세관지서장은 우려하고 있다"는 사태에 이른다. 1896년에 외국무역항으로 지정을 받은 사카이미나토로서는 한국령인 울릉도의 무역액은 수출입의 9할을 차지하고 있었기 때문에, 동도에서 일본인이 퇴거하게 되면 치명적인 충격을 받는다는 것을 의미한다. 산음의 양현 특히 雲伯隱(운 하쿠 인)의 세 지방 사람들의 경우, 지리적인 위치에서 말해도 근접하고 있기 때문에, 울릉도는 '이주발상지로서 해외무역의 단서를 여는 것'이었다(『독도와 죽도』 p.204).

현재에도 일본이 독도와 이견을 보이거나 의사를 피력할 필요가 있는 경우, 일본의 극우단체들이 독도에 대한 실력행사를 펼칠 때는 이 사카이미나토을 발진기지로 한다. 강원도 삼척을 왕복하는 정기선이 있으나, 이것을 대신하여 군함이 발진하는 일이 있어서는 안 될 것이다.

[주2] 울릉도방문

오쿠하라 헤키운은 일행이 울릉도에 들리게 된 것을

각 방면의 조사를 완료했으므로 일동은 귀선하여, 죽도를 일주하며 각 방면에서 촬영했다. 해파가 점점 높아지고, 날씨가 약간 불온해지는 징조가 있어, 일단 울릉도에 피난하기로 했다. 때는 오후 2시 30분이다.

리고 표현하여, 죽도시찰이 주목적이었으므로, 목적을 수행하고 돌아가려다 일기가 불순하여 울릉도로 피난한 것처럼 말했다. 그러나 기록에 의하면 죽도나 울릉도에서의 일행의 행적에는 관광 이상의 내용은 없어, 시찰을 빙자하여 죽도편입사실을 통고하는 것에 그 목적이 있었던 것으로 보아야 한다.

1906년 3월 27일 아침에 죽도에 도착하여, 해상이 평온하여 단선(端船)으로 상륙하여 강치를 사냥하거나 8인이 죽도정상에 올라, 일러전쟁을 승리로 이끈 토우고우(東鄕)을 회고한 것이 일정의 전부였다. 일행은 배를 타고 죽도를 일주하며 촬영할 정도로 여유를 즐기고 있었다. 그런 일정이 끝나자 갑자기 일기가 악화될 징조가 있어 울릉도로 피난하기로 정했다는 것이다. 관광 중심의 일정을 여유롭게 마치고 나서 일기가 나빠서 오키 귀항을 포기하고 울릉도로 피난할 것을 정했다는 것은 자연스럽지 못한 설명이다.

설사 그런 징조가 있었다 해도 울릉도에 갈 목적이 없었다면 92㎞의 울릉도보다 멀기는 하나 160㎞의 오키로 돌아갔어야 했다. 그러나 일행은 동일 14시 30분에 죽도를 출발하여 21시에 울릉도에 도착했다. 도착한 울릉도에 '파도가 점점 거칠어져', '몇 명은 밤파도를 무릅쓰고 도동에 상륙하고'라는 기록이 있는 것으로 보아, 오키로 돌아갈 수 없는 기상은 아니었다는 것을 알 수 있다. 또 다음 날에 일행이 '각 방면으로 갈라져 조사에 종사하'는 팀과 '진자이 부장 이하 십수 명은 통역을 거느리고 군수를 방문'하는 팀으로 갈라졌다는 것으로도 알 수 있다. 그 도해의 의미는 다음처럼 이야기되기도 한다.

대한제국의 외교부는 1906년 1월 17일로 완전히 폐지되었고, 1906년 2월 1일에는 서울에 통감부가 설치되어 업무를 개시했다. 이제 한국은 국제적 항의나 외교의 권리, 담당기관과 기능을 완전히 박탈당하고 내정까지 일제 통감부의 지휘감독을 받게 된 것이다.

일본 정부는 이와 같이 대한제국 정부가 항의를 할 수 없도록 외교권을 박탈하고 완전한 지배체제를 만든 후에야 '시간표'에 맞추어 1906년 3월 28일에 한국 측에 일본이 독도를 침탈한 사실을 알렸던 것이다.

여기서 주목할 것은 독도침탈 사실을 알린 방식이다. 일본 정부는 1906년 3월 말, 아직 명목상의 권한이 엄연히 살아 있음에도 대한제국 중앙정부에 통고하지 않고, 시마네현 오키도사(島司)와 사무관이라는 말단 지방관리를 보내 지나가는 길에 들르는 양식으로 울도 군수에게 말

로써 알린 것이다. 이것은 일본 정부가 독도침탈이라는 영토침탈의 중대
한 사실을 가능한 한 대수롭지 않은 사소한 사건으로 다루고 또 한국 정
부의 현지 지방관이 항의하는 경우에도 일제 통감부가 이를 내부 수준
에서 사소한 일로 처리하도록 하여 처음부터 대한제국의 중앙정부나 내
각회의에서 거론하지 못하게 하기 위한 의도였다고 해석된다(『독도, 보
배로운 한국영토』, p.165).

조선은 강화도 조약을 맺으며 '조선'에 '대'를 관하여 '대조선'으로
칭할 것을 끈기 있게 주장하여 관철시켰다 하나 명실이 상부되지 못
한 거대한 호칭은 공허할 뿐이다. 1897년 10월 12일부터 사용했다는
'대한제국(大韓帝國)' 역시 그렇다. 국명에 '대'와 '제'를 넣었다 해서
'대일본제국(大日本帝國)'처럼 인국의 권리를 억압하고 영토를 침탈
할 수 있는 능력까지 획득한 것은 아니었다. 국명은 거대했으나 제국
다운 면모를 보인 일 없이, 일방적으로 일본에 농락당하다 결국은 식
민지가 되고 말았지 않았는가.

[주3] 일본경찰관 및 일상조합

일행이 울릉도 도동에 도착하자 '주재하는 일본경관 및 일상조합
원'들이 환영했다. 조선령 울릉도에는 1902년부터 이미 일본경찰이
주재하고 있었다. 조선에 당당히 주재하는 일본경찰, 그들이 누구를
위해 무엇을 하고 있었는가는 생각해 보아야 할 문제다. 일본의 경찰
이 조선에 주재하는 상황에서는, 침탈을 목적으로 하는 외국군대와
경찰이 일본에 주재하게 되는 상황도 가상해 보아야 한다.

일본은 전후에 미군이 주둔했던 사실을 쓰라린 기억으로 들기도
하는데 그것은 차원이 다른 이야기다. 수만 명의 외국군대가 침탈을
목적으로 오키나와부터 북해도까지 휩쓸고 지나가며, 중요한 문화재

를 약탈하고 인명을 살상하는 상황을 상상해 보면, 상상만으로도 끔
직한 일이다. 상상도 해서는 안 될 일이다. 그러나 일본은 그런 일을
자행했었다. 그리고 악어처럼 눈물을 흘리는 흉내는 가끔가다 내지만
반성은 하지 않는 것 같다.

1900년 6월 한국 정부는 일본의 부산 영사보를 데리고 울릉도 현지
조사를 하여, 다시 조약에 입각하여 일본인의 퇴거를 요구한다. 이에
대해서 일본 정부는 일본인의 울릉도 체재가 조약의 규정 외라는 것
은 인정하면서도, 일본 정부로서 퇴거시키지 않으면 안 된다는 의무
는 없다고 반론한다. 그것만이 아니다. 수십 년 동안에 걸친 일본인의
재류를 묵인해 온 한국 정부에도 책임이 있다며, 기성사실 위에서 일
본인의 거주를 인정하라고, 거꾸로 요구했던 것이다. 게다가 다음 해
12월에는 일본인에 의한 분쟁 빈발을 빌미로 해서 재류 일본인을 단
속하기 위해 일본인 경관을 울릉도에 주재시킬 것을 제안하여, 1902
년 3월에는 부산 영사관의 경부와 순사 4명을 상주시키기로 했다. 당
시의 울릉도 재류 일본인의 상황을 『산인(山陰)신문』(명치 35년 1월
30일, 6월 22일)은 다음처럼 보도했다.

> 이 무렵 그곳에서 귀촌한 자가 여럿이 있다. 그 섬은 무정부 상태로, 이
> 웃마을의 한 사람은 우리나라 사람에게 살해되어 나뭇가지에 매달려 있
> 다 한다. 원래 울릉도에 온 본국인은 모두 표류인의 집합체로 간주해야
> 할 사람으로, 그 야비함은 말할 수 없고, 거의 약육강식적 행위가 많아,
> 우리 경찰서가 사무를 개시한 이래 송사가 아주 많다(『독도와 죽도』,
> p.201).

[주4] 죽도선물

울릉도를 방문하는 일행에 참여했던 『산인신문』의 기자는 1906(明

治 39)년 4월 1일자의 소속지에「죽도선물(竹島土産)」이라는 다음 내
용의 기사를 발표했다.

> (전략) 오후 8시경 울릉도의 저동에 도착, 일부는 바로 상륙하였지만, 도
> 동부터는 일본 경관 및 우편국장 인민 등이 배 2척을 대고 환영했다. 그
> 래서 동 도의 우편국장 카타오카 아무개 씨의 집에 숙박을 청하고, 일부
> 는 기선에 머물며 새벽녘을 기다렸다 상륙하여, 일동은 군수를 방문하
> 여, 본국인 순사부장의 통역으로 섬의 정황을 묻고 (중략) 진자이 부장
> 은, 나는 대일본제국 시마네현의 권업(勸業)에 종사하는 역원이고, 귀도
> 와 나의 관할에 관련되는 죽도는 근접해 있다. 또 귀도에 우리 방인으로
> 체류하는 자가 많아, 만사에 있어 간정을 바란다. 또 귀도를 시찰할 예정
> 이었으면 무엇인가 진징힐 민힌 깃을 준비했을 텐데, 이번에는 피난 때
> 문에 우연히 섬에 이르렀기에, 아무것도 증정할 것이 없으나, 다행히 여
> 기에 죽도에서 강치를 잡았으므로 증정하려고 하니, 수납해 주면 큰 다
> 행이라 했다. 군수가 답하여 말하기를, 그렇게 체류하는 귀국인에 대해
> 서는, 내가 충분히 보호할 것이다. 또 강치의 증정을 받고, 만약 강치가
> 맛이 있다면 다시 증여를 바란다. 운운

　일행을 대표하는 진자이가 자기를 '대일본제국시마네현'의 권업에
종사한다고 소개하며, 울릉도를 "귀도와 나의 관할에 관련되는 죽도
는 근접해 있다"라고 죽도/울릉도가 자기의 관할이라는 사실을 밝혔
다. 일행이 군수를 만나서 수행한 일은 일본 순사부장을 통역으로 하
여 일행의 대표가 시마네현의 관리는 사실을 밝힌 이상, 그 방문은
공적 일정이 되어, 피난하여 우연히 들렀다고 첨부하는 말은 큰 의미
를 가지지 못한다. 또 죽도에서 포획한 강치를 증정하는 것은, 강치를
잡는 것으로 죽도에서의 권리를 행사한 사실을 통고하는 일로, 군수
가 강치를 증정 받는 것은 그 권리행사를 인정한 것이 될 수도 있다.
진자이는 그것을 노렸던 것이다. 그런 확실한 목적이 있어 쌍으로 불

리는 울릉도/죽도와 독도/송도를 분류하여, 귀하의 귀도(울릉도)와 나의 관할에 관련되는 죽도라는 형식으로 대응시켜, 죽도를 조선령에서 일탈시키려 했다. 우연을 가장한 고도의 계산이었다.

[주5] 심흥택의 대응

일본 순사부장의 통역을 매개로 해서 시찰단 일행을 접견했던 울도 군수 심흥택은 일행이 주는 강치를 받고 '강치가 맛있으면 다시 증여를 바란다'라고 말했다 하는데, 그것이 사실이라면 부끄러운 일이고 위험한 일이다. 증여를 다시 바란다는 것은 진자이와 같은 일본 관리의 죽도에서의 영유권의 행사를 바란다는 것으로도 해석할 수 있기 때문이다.

그런데 오쿠하라 헤키운이 부록으로 설정한 「한조여운(寒潮餘韻)」에는 심흥택의 다음 시가 포함되어 있다.

憐君報國一心丹、此地相逢意更歡、欲挽難留情万緒、爲言滄海去平安。
그대의 보국하는 일편단심 어여쁘네. 이곳에서 서로 만나니 마음이 더욱 기쁘고, 붙잡아 두고 싶어도 머물 수 없으니 시름이 느네, 그대에게 말하노니 대해를 편안히 건너가시게.

진자이 일행이 바다를 건너 울릉도까지 들른 것을 공무의 일환으로 보고 그 노고를 치하하고, 상봉의 기쁨과 이별의 아쉬움 그리고 편안한 장도를 기원하는 내용으로, 군수의 입장으로서는 읊지 말았어야 하는 내용이다. 그것이 죽도편입의 정통성을 확보하려는 일본인들의 기도에 빠지는 일로, 결국 한조여운에 포함되는 것으로 일본의 목적을 달성시켜 주었다.

그보다 더한 것은 정체가 확실하지 않은 사상의소장(士商議所長) 김광호(金光鎬)였다. 그는 「次韻」과 「呈神西事務官」이라는 제목으로

爲国忘身到此涯、英雄正是智謀時、掃平海外淸如許、置泊君臣可展眉。
나라를 위해 몸을 돌보지 않고 이 바다 끝에 왔노니, 지금이 영웅의 지혜와 계략을 펼칠 때라, 외국을 소탕평정하여 깨끗하게 한다. 이곳에 배를 정박하면 군신이 기뻐할 수 있으리

海道茫々両々晴、汽船南到報昇平、從是両國情還密、一色桃花滿春城。
바닷길이 아득히 멀고 맑다. 기선이 남쪽에 이르러 천하가 태평함을 알린다. 이때부터 두 나라 정이 더욱 돈독해지고 한 종류의 도화가 봄 성터에 만발하네.

라고 노골적으로 진자이를 찬양하고 있다. 진자이의 찬양은 일본 찬양으로 결과적으로는 일본의 침략행위를 찬양하는 것이 된다. 영웅의 지혜와 계략을 펼치라는 격려도 아끼지 않았다. 이미 일본인이 되기로 작심하고 그 결심을 행동으로 실천하고 있었다. 그런 자이기에 '사상의소장'으로 활동하고 있었을 것이다. 민족이 고통에 신음하는 시대를 태평하다고 찬양하며 두 나라의 화목을 기원하였으나, 그 화목은 일본의 질서에 굴종하는 것으로 이루어지는 화목이고, 일본의 의사에 충실하는 친일행위를 통하여 이루어지는 화목일 것이다.

그러나 어찌 되었건 심흥택은 일본인들이 돌아간 다음 날 3월 29(음 3월 5)일에, 일본의 관원한테 '본군 소속의 독도'가 일본 영토로 편입된 취지를 들은 것을 강원도청에 다음과 같이 보고하고, 그에 상

응하여 대처할 것을 요망했다.

本郡所屬獨島가 在於本部外洋百余里許이옵더니 本月初四日辰時量에 輪
船一隻이 來泊于島內道洞浦而 日本官人一行이 到于官舍하야 自云獨島
가 令爲日本領地故로 視察次來島였다이온바 其一行則日本島根縣隱岐島
司東文輔及 事務官神西由太郎 稅務監督局長吉田平吾 分署長警部影山岩
八郎 巡査一人 會議員一人 醫師技士各一人 其外隨行員十余人이 先問戶
摠人口土地多少하고 次問人員及經費幾許 諸般事務를 以調査樣으로 錄
去이압기 玆以報告하오니 照亮하심을 伏望.
光武 十年丙午 陰三月 五日
(愼鏞廈, 『獨島領有權資料의 探究』, 제2권, p.172.)

울도 군수의 보고를 받은 강원도청에서는 4월 29일에 강원도 관찰
사서리 춘천 군수 이명래(李明來)가, 의정부 참정대신 앞으로 '심흥택
보고서'라고 해서 동문을 그대로 보냈다. 심흥택이 강원도에 보고한
것은 음력 3월 5(양력 3월 29)일이었기 때문에, 울릉도에서 본토로 가
는 배편의 사정으로 한 달 가까이를 요했을 것이다. 중앙의 의정부에
서는 강원도청의 보고서를 5월 7일부로 수리하고, 참정대신 박제순
(朴齊純)은 5월 20일부의 지령 제3호로 독도가 일본령이 되었다는 것
은 전혀 근거가 없는 일이라며, 독도의 상황과 일본인의 행동에 대해
조사하여 다시 보고할 것을 지시했다(『獨島와 竹島』).

[주5] 친일파

일행이 울릉도를 떠날 때 요시오(吉尾) 씨 집에 산다는 16세의 김
계동이 이별을 아쉬워하며 본선까지 와서 기자의 수첩에 재회를 원
하는 의사를 표했다 한다. 일행이 3월 27일 14시 30분에 독도를 떠나
동일 21시에 울릉도에 도착하여, 저동과 도동에서 1박을 하고 28일

아침에 도동에 입항하여 10시경에 군수를 방문하였다. 방문을 마친 일행의 일부는 섬에 남아 조사하고 일부는 13시경에 승선하여 섬을 일주하고 석양에 귀도에 올랐다. 3월의 일몰이 몇 시인가는 확정할 수 없으나 18시경으로 보면, 일행이 울릉도에 머문 것은 8시간 정도였다.

그 사이에 16세 소년 김계동이 어떤 이유와 방법으로 일행과 친해져 본선까지 와서 이별을 슬퍼하는 것인지 알 수가 없다. 만일 기자가 일주팀에 참가했다면 함께할 수 있는 시간은 많아야 3시간 정도였다. 처음부터 동행했다 해도 그렇게 긴 시간은 아니었다.

김계동의 의사소통방법은 조선어일 까닭이 없어 그가 일본어능력을 어떻게 터득했을까도 문제이다. 그가 기자의 수첩에 한문으로 기록한 것을 보면, 그렇게 능통한 일본어는 아니었을 수도 있다. 그가 요시오씨 소동이었고 필담이 가능하다는 것으로 보아 재능은 있었던 것 같다. 그런 소년이 어떻게 대응했기에 이별을 아쉬워하는 그를 오쿠하라가 '총명하고 사랑스럽다'라고 말한 것일까.

그렇게 평가되는 것은 그가 일행들이 기뻐하는 언행을 취하고 있었다고 볼 수 있다. 확실한 내용은 알 수 없으나, 일행이 죽도탈취의 정통성을 확인하려는 목적으로 울릉도를 방문한 이상, 목적에 합당한 여론을 수렴했기 마련이고, 의사소통이 가능한 조선인을 만나면 직접적인 질문도 했기 마련이므로, 김계동이 총명하고 사랑스럽다고 평가받을 수 있었던 것은, 그가 일행이 만족할 만한 언행을 취했을 가능성을 시사한다.

[주7] 시가의 구성

오쿠하라 헤키운은 한조여운이 죽도를 시찰한 사람들의 시가를 모아 편집한 것이라고 모두에서 밝히고 있으나 실제는 그렇지 않을 가능성이 농후하다. 시가 26수의 내용을 살펴보면 오쿠하라의 시가가 8수, 풍류학사의 시가가 10수, 진자이 잇산의 시가가 2수, 코우우(香雨)의 시가 2수, 와타나베 하루히라(渡邊春披)의 시가 1수 그리고 조선인으로 생각되는 김광호의 2수와 심흥택의 1수로 구성되어 있다.

그런데 오쿠하라가 기록한 일행 45인의 명단과 일치하는 것은 오쿠하라 하나뿐이고, 풍류학사, 와타나베 하루히라, 진자이 잇산, 코우우 등은 일행의 명단에 서 확인할 수 없다. 물론 시가의 소개이므로 별명을 사용했을 수도 있다. 그렇다면 일행들이 알 수 있는 설명이 필요했다. 시가를 발표하는 것이 비밀일 수도 없고, 일부러 익명을 취할 필요가 없는 이상, 어딘가에 실명을 알 수 있는 설명이 있어야 한다. 창작활동에 적극적이었던 오쿠하라 헤키운이었으므로 그의 작품 세계에 들어가면 이 이름들을 확인할 수 있을지도 모르나, 적어도 본서에서는 확인 불가능하다.

그러나 오쿠하라 스스로가 '죽도시찰원의 시가를 모은 것'이라고 설명했음에도 26수에는 시찰원에 포함되지 않는 두 조선인(군수와 사상의소장)의 시가 3수가 포함되었다. 이는 시찰원의 노래가 아닌 것도 포함되었다는 것으로, 일행의 명단에서 확인할 수 없는 사람들은 일행이 아니었을 수도 있다는 것을 의미한다. 아니면 오쿠하라 자신의 작품을 다른 사람의 작품인 것처럼 가장했을 수도 있다. 그것이 사실이라면 오쿠하라는 울릉도 방문을 통해 자신의 사고, 일본 천황의 세계를 찬양하는 것으로 그것의 영원무궁함을 기원하려는 사고를 한조여운을 통해 표현한 것으로 보아야 한다.

그가 원하는 세계는 조선이 일본의 식민지가 되어, 천황이 통치하는 세계가 실현되는 것을 확인하는 것이었다. 말하자면 그는 철저한 제국주의자이며 침략을 찬양하는 곡세아부의 가인이었다. 그것은 시찰단과 관계없는 세 사람의 한시를 한조여운에 포함시킨 사실, 또 그 시가의 내용이 오쿠하라의 사고와 같다는 것으로 입증된다.

선중에서 작시했다는 와타나베 하루히라의 한시가

기선이 파도를 차고 하늘 끝으로 향한다. 남은 빛이 지는 것을 아쉬워한다. 사방을 둘러보아도 아무것도 없다. 돛대 위에 달이 눈썹처럼 떠 있다

라고 항로의 정경을 내용으로 한다. 그러나 이것은 거침없이 진행하는 침략전쟁의 칭송으로, 일러전쟁에서 승리한 거침없는 일본의 기세를 찬양한 것으로 받아들일 수 있는 내용이다.

그러자 사상의소장 김광호가 그 노래를 받아(次韻)

나라를 위해 몸을 돌보지 않고 이 바다 끝에 왔노니, 지금이 영웅의 지혜와 계략을 펼칠 때라, 외국을 소탕평정하여 깨끗하게 한다. 이곳에 배를 정박하면 군신이 기뻐할 수 있으리

라고 일행의 방문을 국가를 위한 영웅들이 펼치는 지략의 일환이라고 칭송하고, 외국을 정벌하고 정박한 사실을 기뻐하고 있었다. 조선침략을 적극적으로 환영하고 기원하는 내용으로 보아야 한다. 그러나 김광호가 와타나베 하루히라의 노래를 받아 작시했다는 것은, 둘이 동선했다는 것이 되는데, 현실적으로 불가능했던 일이므로, 이 시

가 현장에서 만들어진것이 아니라 후에 필요에 의해서 만들어졌다는
것이 된다. 아울러 김광호의 작품인지도 확인할 수 없다.

김광호는 이어서 일행의 인솔책임자 진자이사무관에게 바친다며

> 바닷길이 아득히 멀고 맑다. 기선이 남쪽에 이르러 천하가 태평함을 알
> 린다. 이때부터 두 나라 정이 더욱 돈독해지고 한 종류의 도화가 봄 성
> 터에 만발하네

라고 일행의 방문으로 태평하고 양국의 화평이 이루어져 번성할
것이라며 환영하고 있다. 일본의 서진, 곧 침략이 태평을 이루고, 그
것을 바탕으로 해서 양국의 발전이 약속된다는 내용으로, 침략의 정
통성을 구하는 일행에게는 더없이 마음에 드는 환영사였다. 국운이
기우는 대한제국은 이런 형상을 보이며 서서히 몰락해 가고 있었던
것이다.

울릉 군수의 임을 맡고 있었던 심흥택은 일본 순사부장을 통역으
로 하는 일행 10여 인을 맞이하여

> 그대의 보국하는 일편단심 어여쁘네. 이곳에서 서로 만나니 마음이
> 더욱 기쁘고, 붙잡아 두고 싶어도 머물 수 없으니 시름이 느네, 그
> 대에게 말하노니 대해를 편안히 건너가시게

라고 읊어 환영하고 곧 헤어질 것을 애석해하며 무사귀환을 빌었
다. 그가 일본인들이 방문한 목적을 알지 못하고, 시의 내용처럼 환영
했는지 어쩐지는 알 수 없으나, 다음 날에 서둘러 사실을 보고한 것
을 보면, 의례적인 인사였다고 볼 수도 있다. 그러나 당당하지 못하고
의연하지 못했다는 것은 사실이다. 오쿠하라가 「행정상으로는 요령

이 없었다」라고 평한 것을 보면 뚜렷한 국가관이나 민족관을 가지지
는 못했던 것 같다. 어쩌면 그는 순사부장까지 대동한 일행에게 겁을
먹고 떨고 있었는지도 모른다.

[주8] 元弘 ^{겐 코우}

　元德 3年 5월 5일에(1331년), 後醍醐天皇를 중심으로 한 도막(倒
幕)계획이 발각되어, 그것에 관계된 자들에 대한 鎌倉 막부의 엄한
추궁이 이루어졌다. 그 사이에 고다이고 천황은 '겐토쿠'를 '겐코우'
로 개원했으나, 막부는 이것을 인정하지 않고, '元德'을 계속해서 사
용했다. 그러면서 光嚴 천황을 새로운 천황으로 해서 즉위시켰다. 겐
코우 2녀/겐토쿠 4년에는 고다이고 천황을 오키에 귀양 보냈다. 겐코
우 3년/正慶 2(1333)년에 고다이고 천황은 오키를 탈출하여 막부를
멸망시켰다.

본서의 이해를 위한 논문

오쿠하라 헤키운의
『죽도와 울릉도』

권오엽

1. 서문-오크하라 헤키운의 죽도인식

일본은 교섭이 여의치 않자 1875년에는 군함을 보내 강화도를 점령하고 민가를 불태우더니, 1876년 8월 20일에 「修好條規附錄 및 通商章程」을 조인하고, 1882년에는 제물포조약을 맺어 상시주병권까지 확보했다. 1884년에는 갑신정변을 기화로 「한성조약」을, 1894년의 동학혁명을 빙자하여 발발시킨 청일전쟁에서 승리하자 1895년 4월에 「일청강화조약」을 통해 조선에서의 정치적, 군사적 우위를 확보하고, 1904년 2월 23일에는 기지를 마음대로 설치하고 내정을 간섭할 수 있는 「일한의정서」를 강제조인시켰다. 이런 상승세의 일본이 1905년 2월 22일에 송도나 리안쿠루토로 부르던 섬을 죽도로 개명하여, 조선 몰래 시마네현에 편입시켰다.

시마네현지사가 시찰한 다음 해인 1906년 3월에 시마네현 사무관 진자이 유타로우가 인솔하는 일행 45인이 죽도와 울릉도를 시찰했다. 울릉 군수 심흥택과 대좌한 자리에서 편입한 죽도에 들렀다 일기가 불순하여 피난하게 되었다며, 죽도에서 잡았다는 강치를 증정하고 석양에 돌아갔다. 3월 28일의 일로 죽도를 편입한 1년 1개월 후에야 외교적 절차도 없이 구두로 통고한 것이다. 일행에 참가했던 오쿠하라 헤카운이 5월 28일에 그 여정을 『죽도 및 울릉도』로 정리하여 1907년 5월에 발간했다.

그것은 죽도와 울릉도의 지리적 사실을 내용으로 하기 때문에, 이념이나 목적에 따른 왜곡이 존재하기 어렵다고 생각할 수 있으나, 저자의 사고에 따른 취사선택은 있을 수 있다. 곳곳에 삽입한 사실적 상황이나 역사적 내용에 그럴 가능성이 농후하여 간과해서는 안 된다.

죽도를 일본령으로 편입할 때 그것을 조선령으로 인식하고 있었다는 사실을 입증하는 자료로 인용되는 본서에는 저자가 대변하는 일본의 시대사상이 잘 나타나 있다. 일행이 죽도에 소나무를 식수한 일이나 그곳에서 잡은 강치를 울릉 군수에게 선물한 사실, 부록으로 詩歌를 수록한 것 등은 죽도가 천황세계에 편입되어 영원할 것이라는 사상을 확인하는 일이었으나 이것은 또 죽도가 새로 편입되었다는 사실의 확인으로 이전까지는 조선령이었다는 것을 의미한다.

저자의 제국주의 사상은 죽도에서 러시아 함대를 격파한 토우고우를 찬양하는 일, 조선인을 납치한 어민과 쇄국정책을 어기고 밀수하다 처형당한 어민을 칭송한 일, 일본인의 죽도도해를 금한 토쿠가와 쓰나요시(德川綱吉)을 비판한 일, 도해금지를 조선의 술책에 의한 결과로 판단한 일 등을 통해 나타난다. 그는 일본에 이익을 주었다고 판단하는 사람은 무조건 칭송했다.

벌목으로 황폐해진 울릉도에 '일본순사주재소', '우편수취소',(일상조합)이 존재하고, 이주한 일본인들이 조선의 규제를 받는 일 없이 생

활하고 있는 것을 소개하여, 이미 일본의 질서에 포함된 울릉도, 확장
된 천황세계로서의 울릉도와 죽도를 확인하는 의미를 가지는 순시,
즉 쿠니미(國見)의례를 거행한 일행과의 이별을 아쉬워하는 조선 소
년의 등장으로 천황의 천하는 완성되었다.

불과 몇 시간 교류했을 소년이 일본의 은덕에 감동하여 재회를 염
원했고, 저자는 그런 소년을 '총명하고 사랑스럽다'라고 평했다. 천황
이 주재하는 천하실현을 직접 경험한 여유였다. 일본세력이 밀려오는
시류를 그 소년은 입신의 기회로 판단했을 수도 있다. 조선관리의 가
렴주구에 대한 반발일 수도, 목적적인 일본에 대한 친근감일 수도 있
었다. 어쨌든 그 소년은 이후에도 친일행위를 통해 자신의 성장을 도
모하는 일에 적극적일 가능성이 짙다.

이상의 내용을 중시하며 본서를 살펴보면 저자가 의도한 것과 달
리 죽도의 본질이나 당대의 일본인들의 죽도에 대한 인식, 제국주의
실현에 거국일치였던 일본의 실상, 죽도와 울릉도의 지리적 사실, 조
선과 일본과의 불평등한 현실 등을 확인할 수 있을 것이다.

2. 『죽도 및 울릉도』의 구성

총 121페이지로 구성된 『죽도와 울릉도』는 5매의 사진과 5매의 지
도를 포함하여 울릉도와 죽도의 지지(地誌), 죽도와 울릉도 여행기,
일행이 지었다는 시가 등으로 구성되었다. 시마네현 사무관의 진자이
유우타로우의 '권두언'과 저자의 '범례'로 시작하여 죽도의 지리·기
후·생물·어업·어민생활의 상황·연혁 순으로 설명하고, 울릉도의

지리·기후·생물·생업·무역·교통·주민·교육·정치·토지·
본방이주민·연혁을 설명한 다음에 부록으로 죽도도항일정과 한조
여운을 싣고 있다. 그 구성은 다음과 같다.

(1) 神西由太郎의 '권두언'

죽도에서 러시아 함대를 격파한 사실의 회고, 죽도편입과 시마네
현지사의 시찰, 일행 40여 명의 죽도와 울릉도 방문, 본서 출판의 과
정 설명.

(2) 奧原碧雲의 '범례'

양도의 유래와 시찰의 개요, 출판 경위의 약술.

(3) 사진과 도면

「西鄕出帆」·「竹島視察員一行」·「竹島全景」·「鬱陵島郡衙門前」·「鬱
陵島東北海上」·「海圖」·「竹島見取平面圖」·「竹島實地踏査地質
圖」·「海驢生殖地及上陸地」·「鬱陵島見取圖」.

(4) 竹島

　지리·기후·생물·어업·어민생활의 상황·연혁으로 나눈 설명
으로, 지리는 위치·지세·면적·지질로, 생물은 동물·식물로, 어업
은 조류·해심·어초·어항·어획물의 종류·해려어렵의 기인·해
려보호방법안·포획·제조·해려의 성상·기타어렵으로, 어민생활
의 상황은 주민·음료수·생활상태로 세분하여 설명했다. 지지적 사
실을 통계적으로 설명하였으나 곳곳에 주관적인 설명이 있다.

　'생물의 식물'에는 진자이 사무관과 아즈마 도사 등이 송묘(松苗)
를 이식한 사실, '강치어업의 기인'에는 나카이 요우자부로우에 의한
해려어업과 영토편입의 경위가, '어민생활의 상황'에서는 무인도의
음료수와 어렵의 소옥, 해군망루 등을 약술하고, 연혁에서는 죽도와
일본의 관계를 길게 언급했다.

　'연혁'은『은주시청합기』·『원기고기집(遠記古記集)』을 근거로 신
죽도와 죽도의 구별, 송도와 죽도의 관계 규명,『수로지』가 전하는 신
죽도와 리안코－루의 관계정리,『호우키시(伯耆志)』가 전하는 죽도도
해면허와 도해금제서를 소개하며 토쿠가와 막부를 비난하는 내용, 조
선의 외교정략을 중상하는 내용, 밀수업자 에쓰야 하치에몬(會津屋八
右衛門)의 처벌을 애도하는 내용, 나카이 요우자부로우가 죽도대하원
을 제출한 유래 등을 언급하는 가운데 나카이 요우자부로우가 죽도
를 조선령으로 인식했다는 내용을 이야기했다.

(5) '울릉도'

지리·기후·생물·생업·무역·교통·주민·교육·정치·토지·본방이주민·연혁 등 12부분으로 분류하여, '지리'에서는 위치·지세·면적·지질을 언급하고, '기후'에서는 온도와 우설(雨雪), '생물'에서는 동물·식물을, '생업'에서는 농업·임업·어업의 현황을, '무역'에서는 상업기관·수출입품을, '교통'에서는 통신기관·해상교통·육상교통의 상황을, '주민'에서는 호수인구·인정풍속·주거·식물·위생을 언급하고, '교육'에서는 학교·도민의 교육 정도·종교를, '정치'에서는 군아·군수 및 향장·동임·도회·제도·조세·화폐 및 도량형을, '토지'에서는 토지소유권·토지사용권·토지가격을, '본방이주민'에서는 이주자·이주자의 부락(우편수취소, 일본 순사주재소)·생활의 정도·교육·일상조합·호수인구 및 직업 등을 언급했다. '연역'에서는 울릉도의 별명과 유래, 겐로쿠(元祿) 이후 일본 어부의 도해와 금지, 메이지(明詒)기 조선의 정책, 러시아와 일본의 벌채 등에 대해 언급했다.

지리적인 내용이 주를 이루고 있으나 임업에서는 숲이 남벌된 현상을, 본방 이주민에서는 일본인 마을이 형성되고 경찰까지 주재하며, 일본인의 상업단체까지 결성된 현황을 언급하여, 이미 특권화된 일본인의 실상을 확인할 수 있다. 곳곳에서 노정되는 저자의 선민의식은 조선인을 온순하다고 소개하며 근면 저축정신의 결여, 조선인의 도박과 음주, 불결한 주거환경을 기록한 것에서 여실히 드러난다. 문명과 문화를 개화 측면에서 평가한 것이다.

(6) 부록

부록1 죽도도항일지

1906년 3월 22일부터 30일까지의 진자이 유타로우을 비롯한 45인
이 죽도와 울릉도를 시찰하고 돌아온 내용을 순차적으로 기록했다.

3월 22일, 진자이 이하 10여 명이 기선 제3사카이마루를 타고 마쓰
　　　에 출발 12시 40분 사카이미나토착, 히키노(引野)여관박.
　　　도항준비. 일행의 동태, 익일 5시 출발이 5시 30분으로
　　　통지.

3월 23일, 5시 40분 제2오키마루(249톤) 사카이미나토출항, 풍경묘
　　　사, 11시 40분 오키사이고우만에 정박, 유지의 환영, 여
　　　관에 분숙, 산책.

3월 24일, 18시 출항예정, 타마와카스(玉若酢)신사 젠오산코후분지
　　　(禪尾山國分寺)의 관광. 1일 연기된 출항.

3월 25일, 14시에 출발연기의 전보, 죽도경영자 나카이 요우자부로
　　　우에게 감동받은 헤키운.

3월 26일, 하마다(浜田)촉후소의 전보, 17시 사이고우출항 예정, 출
　　　항의 축전, 18시 사이고우만 출발.

3월 27일, 해 뜰 무렵 죽도에 도착, 풍경과 강치군의 묘사, 서서에
　　　상륙, 강치 포획, 동서 정상에 오른 8인, 토우고우대장의
　　　회상, 소나무의 식수. 죽도일주, 울릉도 피난 결정(14시
　　　30분), 21시 울릉도 저동착. 풍경약술, 부장은 도동에 상
　　　륙하고 나머지는 선상박.

3월 28일, 저동의 일출 감상, 도동 입항, 9시 상륙, 일본경찰과 일상

조합원의 안내, 환영하는 일본인, 10시 진자이 부장의 군
수 심흥택 방문과 강치 증정, 사상의소 방문, 13시부터
울릉도 일주, 석양에 출항, 김계동의 필담, 20시 10분에
출항(순사부장, 우편국원 등이 견송).
3월 29일, 16시 사이고우착, 유지의 연회.
3월 30일, 10시 기념촬영, 진자이부장은 남고 일행은 16시 사이고
미나토착, 19시에 마쓰에착.

일행 45인의 명단

일행의 구성을 보면 현 소속의 사무관, 세무국장, 은기도사, 현의
원, 교육회장, 의사, 기수(5인), 현속(4인), 경부, 분서장, 세무속, 은기
도청서기(3인), 교장교유(3인), 기자, 수산업자(12인), 약사, 학생사진사.
재목상, 어렵회사원(3인), 잡부 등이 참가했다. 각계각층으로 구성된
일행은 시마네현이 계획한 결과로 보아야 한다. 유지들이 연회를 준비
하고 나카이 요우자부로우가 죽도유래를 설명한 것도 마찬가지다.

부록2 한조여운(시가)

죽도와 울릉도를 시찰하는 기간에 만든 것으로 보이는 가요와 한
시 26편으로, 시찰의 의미와 영토 편입의 정통성까지 확인하고 있다.
왕로에서 3수, 오키도에서 6수, 죽도에서 5수, 울릉도로 해상에서 1수,
울릉도에서 4수, 귀로에서 2수, 오키도에서 5수를 읊었다.
작가별로 보면 오쿠하라 헤기운의 8수, 풍류학사의 10수, 진자이의
2수, 코우우의 2수, 김광호의 2수, 와타나베 하루히라의 1수, 심흥택
의 1수였다. 그런데 일행에 포함된 사람은 오쿠하라 헤기운 하나뿐이

었다. 특히 조선인 김광호와 심흥택의 한시가 들어 있는 것은, 이 가군이 천황통치를 예축하는 목적으로 구상되었다는 것을 의미한다.

3. 시찰의 목적

1906년 3월 22일에 죽도와 울릉도 방문길을 떠나는 인솔 책임자 진자이 유타로우가

이 섬은 본방 영토에 편입하여 동시에 돗토리켄 소속으로 정해져, 더욱 명예롭고 기념할 만하다. 마쓰나가(松永)시마네현지사는 지난 여름에 먼저 이를 시찰하고, 이어 올봄에 우리들에게 명하여, 다시 이를 시찰 조사하게 하셨다.

라고 송도를 죽도로 개명하여 신영토로 편입한 것을 기념하여 시찰한 것임을 분명히 했다. 계획된 시찰이었다. 그럼에도 울릉도의 시찰은 [날씨가 약간 불온해지는 징조가 있어, 일단 울릉도에 피난하기로 했다]라며, 일기가 좋았으면 들르지 않았을 것처럼 말했다. 그러나 일행의 죽도에서의 행적을 보면 관광 이상의 것은 없다. 27일 아침에 상륙하여 강치를 잡거나 서서를 조사하고(내용의 기록은 없음) 동서로 옮겨 정상에 소나무를 식수하고, 러시아함을 격파한 토우고우 장군을 찬양한 것이 전부다. 해가 뜨는 7시경에 도착하여 14시 30분까지 7시간여를 머물렀다. 그동안에 접안하여 강치를 잡고 서도와 동도에 상륙한 다음에 섬을 일주했다.

죽도에서의 일정을 마친 일행은 "해파가 약간 높아, 천후가 약간 불온의 징조가 있어, 우선 울릉도로 피난하기로 했다"라고 일기 때문에 울릉도에 들른 것처럼 이야기했다. 그러나 울릉도에 도착해서 대부분의 일행이 선상에서 1박을 한 것으로 보아 죽도에 정박하거나 92km의 울릉도보다 멀기는 하나 160km의 오키로 귀항할 수도 있었을 것이다.

다음 날 일행은 '각 방면으로 갈라져 조사에 종사하'는 팀과 '진자이 부장 이하 십수 명은 통역을 거느리고 군수를 방문'하는 팀으로 나누어 행동했다. 군수 심흥택을 방문한 자리에서 진자이는 '방문한 유래를 말하고 죽도에서 포획한 강치 한 마리'를 증정했다. 유래의 내용은 알 수 없으나 다음 날 심흥택이 강원도에 보고하자, 관찰사 서리 이명래가 조정에 "일본관인 일행이 관사에 와서 스스로 독도가 이제 일본영지가 되었기때문에 시찰차 내도"했다라고 보고한 것으로 보아, 죽도편입을 통고하는 내용이 있었다는 것을 알 수 있다. 또 당시 동행한 기자가 작성한 기사에 "나는 대일본제국 시마네현의 권업에 종사하는 관리이고, 귀도와 나의 관할에 관련되는 죽도는 근접해 있다"라고 진자이가 심흥택에게 통고했다는 내용이 있다.[1] 이렇게 해서 일본은 조선 몰래 독도를 일본령에 편입시킨 사실을 통고하는 절차를 밟은 것이다. 그리고 우연을 가장했다. 이것은

> 이것은 일본 정부가 독도침탈이라는 영토침탈의 중대한 사실을 가능한 한 대수롭지 않은 사소한 사건으로 다루고 또 한국 정부의 현지 지방관이 항의하는 경우에도 일제 통감부가 이를 내부 수준에서 사소한 일로

---

1) 余は大日本帝国島根県の勧業に従事する役人なり。貴島と我が管轄に係る竹島は近接せり(『山陰新聞』「竹島土産」, 1906(명치 39)년 4월 1일).

처리하도록 하여 처음부터 대한제국의 중앙정부나 내각회의에서 거론하
지 못하게 하기 위한 의도였다고 해석된다.[2]

라고 평가하는 그대로라고 보아 무방할 것이다.

(1) 1906년의 울릉도와 독도

명치정부는 군함을 보내 강화도를 점령하고 불태운 다음에 강화도
조약을 체결했다. 그 내용에는 "조선국은 자주의 나라로 일본국과 평
등의 권리를 보유한다. 이후 양국 화친의 결실을 나타내기 위해서는
피차 서로가 동등의 예의를 가지고 접대하고 조금도 침월시혐하는
일이 있어서는 안 된다"라는 내용도 있어 나쁠 것이 없는 내용으로
볼 수도 있다.[3] 그러나 일본은 군함을 앞세워 "우리 인민이 귀국에
수송하는 물건은 우리 해관에서 수출세를 과한다. 귀국이 우리 내지
에 수입하는 물건도 수년, 우리 해역에서 수입세를 과하기로 우리 정
부 내의에서 결정했다"[4]는 내용의 「수호조규부록 및 통상장정」도 조
인시켰다.

이후로도 기회가 있을 때마다 조약을 맺으며 침략을 진행시켰다.
1894년의 동학혁명 때는 천진조약의 "장래 조선국에 혹시 변란 중대
사건이 있어, 중일 양국 혹은 일국의 파병을 요할 때, 먼저 서로 행문

---

2) 愼鏞廈, 『독도, 보배로운 한국영토』(지식산업사, 1996, p.165).

3) 朝鮮国ハ自主ノ邦ニシテ日本国ト平等ノ権ヲ保有セリ嗣後両国和親ノ実ヲ表セント欲スルニハ彼此互
ニ同等ノ礼儀ヲ以テ相接待シ毫モ侵越猜嫌スル事アルヘカラス先ツ従前交情阻害ノ患ヲ為セシ諸例規
悉ク革除シ務メテ寛裕弘通ノ法ヲ開拡シ以テ双方トモ安寧ヲ永遠ニ期スルヘシ。(山辺健太郎『日韓併
合小史』岩波新書.1966). p.30

4) 「修好条規ニ附属スル往復文書」我人民ノ貴国に輸送スル各物件ハ我海域ニ於テ輸出税ヲ課セス貴国ヨ
リ我内地ヘ輸入スル物産モ数年我海関ニ於テ輸入税ヲ課セサル事ニ我政府ノ内議決定セリ(전게주서.
p.39)

지조(行文知照)를 행"한다를 근거로 출병하여[5] 1895년의 청일전쟁과 1904년의 러일전쟁을 발발시켜, 대한제국은 일본을 믿고 "시설의 개선에 관하여 그 충고를 받아들일 것"[6]이라는 내용을 포함시킨 한일의정서를 비준시켰다. 필요한 기지를 마음대로 설치하고, 여러 부서에 일본인고문을 두어 내정을 간섭하기 시작한 것이다. 그것의 결정체가 1905년의 「제2차일한협약」으로, 그것을 주동한 이토우 히로부미는 일본군으로 왕궁을 포위하고 국새를 탈취하여 심야에 조인시켰다. 그처럼 일본인이 조선각의에서 횡포를 부릴 수 있었던 1905년에 일본은 죽도편입을 자행했다.

무소불위의 위치를 확립한 일본은 '송도'나 '리안쿠루토'로 호칭하던 섬을, 울릉도의 이명이었던 '죽도'로 개명하고, 그것이 무주지라며 시마네현에 편입시키고 만다.[7] 신라 이래 고려와 조선이 관리해 온 영토를 무주지라며 편입시킨 모순은 많은 사람이 지적했다. 우산국이 울릉도와 독도로 구성된다는 것을 상기하면 일본의 무주지론은 붕괴된다.[8] 인국의 영토를 무주지로 처리하고 선점했다는 주장은 침략 이외의 어떤 논리로도 정당화될 수 없다. 침략행위를 '화친'이나 '평화' 등의 용어로 포장했던 시대에나 가능했던 주장이다. 1905년의 일본은 그러했다.[9]

---

5) 将来朝鮮国ニ若シ変乱重大大事件アリ、中日両国或ハ一国派兵ヲ要スルトキ、先ニ互に知文知照ヲ行ヒ、其事定マレハ仍即ニ撤回シ再ヒ留防セス。(전게주서. p.88)

6) 日韓両帝国間ニ恒久不易ノ親交ヲ保持シ東洋ノ平和ヲ確立スル為メ大韓帝国政府は大日本帝国ヲ確信シ施設ノ改善ニ関シ其忠告ヲ容ルル事。(한일의정서. 제1조)

7) 「島根県告示第四十号」北緯三十七度九分三十秒東経百三十一度五十五分隠岐島ヲ隔ル西北八十五浬ニ在ル島嶼ヲ竹島ト称シ自今本県所属隠岐島司ノ所管ト定メラレ候条此皆心得フヘシ。

8) 拙稿, 「삼국사기의 박혁거세신화」, 『日本文化學報』 제31輯(韓國日本文化學會, 2006, 11).

9) 拙稿, 「日本의 竹島發見」(『日語敎育』 第44輯, 韓國日本語敎育學會, 2008, p.231).

명치정부는 송도가 조선의 독도라는 사실을 인식하고 있었다는 것은 1870(明治 3)년에 외무성의 사다 하쿠보우(佐田白茅)·모리야마 시게루(森山茂)·사이토우 사카에(齋藤榮)가 조사하여 보고한『조선국교제시말내탐서(朝鮮國交際始末內探書)』의「죽도와 송도가 조선에 부속하게 된 시말(竹島松島朝鮮附屬に相成候始末)」에서 원록기 이래로 양도가 조선령이었다고 인정한 사실, 1877(明治 10)년에 태정관 이와쿠라 토모미(岩倉具視)가 "서면으로 물은 취지의 죽도 외 일건의 건은 본국과 관계가 없다는 것을 명심해야 할 것"[10]이라고, 울릉도와 독도가 일본령이 아니라고 답한 것 등으로 확인할 수 있는 일이다. 그런 인식을 반영한 것이 나카이 요우자부로우의 죽도인식이었을 것이다.

(2) 나카이 요우자부로우의 영토인식

『죽도경영자 나카이 요우자부로우 씨의 입지전』의 나카이는 일확천금을 노리다 거듭 실패한 자로, 러시아령 부라지보스토쿠(浦汐斯德)에서 잠수기 사업을 시도했다 실패하자 1892년에 조선의 서해안에 잠수기를 들고 방황하다 귀향하여 해삼 채취업을 시도했으나 역시 실패했다(1898년). 거주지를 오키국으로 옮겨 란코도에서의 강치어렵을 결심하는 과정에 그의 영토인식이 나타난다.

나카이는 1903년에 의기투합한 동지들을 란코도에 파견하여 일장기를 꽂는 등 의욕을 보이다, 경쟁자들이 나타나자 엽구의 대하와 제

---

10) 御指令案、書面伺之趣竹島外一嶋之義本邦關係無之義ト可相心得事(『公文錄』內務省之部1 太政官指令文書, 明治十年三月廿日), 愼鏞廈,『독도, 보배로운 한국영토』, p.102).

한포획의 필요를 느꼈으나, 동도가 조선영역이라 외국인이 내습한다 해도 보호받을 길이 없어 투자가 위험하다고 판단하고, 1904년에 조선 정부에 동도의 대하를 청원하여, 독점적으로 어렵권을 점유할 생각으로 상경했다. 먼저 오키출신 농상무성 수산국장 후지타 칸타로우(藤田勘太郎)씨를 통해 마키 수산국장을 만나 도움을 요청했다. 마키씨도 동의하고 키모쓰키 수도국장을 소개시켰다. 키모쓰키는 거리를 측정하면 일본 쪽이 10해리 가깝고, 조선인이 동 도를 경영한 흔적이 없다며 격려했다. 나카이는 그 말에 힘을 얻어 랸코도의 영토 편입 대하원을 내무·외무·농상무 3대신에게 제출했으나, 목하 일로전쟁 중으로, 외교상 영토편입의 시기가 아니라며 각하의 뜻을 전달 받았다. 그래도 다시 시마네현 농상주임 후지타 코우넨 씨를 찾아 지사의 힘을 빌리려 하자, 역시 전과 같은 답을 하며, 성공의 가능성이 없으니, 귀국하여 시기를 기다릴 수밖에 없다 했다.

단념하지 못하는 나카이가 다시 동향 출신의 쿠와다 쿠마조우(桑田熊藏)씨의 알선으로 야마자(山座)정무국장의 협조를 구했다. 그러자 야마자는 외교상의 일은 타자가 관여할 것이 아니다. 암도의 편입과 같은 사소한 사건일 뿐이다. 지세로 보아도 역사로 보아도 또는 시국으로 보아도 현재의 영토 편입은 큰 이익이 있다는 뜻을 비쳤다. 그래서 쿠와타 씨를 동행하여 내무성의 이노우에 서기관의 동의를 얻어, 명치 38년 2월 12일에 시마네현 제40호로, 동현의 영토로 편입하고 죽도로 명명했다.[11] 시국의 때가 아니라는 내무성과는 달리 외

---

11) 海図によれば、仝島は朝鮮の版図に属するを以て、一旦外人の来襲に遭ふも、これが保護をうくるの
　　道なきを以て、かかる事業に向って資本を投するの頗る危険なるを察し、同島代下を朝鮮政府に請
　　願して、一手に漁猟権を占有せんと決心し、仝年の漁期終るや、一攫万金の夢を懐にして上京の途
　　に上れり。(중략) 氏はまづ隠岐出身なる農商務省水産局員藤田勘太郎氏に図り、牧水産局長に面会し

무성의 야마자는 적기로 판단한 것이다.

이런 상황이었음에도, 쓰카모토 타카시(塚本孝)는 수로국장의 인식을 근거로 나카이의 영토인식을 부정한다. 수로국장 키모쓰키 카네유키가 거리상으로 일본에 가깝고 조선인이 경영한 흔적이 없어 일본 영토에 편입시켜야 한다고 말한 것을 근거로 1870년의 "죽도와 송도가 조선에 부속하게 된 시말"이나 태정관이 1877년에 "죽도 외 일도는 본방과 관계가 없다"라고 지령한 사실 전체를 부정해 버린다. 조선기록이나 인식을 고려하지 않고 거리도 자의적으로 계산했다. 울릉도에서 죽도까지는 92km인 것에 비해 오키는 160km이다. 본토에서의 거리를 보아도 울진에서 독도가 215km인 것에 비해 사카이(境)까지는 220km로 일본 쪽이 멀다. 쓰카모토 타카시는 에도모(惠曇)와 독도의 거리가 212km인 건을 근거로 하는지 모르나 그것은 키모쓰키가 10해리(浬, 1,852m)나 가깝다고 말한 사실과도 다르다. 울진-울릉도-독도가 232km이고 사카이-오키-독도는 240km이다.

나카이가 해도를 근거로 독도를 조선령으로 보는 인식은 1910~1년(명치 43~44년)에 작성한 「사업경영개요」에서도 "본도가 울릉도에 부속된 한국의 소령이라고 생각되어 직접 통감부에 가서 뜻을 이루려고 상경"했다고 밝힌 것은, 통감부가 죽도를 편입시킨 1년 후인

て(중략)即ち肝付水路局長に面会して、(중략)リャンコ島領土編入に代下願を内務外務農商務三大臣に提出するに至れり。(중략)目下日露両国開戦中なれば、外交上領土編入はその時期にあらず、願書は地方庁に却下すべき旨を通ぜらる(중략) 藤田氏を旅館に訪ひてこれを図る、仝氏も大に賛成して地方局に向って具申すべきことを約せらる、然るに地方局の意見前述の如く、藤田氏も到底成功の見込なきを以て、帰国して時機をまつの外なき旨を以てせり。(중략)同郷出身の桑田熊蔵氏(現今貴族院多額納税議員たり)にこれを図る、桑田博士即ち書を裁して、氏を山座政務局長に紹介す、(중략)局長はおもむろに聴き終わりて、外交上のことは他者の関知する処にあらず、眇たる岩島編入の如き。些々たる小事件のみ、地勢上よりみるも歴上より見るも、はたまた時局上より見るも今日領土編入は大に利益あるを認むる旨を漏されたり。ここに於いて、桑田氏を同行して内務省にいたり、井上書記官に面会して、事情を陳述し、遂に同省の同意を得て閣議に上り、明治三十八年二月十二日島根県第四〇号を以て同県の領土に編入し、竹島と命名せられたり。(『竹島經營者中井養三郎氏立志傳』)

1905년에 설치된 것을 근거로, 그 후에 연속적으로 발생한 사건에 대한 견문이 혼입된 것으로 해서, 나카이의 영토인식을 부정하려 했으나, 나카이가 키모쓰키의 설득으로 영토인식이 바뀌었을 것이라는 추정을 조건으로 하는 단정으로, 나카이가 해도를 보고 독도를 조선령으로 인식했다는 사실에 대한 부정은 되지 못한다. 나카이는 「사업경영개요」에서

> 본도는 울릉도에 부속한 한국의 소령이라고 생각하고 통감부에 가서 이루려고 상경하여 여러 가지를 계획하던 중에, 당시의 수산국장 마키 보쿠신 씨의 주의에 의해, 반드시 한국령에 속하지 않는다는 의문이 생기고, 그것의 조정을 위해 분주하던 끝에, 당시의 수로부장 기모쓰키 장군의 단정에 의해, 본도가 그야말로 무소속이라는 것을 확인했다.[12]

라고 랸코도를 조선령으로 여기는 인식이 바뀌지 않았다는 것을 분명히 했다. 그런 인식이 당시 침략전쟁의 선봉에 선 키모쓰키 장군의 의견에 따라 바뀌게 된다. 랸코도에서의 어렵권을 확보하는 것이 절대적 목표였던 나카이에게 키모쓰키의 그러한 단정은 믿고 싶은 정보였다. 그 의견을 존중하는 것이 침략전쟁에 몰두하는 장군의 후원으로 목적을 달성할 수 있는 방법이었다. 이는 인식의 전환이 사실에 근거하는 것이 아니라 목적을 위한 인식의 전환이었다는 것을 의미한다.

나카이가 처음에 키모쓰키의 동의를 얻어 내무·외무·농상무성에 대하원을 제출했을 때 내무성은 "목하 일로 양국 개전 중이라 외

---

12) 本島ノ鬱陵島ヲ附属シテ韓国ノ所領ナリト思ハルルヲ以テ将ニ統監府ニ就テ為ス所アラントシ上京シテ種々画策中時ノ水産局長牧朴真氏ノ注意ニ由リテ必ラズシモ韓国領ニ属セザルノ疑ヲ生ジ其調整ノ為メ水路部長肝付将軍断定ニ頼リテ本島ノ全ク無所属ナルコトヲ確カメテリ。

교상 영토 편입은 그 시기가 아니다"라며 각하할 뜻을 밝혔다. 러일 전쟁이 1904년 2월 8일에 개전되었으므로, 2월 이후의 일이다. 그런데 9월이 되자 외무성의 야마자 엔지로우 정무국장은 지세와 역사적으로는 물론 "시국상으로 보아도 오늘 영토 편입은 큰 이익이 있다는 것을 인정하"고 허가했다. 전쟁에서 승리하자, 두려워할 것이 없어, 대하원을 허가하는 형식으로 조선령을 탈취했다.

쓰카모토는 야마자가 말한 '지세와 역사상'의 정통성을 사실에 입각한 정론으로 인정하고, "외무성 정무국장이 '시국상으로' 보아 영토편입이 유익하다고 한 것은 후에 실제로 이루어지듯이 망루나 통신시설 등 일로전쟁 수행의 편의를 위해 이익이 있다는 의미일 것이다"라며 "이것을 가지고 일본이 전쟁목적으로 한국의 영토를 무주지로 칭하며 편입했다는 비난은 옳지 않다"라고 말했다.[13] 독도에 멋대로 군사시설을 하고 러일전쟁을 대비한 것이 한국 영토의 침탈과 무관하다는 논리이다. 침탈사실을 설명하며 침탈을 부정하고 있는 것이다.

일본은 1904년 2월 10일에 러시아에 전쟁을 선포하기 전인 8일에 이미 육군이 인천에 상륙했고 해군은 러시아 함대를 습격했다. 2월 24일에 旅順口閉塞作戰을 개시, 5월 1일 압록강을 건너 九連城占領, 5월 5일 요동반도에 상륙개시, 5월 26일 金州占領, 6월 20일 만주군총사령부설치, 8월 10일 황해해전, 8월 19일 여순총공격개시, 9월 4일 요동점령 등을 거치며 유리한 전황을 전개했다. 그러자 일본은 2월 23일에 한국이 일본의 충고를 받아들인다는 「일한의정서」를 조인하고, 8월 22일에는 일본인 재정과 외무고문을 두고 실권을 장악하는 「일

---

13) 塚本學, 「奧原碧雲竹島関係資料(奧原秀夫所蔵)をめぐって」, 『竹島問題に関する調査研究』(竹島問題研究所, 2007, 3, p.70).

한협약」을 조인했다. 모두가 침탈행위였다. 쓰카모토 타카시는 이런 사실을 인식하면서도 침략이 아니라는 것이다.

4. 울릉도의 일본인

진자이 일행이 방문하는 울릉도에는 일본 경찰관·일상조합원·우체국원 등이 나와 영접했다. 본서에 의하면 십수 년 전부터 이주하기 시작한 일본인이 1906년에는 300인 이상이 거주하고 있었다. 강화도조약을 맺은 1876년 이후부터 이주하기 시작했다는 것이 된다. 그 조약에는 “조선국 정부는 제5관에 실은 곳(경기·충청·전라·경상·함경의 연해) 두 곳을 열어 일본 인민이 왕래 통상하는 것을 허가해야 한다. 그곳의 지면을 임대하여 가옥을 조영하고 혹은 소재 조선인민의 거택을 임차하는 것도 각자의 뜻에 맡겨야 한다”라는 내용이 있어, 그것에 의거한 이주로 보아야 하나, 울릉도는 지정하는 2구가 아니었다.

1881년 5월에 강원도 감찰사가 울릉도에서 일본인 7인이 벌목하여 부산과 원산으로 반출하는 것을 발견하고 강원도 관찰사가 조정에 보고했다.[14] 보고를 받은 조선 정부는 23일에 이규원을 울릉도 감찰사로 삼아 현지를 조사하게 하고 예조판서명으로 일본인의 도해금지

---

14) (五月)二十二日、是ヨリ、江原道欝陵島ニ日本人七名潜入伐木シ、該島搜討官看審ノ際発見セラル、該島觀察使林翰洙具申馳啓シテ、挽近日本船去来常無ク、此島ヲ指点シテ弊曁ラザルヲ以テ、稟処セシメンコトヲ請フ、統理機務衛門ノ啓言ニ因リ、厳防ノ意ヲ以テ書契ヲ撰出シ、日本国外務省ニ転致セシメ、且ツ此島ヲ他ノ空曠ニ委スルハ、甚タ疎虞ニ属スルヲ以テ、副護軍李奎遠ヲ欝陵島検察使ニ差下シ、馳往商度シテ稟覆ノ地ト為サシム。(朝鮮史編集會,『朝鮮史』6編 4卷 570頁,『獨島와 竹島』, p.179.)

를 요구했다. 일본도 8월 20일에 조사할 필요가 있다고 회답하고 11월 7일부로, 도항자는 귀향해야 한다는 서간을 보냈다.[15] 그 이전인 1876년에 무토우 헤이가쿠(武藤平學)가 송도개척원을, 1877년에는 토다 타카요시(戶田敬義)가 죽도도해원을 제출했으나 정부는 1880년에 군함을 보내 조사하고, 죽도와 송도가 외국령이라며 기각했다.

울릉도에 일본인이 78인 존재한다는 이규원의 1882년 4월의 보고에 근거하여, 우리나라 울릉도에서 일본인이 수목을 벌채하니 금지해줄 것을 요구하자,[16] 일본의 태정대신이 1883년 3월 1일부로 내무사법경에게 비공식 지시를 내렸다. 일본칭 송도〈일명 竹島〉, 조서칭 울릉도는 조선령으로 인정한 곳이니 일본인이 멋대로 도항해서는 안된다는 것을 주지시킬 것과 그래도 도항하여 이익활동을 하는 자가 있으면 처분해야 한다는 내용이었다.[17] 명을 받은 내무성은 서기관을 파견하여 1883년 10월 7일과 14일에 254명을 강제귀국시켰다.

(1) 일본 경찰의 주재

일본어민의 조선근해의 출가진출이 공인되게 된 것은, 1883년에 「일본조선무역규칙」을 체결한 이후부터다. 동 규칙 제41조항에서는, 일본 어선이 조선국의 전라·경상·강원·함경의 4도에서, 조선 어선

---

15) 『獨島와 竹島』, p.179.

16) 弊邦ノ蔚陵島ハ間界ニアラズ、頃口貴国人ノ樹ヲ斫リ木ヲ伐ルニ因リテ、早ク書契ヲ奉ジ、籍リテ貴朝廷ノ判ニ禁止ヲ許スニ蒙ル(朝鮮史編集會,『朝鮮史』6編 4卷 570頁,『獨島와 竹島』, p.179).

17) 北緯三十七度三十分東経百三十度四十九分ニ位スル日本称松島〈一名竹島〉朝鮮称蔚陵島ノ儀ハ従前彼我政府議定ノ儀モ有之日本人民妄リニ渡航上陸不相成候条心得違ノ者無之様各地方長官ニ於テ諭達可致旨其者ヨリ可相達此旨及内達候也。今般別紙ノ通内務卿ヘ相違候ニ付右ニ違反シ於該島密商ヲナス者ハ日韓貿易規則第九則ニ照シ重軽罪ヲ犯ス者ハ我刑法ニ照シ処分可致旨各裁判所長ヘ内訓可致置此旨及内達候也『日本外交文書』第16卷 326頁 明治 16年 2月 10日 参事院議長代理松方参議가 三条太政大臣大木司法卿에게「蔚陵島ニ邦人渡航禁止審査決議ノ件並ニ決済」].

은 히젠(肥前)·치쿠젠(筑前)·이와미(石見)·이즈모(出雲)·쓰시마(對馬)의 해변에서 각각 '왕래포어'하여 매매할 수 있다고 정했다. 이어서 1889년의 「일본조선양국통어규칙」에서 그 자세한 것이 정해진다. 즉 '양국의정 지방의 해변 3리 이내'에서 어업을 행하는 양국 어선은 원서에 배의 간수·소유주·승선 인원 등을 기록하여 영사관 경유로 개항장의 지방청에 제출하고, 배의 검사를 거친 후에 면허·감찰을 받을 수 있게 되었다. 이 내용은 평등한 쌍무계약의 형식을 취하고 있는 것 같으나 조선 어선이 일본 근해에 출어하는 일은 생각할 수 없는 일이었다. 어업세의 납입도 일본화폐로 부산 등의 일본 영사관을 경유하여 개항장의 지방청에 납입해야 했다.[18]

　1895년의 청일전쟁 후에는 서일본의 출어자가 급증하여 "4도 연안 모든 곳에 일본 어선의 돛 그림자를 보지 않는 곳이 없다"라고 말할 정도의 상황이었다. 그 중에는 총검을 소지하고 섬을 횡행하며 인민을 협박하고 부녀자를 쫓아다니며 물건을 강탈하는 일도 있었다.[19]

> 그 섬은 무정부 상태로, 이웃마을의 한 사람은 우리나라 사람에게 살해되어 나뭇가지에 매달려 있다 한다. 원래 울릉도에 온 본국인은 모두 표류인의 집합체로 간주해야 할 사람으로, 그 야비함은 말할 수 없고, 거의 약육강식적 행위가 많아, 우리 경찰서가 사무를 개시한 이래 송사가 아주 많다.[20]

---

18) 『독도와 죽도』, 249頁.

19) 『日本外交文書』 第32卷 28７頁, 明治 31年 9月 16日 鳥取縣知事報告(1) 「韓國鬱陵島島監裵季周提訴件」.

20) 此頃該地より帰村せしもの数人あり、同島は無政府の有様にて、隣村の一人は本邦人の為 に殺され木の枝に吊るし有りとのこと。元来該島に来りける本邦人は、何れも漂流人の集合体とも視るべき者にして、其の野卑なるこ と言ふ許りなく、殆んど弱肉強食的振舞多きを以て、我警察署の事務開始以来、訟事極め て多し。(『山陰新聞』明治 35년 6월 22일)

일본이 조선에 무례를 범하는 상황에서 울릉도에서 일본인들이 상식에 어긋나는 행동을 하는 것은 당연한 일이었는지도 모른다. 이러한 문제를 해결한다는 명복으로 1897년에는 부산에 조선어업협회를 설립하고 출어자의 보호와 단속을 시행하기로 했다. 1899년 6월에는 농상무성의 마키 보쿠신 수산국장이 한국에서 출어실태를 시찰하고 후쿠오카에서 각 현협의회를 개최하고, 출어자의 감독을 철저히 할 방침을 분명히 함과 동시에, 각 현에 통어조합의 조직화를 지시했다. 시마네현에서는 1900년 3월 24일부로 「시마네현한해통어조합」을 설립했다. 조합의 규약 제5조에는 "서로 품행을 조심하고 특히 도박 및 과도한 음주 등을 경계하기로 한다"라고 어민의 행동을 규제하는 내용을 포함시켰다. 그러나 그것은 위반자를 연합회에 통보하면 벌금을 부과하는 일에 그쳤다.21)

1900년 6월 한국정부는 일본의 부산영사보를 데리고 울릉도를 현지 조사하여, 조약에 입각하여 일본인의 퇴거를 요구하자, 일본인의 불법은 인정하면서도 수십 년간 일본인의 재류를 묵인한 한국정부에 책임이 있다며, 기정사실 위에서 일본인의 거주를 인정하라는 요구를 했다. 그리고 1901년 12월에는 일본인에 재류 일본인을 단속하기 위해 일본인 경관을 울릉도에 주재시킬 것을 제안하여, 1902년 3월에 부산영사관의 경부와 순사 4명을 상주시키게 된다.22)

---

21) 明治 43年 11月 29日, 廏丙農第1522號(『新修島根縣史』 通史編近代 649頁. 『독도와 죽도』, 262頁).
22) 『독도와 죽도』, 200頁.

(2) 배계주(裵季周)의 고소

일본의 노골적인 비호하에 일본인의 남벌행위가 그치지 않았다는 것은 본서의 "지금은 옛날이 임상을 볼 수 없다"라는 기록으로 알 수 있다.[23] 『산인신문』에 의하면 울릉도에는 50인 정도가 거주하나 매년 3, 4월에 파도가 잠잠해지면 사카이에서 3, 4백 명이 내박하며 어로와 벌채를 했다.[24] 1898년 9월 12일에 울릉도도감 배계주는 사카이 경찰서를 방문하여 단속을 요구했고, 동 16일에 톳토리현 지사가 그것을 내무대신에게 보고했다. 톳토리현은 요나고의 요시오 만타로우(吉尾万太郎)를 용의자로 보았다. 본인은 사실무근을 주장하나 니시하쿠군(西伯郡) 사카이미나토의 상인이 배계주한테서 구입한 목재를 절취하여 오키국에 은닉한 사실이 있어 "도감이 보고한 사건은 사실일 것이"라는 내용을 10월 18일부로 내무·외무대신에 보고했다. 외무대신은

> (전략) 이번에 본국에 주재하는 한국공사가 지금부터 우 현민들이 멋대로 울릉도에 사사로이 건너 수목을 남벌하는 일을 엄금해 달라는 내용의 조회가 (외무성에) 와 있는데, 이에 관한 사실을 조사해 주고, 그것이 사실이라면 상황이 좋지 않으니, 금후 단속해 달라고, 동 공사에 회답해야 하는 처지이니, 우의 조사 결과를 회보하여 줄 것을, 이로 통달하는 것입니다.[25]

---

23) 森林の面積約三千町歩あり數十年前までは、全島緑樹鬱蒼として、晝なほ暗きの盛觀を呈せしが、近時移住民の増加とともに、伐採開墾せられ、今は昔日の林相を見る能はず。(奧原碧雲, 『竹島及鬱陵島』, 40頁)

24) 島中日本人ハ約五十人位にて、皆造船材木及数戸の商家なり、(中略)尚毎歳三月より六月に至れば、其 風静かにして浪穏かなるに乗じ、日本の男女三〜四百名が境地方より該島に来泊し、或は漁撈に或は伐木に従事し(『山陰新聞』明治 35年 5月 14日).

25) 近年鳥取島根兩県ノ人民漁船ニ乗シ擅ニ該島ニ渡航シ、樹木ヲ伐採シテ之ヲ載セ去ルモノ有之、偶々目撃シテ之ヲ差止メントスル時ハ群ヲ成シテ騷擾シ、果テハ亂暴ノ挙動ニ及ヒ、之カ為メ島民安堵

라고 조치했다. 이에 대해 톳토리현은 12월 25일부로 "사람들이 해
도에 도항한 일은 있어도, 난폭한 거동을 하거나 수목을 벌채했다는
등의 사실은 무근이다"라고 보고했다.

시마네현의 1899년 1월 28부 보고에 의하면, 8월에 도감이 사카이
의 상인 이시바시 유우사부로우(石橋勇三郎)에게 물푸레나무판자(槻
板)를 300엔에 매각할 것을 약속하고, 선불 160엔을 받고 잔금은 울릉
도에서 물푸레나무판자와 교환하는 것으로 했는데, 요나고의 요시오
(吉尾)와 마쓰에의 타나카(田中) 두 사람이 "암야에 물푸레나무판자
32장을 절취하여, 오키국 치부리군(知夫郡) 우가(宇賀) 쓰루야 지로우
(鶴谷次郎)의 배에 탑재"했다. 그래서 우라코우(浦郷) 경찰분서에 요
시오와 타나카, 선주 쓰루야 3인을 고소했고, 마쓰에지방재판소 사이
고우지부는 검사를 오키 우가무라에 출장 조사시켜 물푸레나무판자
를 발견하고 영치한 후에 예심에 부쳤다. 그러나 결과는 '증빙이 불
충분하다며 면허'를 결정한 내용이었다.

12월 하순에 피해의 물푸레나무판자의 일부가 히가와군(簸川郡) 우
류우우라(宇龍浦)와 사기우라(鷺浦)에 정박한 배에 감추고 있다는 배
계주의 수색원이 제출되어, 키쓰키(杵築)경찰서가 조사발견하여 마쓰
에지방재판소에 송치했다. 그러나 시마네현 지사는 피고인이 "울릉
도의 전임 도장 이수신(李樹信)한테 정당한 수속을 밟아 매수한 것이
라고 주장"한다는 사실을 부언하며 "정사곡직이 어느 쪽에 있는 것일

致シ難ク、大二治安二妨害有之候二付、右保護方其筋へ照会致呉候様、同島島監裴季周ヨリ申越候趣
ヲ以テ、今般本邦駐劄韓国公使ヨリ、自今右等両県民ノ擅二該島二私航シ樹木濫伐ノ義、堅ク厳禁相
成候様致度旨、照会致来候処、右二関スル事実御取調有之度、又果シテ事実二有之候得者不都合ノ次
第二付、今後相当御取締相成度、同公使へ回答ノ都合有之候間、右御取調ノ結果御回報可被成候、此
段相達候也(『日本外交文書』第32卷 287頁, 明治 31年 12月 26日, 鳥取縣島根縣兩縣知事宛靑木外務
大臣照會1).

까, 배계주 한쪽 말을 아직은 믿기 어렵다고 생각한다"라고 보고했다.
이 재판의 결과는 피고를 중금고 3개월, 벌금 10엔, 감시 6개월의 형
에 처하고 원고인 배계주에게 목재를 돌려줘야 한다는 판결이었다.[26]
　이 판결 이전인 2월 13일부로 아오키 외무대신은 두 현의 보고를
요약하는 형식의 내용을 한국공사에 회답했다. 즉 3명은 울릉도에 도
항한 일은 있으나 난폭한 짓을 하거나 수목을 벌채하거나 했다는 것
은 '전혀 사실무근으로 인정'되었으며, 물푸레나무 판재를 절취한 사
건에 대해서는 현재 재판소에서 심리 중이라는 내용이었다.[27]

5. 오쿠하라 헤키운의 사고

　저자의 죽도인식은 진자이 일행이 송묘를 이식한 사실의 소개나
나카이의 죽도인식을 통해 나타나 있다. 진자이는 권두에서 "해도는
본방에 편입하여, 동시에 시마네현속으로 정해져" 작년의 도지사 시
찰에 이어 이루어진 시찰이라는 사실을 분명히 했다. 그 시찰 과정에
서 소나무를 식수한다는 것은 죽도가 신 영토라는 사실을 확인하는
일이었다. 암도에 소나무를 심는 것은 나카이가 "어렵의 전유권을 얻
으려고 출원한 일이 우연히 영토편입의 동기를 만들었다"라고 말한
것과 동질의 이야기로, 저자 역시 그렇게 인식하고 있었기 마련이다.
실제로 오쿠하라는 죽도가 원래는 조선의 독도였는데, 나카이와 같은

---

26) 『山陰新聞』 明治 32年 4月 26日.

27) 『日本外交文書』 第卷284頁, 明治 32年 2月 13日, 外務大臣이 韓國臨時代理公使宛「本邦人ノ鬱陵島密
　　航伐木二關スル照會二對シ回答ノ件」(『독도와 죽도』 제4장 19세기 말의 타케시마(울릉도) 「울릉도감의
　　고소」에 의거한 내용임).

자들의 활약에 의해 일본의 새로운 영토가 된 것이라며 존경의 마음
을 감추지 않았다.

암도의 소나무식수는 영원한 천황세계를 의미하여, 죽도에 소나무
를 심는 일은 천황의 천하에 죽도가 새로 편입된 사실의 확인으로,
죽도의 영원함을 기원하는 의례였다. 와카(和歌)에는 '변함이 없는 바
위'라는 표현이 즐겨 사용된다. '이와네(岩根)'·'이와가네(岩が根)'의
'네'는 '根'으로 대지에 굳건하게 뻗어 있다는 실체개념도 가진다. 이
런 의미에서 일본의 석(石)이나 암(岩)은 영원과 견고의 상징이다. 새
해의 풍년을 비는(祈年祭祝詞) 와카

또 황손의 세상이 영원한 시대라고, 단단한 바위와 변함없는 바위
에 기원한다.
また皇御孫の命の御代を、手長の御代と堅磐と常磐に齋ひまつり

의 '堅磐'은 견고한 바위, '常磐'은 영구히 변하는 일이 없는 바위
를 의미하여, 천황이 통치하는 시대의 영원성을 바위에 비유하여 칭
송하는 관용의 표현이다. 『슈우유우와카슈우(拾遺和歌集)』에도

변함없는 이와쿠라야마에 천황의 세상을 옮겨 천대를 쌓아 가자.
動きなき岩藏山に君が世を運びおきつゝ千代をこそ積め(卷10神樂歌)

라고, 천황의 영원한 치세를 바위뿌리(岩根)의 표현으로 예축했다.
'암근'에 '송'을 더하여 '암근송(岩根松)'이 되면 그 의미는 한층 선명
해진다.

신대 이래로 영원하라는 신의인가. 변함없는 바위에 솔씨를 뿌렸을 것이다.
神世よりひさしかれとや動きなき岩根に松の種をまきけむ(『千載和歌集』卷第10賀歌)

라고 바위에 송수를 이식하는 것이 영원한 천황의 천하를 확인하고 보장하는 의식이라는 것을 분명히 하고 있다. 그것을 직접 표현한 것도 있다.

야마시나 산의 암근에 소나무를 심어 우리 천황의 영구불변을 기원하노라.
山階の山の岩根に松を植へてときはかきはに祈りつる哉(『拾遺和歌集』卷第5賀歌)

이처럼 바위와 소나무를 합하여 영원불변한 천황세계를 기원하는 것이 일본 와카가 가지는 일반적인 의미였다. 부록으로 [寒潮餘韻] 난을 만들어 와카를 기재할 정도의 저자 오쿠하라는 암도(죽도)에 소나무를 심는 의미는 알고 있었기 마련이다. 그는 『한조여운』에

북해 조수의 물말이 높은데 만고에 움직이지 않는 죽도로구나.
北の海や大高汐(おほたかしほ)の高なりに万古動ぜぬ岩根たけしま。

라고 섬의 풍경을 읊은 것으로 볼 수 있는 와카를 실었다. 그러나 이것은 바위(岩根)를 통해 죽도가 천황의 천하에 편입된 사실을 확인하

고, 그런 상황이 영원할 것을 예축하는 노래였다. 이런 의미를 갖는 것이 암도에 소나무를 심는 의례였고, 진자이 일행은 그 의례를 거행한 것이다.

울릉도감 심흥택은 일행이 돌아가자 서둘러 일본이 송도를 죽도로 개명하여 일본령으로 편입한 사실을 보고한 것을 보면, 일행을 맞이하여 의례적인 시를 지었을지는 몰라도, 환영하는 시를 지었다고 보기는 어렵다. 그럼에도 저자는 심흥택의 것이라며,

그대의 보국하는 일편단심 어여쁘네. 이곳에서 서로 만나니 마음이 더욱 기쁘고, 붙잡아 두고 싶어도 머물 수 없으니 시름이 느네, 그대에게 말하노니 대해를 편안히 건너가시게.

라고, 일행의 보국충정에 감동하고 이별을 아쉬워하며 무사귀환을 기원하는 내용의 한시를 소개했다. 만일 심흥택이 일행의 시찰을 '보국하는 일편단심'으로 보고, 그 일행의 내방을 반기며, 같이 생활하지 못함을 슬퍼하면서, 편안한 귀로를 기원했다면, 일본이 독도를 편입하고 시찰하는 사실을 '보국'의 일환으로 인정한 것이 된다. 그것을 확인하는 일행의 노고에 감동하며 무사귀환을 비는 방법으로, 독도를 편입시킨 일본의 무궁함을 기원하는 것이 되어, 영토 편입과 시찰에 정통성을 부여한 것이 된다. 반갑지 않은 내객의 귀환을 반기는 내용이었다 해도, 죽도편입을 칭송하는 가군에 배치되면, 심흥택의 뜻과 관계없이 일행의 시찰에 정통성을 부여하는 내용이 되고 만다.

저자가 죽도편입을 통해 확장된 천황세계를 칭송하는 것은, 그 이전에는 천황의 세계에 포함되지 않았다는 것을 의미한다. 저자의 그

런 사고는 나카이의 칭송을 통해서도 확인할 수 있다. 그는 나카이를 '죽도의 경영자', '말 하나하나가 폐부에서 나와, 그 열성이 사람을 움직'이는 자라며, 그가 처음에는 '란코도를 조선영토로 믿고 동국정부에 대하청원을 결심'하고 상경했다는 사실을 특기했는데, 그것은 나카이가 영토확장에 기여한 공을 칭송하기 위한 전제였다. 조선영토를 일본령으로 하는 공을 세운 것이야말로, 제국주의 실현을 이상으로 삼는 저자의 뜻에 부합하는 일이었다. 저자는 그런 나카이의 인식을 「죽도경영자 나카이 요우자부로우씨입지전」에서도 확인했다. 나카이가 죽도를 조선령으로 여겼다는 인식에 전혀 의심을 표하거나, 부정하는 것이 아니라, 그런 영토를 일본령에 편입하는 기회를 제공했다며 '해국남아'·'쾌남아'·'해국의 위장부' 등의 언사로 칭송했다. 나카이의 입지전을 기록한 것도, 그한테 받은 감흥을 억제하지 못한 결과였다 한다.

저자의 '해국남아'·'쾌남아'·'해국의 위장부' 등의 언사로 칭송하는 것은 나카이에게 한정되지 않는다. 울릉도에서 안용복과 박어둔을 납치한 자에게도 "생래 진취의 기상이 많아, 불굴의 혼을 가진 해국남아"라고 칭송했고, 쇄국정책을 어기고 죽도에서 밀수를 한 자에게도 "아아 해국의 건아 하치에몬(八右衛門)은 좋은 기도를 품은 채 허무하게 형장의 이슬로 사라지고 영주 마쓰타이라 스호노카미(松平周防守)는 칩거의 몸이 되었다"라고 칭송하며 처벌을 아쉬워했다.

그런 반면에 객관적 사실에 입각하여 일본인의 죽도도해를 금지시킨 사실은 '우유연약(優柔軟弱)한 토쿠가와 막부는 무사안일주의'·'대외적 발동의 붕아를 근저부터 삼제하려는 기도'였다며 불만을 표했다. 조선의 대응도 '교묘한 조선의 외교정략'으로 보았다. 이는 저자가 국제적 범죄에 대한 판단력이 전무하여, 일본에 이익이 되는 일이라면 어떤 범죄를 범해도 애국적인 행동으로 평가하고 그들을 '남아'·'쾌남아'·'위장부' 등으로 칭송했다는 것을 의미한다.

이런 저자가 죽도에서 노국함대를 공격하여 적장이 항복하게 했던 토우고우 대장의 모습을 회상하며 장군을 칭송하는 것은 당연한 일이었다. 즉 저자에게는 역사의 진부를 가릴 의사가 없었다. 그저 일본의 이익을 도모한 사람이라면 무조건 칭송하는 제국주의 침략을 맹신하는 자였다.

6. 친일파

부록 「죽도도항일지」 3월 28일에는 당대 조선인의 일면을 알 수 있는 기록이 있다.

> 어둑어둑할 때, 일동은 귀항길에 올랐다. 요시오 씨 집의 소동 김계동이 우리를 전송하기 위해 본선에 왔다. 나이는 16살로 이별에 임하여 요시오 기자의 수첩에 한마디 적었다. '후일 언제 상봉할 수 있을까, 상봉 병오년 3월 초사일'이라고, 총명하고 사랑스러웠다.[28]

라는 내용으로 당시에 양산되는 친일파의 본질을 엿볼 수 있는 내용으로, 그가 그렇게 된 원인은 물론 그의 미래도 추정 가능하다. 요시오 씨 집에 사는 16세의 김계동이 일본인과의 이별이 아쉬워 본선

---

28) 吉尾氏方の小僮金桂同、われ等を送りて本船に來る、年齒十六、別に臨みて、吉田記者の手帳に一辭を題す。「後日相逢何時。相逢丙午三月初四日」と慧にして愛すべし。

까지 찾아가 기자의 수첩에 재회를 원하는 의사를 표했다는 것도 흥미로우나, 그것을 특기한 저자의 의도도 흥미롭다. 일행은 3월 27일 14시 30분에 독도를 떠나 동일 21시에 울릉도에 도착하여, 저동에서 1박을 하고 28일 아침에 도동에 입항하여 10시경에 군수방문을 마치고, 13시경에 승선하여 섬을 일주하고, 석양(薄暮)에 귀항의 길에 올랐다. 3월의 석양이라면 18시경으로, 일행의 체재는 8시간 정도로 볼 수 있다.

그 사이에 16세 소년 김계동이 무엇을 계기로 해서 일본인과 친해져 이별을 아쉬워하며 재회를 원한 것인지가 궁금하다. 더욱이 상대는 기자여서 군수를 방문했을 가능성이 커, 같이할 시간은 더 적어진다. 어쩌면 기자를 따라 군청에 동행했는지도 모른다. 어느 쪽이라 해도 둘이 같이할 수 있는 시간은 3시간이나 8시간 전후였다. 그럼에도 김계동은 이별을 아쉬워했다.

김계동이 일본어로 의사를 소통했는지는 알 수 없으나 기자의 수첩에 한문으로 필담한 것으로 보아 용자능력이 있는 것은 분명하다. 그를 저자가 '총명하고 사랑스럽다'라고 평할 것으로 보아 그는 일행이 기뻐하는 언행을 취하고 있었을 것이다. 그가 일행을 어떻게 응대했는지를 알 수는 없으나, 그들이 만족하는 내용의 언행을 취했을 것이다. 16살의 소년은 이국인에게 어떤 이유에서 그런 언행을 취한 것일까.

그것은 당시의 관리들의 복무자세와 연계시켜 볼 문제이다. 조선은 1882년 8월 20일에, 울릉도에서 10여 년간 약초를 캐는 전석규(全錫奎)를 도장으로 임명했다. 당시 조선은 이주정책을 펴며, 조세와 요역 일체를 면하는 정책을 폈으나 실제로는 조세수검의 폐단이 심하여, 조정이 단속하여 징수한 보리와 대두를 해당 도민에게 반환시킨 일이 있을 정도였다.[29] 기회만 있으면 가렴주구하는 탐관오리가 울릉도에도 있었던 것이다. 1893년에 울릉도를 시찰한 사이토우 교우스이(佐藤狂水)도

> 관리는 미리 정부에 3개월간의 세금의 얼마간을 납부하고, 섬에 도착한 다음에는 제멋대로 도민의 산물을 세로 징수하고, 관리는 이것을 내지로 수출하여 이익의 수입을 얻는다 한다. 그러므로 자주 가혹한 과세를 하게 되어, 내지에서 파견된 관리를 사갈 보듯 했다. 또 관리는 애초 공공의 정신이 없고 우선 자기의 이익을 꾀하는 데 급급했다.[30]

라고 관리의 패악을 기록했다. 관리의 부패는 조선왕조 말의 일반적인 폐습이었다. 도장 전석규도 일본인과 결탁하여 목재의 벌채와 반출을 용인하고, 대가로 돈과 쌀을 탐하다 파면당했다. 조선 정부에 문제가 있는 일이었다. 도수를 임명하고 봉급을 지급하지 않아, 도수는 유배당한 인간과 같아, 스스로 생계를 챙기지 않으면 안 되는 상황이었다. 그런 상황에서 일본인과 결탁하여 사복을 채우는 일은 자연스러운 일이었을 수도 있다. 그런 상황이 일본제국주의의 주구가 되어, 일본인의 진출에 협조하는 부역자를 만들어 냈을 수도 있다.

정부의 무능과 관리의 탐욕에 실망한 울릉도민이, 일본인의 계산된 친절에 무너진 하나의 예가 김계동일 수도 있다. 그런 사람이 어찌 그뿐이었겠는가. 의도적인 일본인의 친절에 접하거나 일본인과의 접하는 기회를 통하여 입신출세를 원하는 자에게, 그럴 만한 기회가

---

29) 收斂ノ弊甚ダシキヲ以テ、統理交渉通商事務衙門ヨリ欝陵島ニ関シテ之ヲ厳飾シ、收所ノ麦太ハ該島民ニ返還セシム(朝鮮史編集會, 『朝鮮史』, 6編 4卷 1,040頁, 『독도와 죽도』, 188頁).
30) 『山陰新聞』 明治 27년 2월 18일.

주어지면 그런 태도를 취할 가능성은 크다. 일본은 1883년 10월에 히가키(檜垣)내무소서기관 등을 파견하여 일본인 154명을 철거하기로 했다. 그때 히가키와 전석규는 다음과 같은 대화를 나누었다.

> 서기관왈: 소관이 이번에 도항한 것은 다름이 아니다. 당도에 재류하는 아국인을 남김없이 데리고 돌아오라는 우리 정부의 명을 받들어 기선을 타고 어제 착도했다. 따라서 본선에 그 인민 등을 태우려 한다. 양지하시라.
>
> 유학왈: 말씀하신 대로 귀국 인민 모두가 귀국하시는 것은 참으로 축하할 일입니다만, 개인적으로는 견딜 수 없는 일입니다. 왜냐하면 본도에 도래하는 아국의 인민이 먹을 것이 없어 때때로 귀국인의 은혜를 입는 일이 적지 않아 이 은혜를 잊을 수 없습니다. 원컨대 이미 채벌한 재목은 모두 귀국할 때 가지고 돌아가실 것을 간절히 원합니다. 그러하니 지금부터 40일간 유예하여 주시면 적선이 도래하는 것을 기다려 차질 없이 귀국으로 옮기도록 하겠습니다. 부디 귀관의 인덕으로 조절해 주실 것을 그저 원합니다. (중략) 이번에 귀국인민이 귀항하시는 것으로 지금까지 우리 인민이 매일 같이 호구의 은혜를 입었는데 조금도 모아 둔 것이 없어 곧 굶어 죽게 될 것입니다. 엎드려 바라는 것은 귀하가 연민을 내리는 것입니다. (하략)

이 기록을 소개한 카와카미 켄조우(川上健三)은 "히가키 내무소서기관과 도장이나 유학의 대담을 보면 일한 양국인은 현지에서는 아무런 감정도 없이 아주 원활한 관계였을 뿐만 아니라, 오히려 일본인

의 은혜로 생활을 유지하고 있었다는 것을 엿볼 수 있다"라고 말하기
도 했다.

민족의 배반자는 민족의 비극과 같이 생성되는 것이 자연스러운
현상이고, 침략자들은 그 같은 자들의 언행에서 정통성을 구하려 한
다. 자신의 영달을 우선하는 자들의 민족부정은 침략하는 이국인의
욕망을 초월한다. 독립운동이 일어났을 때 무력적인 탄압을 주장한
것도 조선인이었다. 배반과 패륜으로 매판합작업자로 성장하여 친일
행위에 열정적이었던 송병준은

> 일본 황제폐하의 어성은을 입어, 이로써 동양평화가 보장되고, 만약 장
> 래에 동양평화를 파괴하려 하거나 장해하려는 자가 있을 때에는 나아가
> 폐하의 어마 앞에 쓰러져 죽을 결심을 하고 있는 바입니다.[31]

라고 일본을 예속을 위해서라면 죽을 각오로 충성을 바치겠다고
스스로 서약했고, 3·1운동이 일어나자 이완용은

> 이번에 조선독립운동이라 칭하여 경성 기타에서 행한 운동이라는 것은
> 사리를 불변하고 국정을 알지 못하는 자의 경거망동으로 내선동화의 실
> 을 상해하는 것이라 말하지 아니치 못할지라. (중략) 차제에 이와 같은
> 허설에 선동되어 몸을 그르치고 세상을 버리는 일이 없도록 특히 우리
> 조선인 제군을 위해 기하노라.[32]

독립운동을 우둔한 자들의 경거망동으로 보고 선동되지 말라고 충
고까지 곁들였다. 독립운동을 경험한 일본은 반일대중과 민족적 성향

---

31) 宋秉畯, 「일본군참모에게 보낸 1909년 12월 12일자 서신」(임종국, 『실록 친일파』, 돌베개, 1994, 15頁).
32) 『매일신보』 1919년 3월 8일.

을 굽히지 않는 유산계급을 흡수하여 통치노선으로 유치하기 위한 모략으로 민족개량과 실력양성 그리고 자치론을 중심으로 하는 문화운동을 전개했다. 이광수, 최남선, 최린 등이 동원된 운동이었다.[33] 「2·8독립선언서」를 쓴 이광수는 상해임시정부의 『독립신문』 주필로 활동했고, 최남선은 서명은 하지 않으면서도 「기미독립선언서」를 기초했으며, 최린은 33인의 일원으로 3년 형을 산 독립투사였으나 일본의 회유에 넘어가 일선융합운동에 앞장섰다.

이들은 울릉도의 16세 소년 김계동이나 생활의 방법으로 가렴 주구하던 도감 등과는 달리 능력이 뛰어나 시대의 흐름을 파악하고 대중을 선도할 수 있는 능력까지 구비한 자들이었다. 나라를 침탈당하는 일만 없었으면 조국을 위한 업적을 쌓았을 수도 있다. 민족의 수난기에 일신의 영달을 위해 조국과 자신을 배반한 자들이 어찌 그들뿐이고 이때에만 존재했겠는가. 신라가 외세와 손잡고 대책 없이 백제와 고구려를 멸하여 민족의 영역을 좁힌 당시에는 친당파가 존재했고, 고려 말에는 친원파가, 조선시대에는 친명파가 존재했었다.

그런 자들은 일신의 영달과 가문의 번영을 위한다는 명분으로 외세가 원하는 말을 아끼지 않았을 것이고 기록으로 서약을 맹세하기 바빴을 것이다. 그들 대부분은 친일파들이 말한 내용을 당대의 상황에 따라 말하거나, 완전한 일본인을 절대가치로 했던 현영섭과 같은 자의 사고를 통해 확인할 수 있는 일이다.

조선인은 조선어를 망각해야 한다. 조선인이 일본어로 사물을 생각할 때야말로 조선인이 가장 행복해졌을 때이다. (중략) 우리는 머리끝에서 발

---

33) 임종국, 『실록 친일파』, 돌베개, 1994, 98頁.

끝까지가 일본인이다. (중략) 조선민족의 독립을 몽상하는 돈키호테 같
은 족속들에게는 조선어가 필요할 것이다. (중략) 학교에서는 조선어를
가르칠 필요는 추호도 없다. 조선인을 불행하게 하려면 조선어를 오래
존속시켜 조선적인 저급한 문화를 주고, 그 이상의 발달을 저지하는 것
이다.[34]

라고 말한 내용과 유사한 문언의 표현에 서슴지 않으며 목적달성
에 전력을 바쳤을 것이다. 일본의 민족주의자들이 침략의 시혜론을
반복적으로 표하는 것은 이런 자들의 언행과 기록을 근거로 하는 것
인지도 모른다. 근래 일본과 역사적 사실을 공동으로 평가하려는 모
임이 있는데, 일본에 역사를 인정하게 하는 것보다는 우리가 연구하
여 진실을 규명하는 것이 먼저라고 생각한다. 울릉도의 16세 소년은
사갈 같은 관리의 은혜를 입은 바 없어, 자신의 입지가 가능하다고
판단하고 그것을 원했다면, 일본인의 원하는 것을 앞서 시행하는 사
람으로 발전해 갔을 것이다.

7. 결론(조선의 대응)

강화도조약 이후 군함 등으로 조선을 위협하며 새로운 조약을 체
결해 나가는 일본은 1905년 2월에는 조선의 독도, 일본은 송도나 리
안쿠루토라 부르던 섬을 죽도로 개명하여 시마네현에 편입시켰다. 그
리고 지사 마쓰나가 타케요시(松永武吉)가 1905년에 시찰한 것에 이
어 사무관 진자이 유타로우 이하 45인이 1906년 3월 24일부터 30일까

---

34) 현영섭, 『조선의 나아갈 길』·『신생조선의 출발』(임종국, 『실록 친일파』, 돌베개, 117頁).

지 시찰했으나 울릉도까지 영역을 확장했다는 점에서 지사의 그것과는 내용을 달리한다. 일행은 27일에 죽도를 시찰하고 울릉도에 정박하여 28일에 군수를 방문했다. 10여 명이 일방적으로 방문한 자리에서 일본 순사부장의 통역으로 예정에 없었으나 피난하게 되었다며 죽도에서 잡은 강치를 증정하고 "나는 대일본제국 시마네현의 권업에 종사하는 역원으로, 귀국과 나의 관할에 관여되는 죽도는 근접해 있다"라는 말을 했는데, 그것이 피난을 가장하여 죽도편입을 통고하는 목적이었을 것이다. 목적을 이룬 일행은 섬을 일주하고 당일에 돌아갔다.

예정에 없는 피난이라 했으나, 군수를 대면하고 죽도에서 잡았다는 강치를 증정하여, 죽도편입사건을 통보하고 죽도에서 영유권을 행사한 사실을 확인시켜 준 것이다. 그 같은 영유의 확인은 러함대를 격파한 사실을 회상하며 죽도에 소나무를 심는 의례, 형식적인 조사를 하고 일주하는 행적 등으로도 실현했다. 울릉도에 피난할 정도의 일기라면 오키도로 귀항할 수 있었다는 사실은 일행의 울릉도 방문이 의도적이었다는 것을 의미한다.

죽도에 소나무를 식수하고 부록으로 시가란을 설정한 것은 죽도가 천황이 통치하는 세계의 일부로 편입되었다는 사실의 확인으로, 저자는 그것을 '신죽도'라 칭하며 예축했다. 종래의 송도·리안쿠르토, 즉 조선의 우산도·자산도·소우산·독도·석도 등으로 불리는 섬을, 울릉도를 의미하는 종래의 도명 '죽도'로 명명하여 편입시킨 사실의 영원함을 예축한 것이다.

저자가 '신죽도'라는 호칭으로 종래의 죽도/울릉도와 구별했다는 것은 그것이 그때까지 일본령이 아니었다는 것을 의미한다. 저자의 그런 죽도인식은, 죽도의 일본 편입의 계기를 만들어 그를 감동시켰다는 나카이가 "랸코도를 조선령으로 믿고 동국 정부에 대하청원을 결심했다"라는 영토인식에 근거했다. 일본은 나카이의 그런 인식도 부정하지만, 나카이가 1910년경에도 같은 의견을 피력하여 그런 부정 논리는 성립할 수 없다.

저자는 죽도의 기획된 침탈에 의문을 표하거나 죄의식을 가지는 일도 없다. 그는 일본의 침략과정으로 이루어지는 러시아와의 전쟁에서 승리했다는 사실에 흥분하여 토우고우 대장을 칭송했고, 17세기에 조선인을 납치했던 어민을 "진취의 기상이 풍부하고 불굴의 혼을 소유한 해국남아"라고, 막부의 쇄국정책을 위배하고 밀수를 자행한 어민을 "자성이 대담강건하고 모험의 기상이 풍부하다"라고, 나카이를 "용취진취의 기상이 풍부한 해국의 쾌남아"라고 칭송했다. 납치와 밀수를 자행한 자라 해도, 인국을 침략하는 전범이라 해도 일본의 이익을 꾀하기만 하면 된다는 사고로.. 저자 스스로가 침략자임을 자부하고 있다. 그래서 6세기부터 조선이 영유하고 있었던 섬을 "250년 전부터 오키 어민에게 발견"된 것으로 왜곡하고도 그것을 알지 못했다.

이래서 본서가 전하는 내용은 비록 객관적인 내용이라 해도 제국주의 사상을 근저로 한다는 사실을 인식하고 접해야 한다. 본서가 전하는 울릉도의 풍습이나 조선인의 생활관습도 자의적으로 편집된 것으로 보아야 한다. 조선인을 '온유순박'·'예의를 지킨다' 등으로 설명하면서도 결국에는 '근면저축의 정신이 전혀 없다'라는 식으로 부정하여, '소동이라도 평측음운(平仄音韻)을 읊는 자가 적지 않다'라고 평한 것도 결국은 더 큰 부정을 위한 전제로 보아야 한다.

'전도록수울창(全島綠樹鬱蒼)'했던 울릉도에서 '임상(林相)을 볼

수 없’게 되었다는 기록에서는 불법입국한 일본인들의 남벌상황과
몰락해 가는 원주민들의 경제, 축소되는 조선인의 입지가 엿보인다.
또 일본인과의 이별을 아쉬워하는 16세의 소년을 ‘혜(慧)하여 사랑할
만하다’라고 평한 부분에서는 일본의 침탈정책의 호응여하에 따라
선별적으로 처우하여 친일파를 양성해 가는 일본의 본질과 상황에
따라 친일파가 되어 가는 조선인의 변절을 확인할 수 있다.

要約文

　日本は1905年2月に朝鮮の獨島、日本が松島やリアンクルトと呼んでいた島を竹島と改名して島根縣に編入した。知事松永武吉が1905年に視察したことに次いで事務官神西由太郎以下45人が1906年3月24日から30日まで視察したが、鬱陵島まで調査領域を擴張したという点において知事のそれとは内容を異にする。一行は27日に竹島を視察して鬱陵島に停泊し28日に郡守を訪ねた。10余名が一方的に訪問した席で、日本の巡査部長の通譯で、予定になかったが避難することになったと説明して竹島で獲った海驢を贈り「余は大日本國島根縣の勸業に從事する役員なり、貴島と我が管轄に係る竹島は接近せり」と述べたが、避難を仮装して竹島編入を通告するのが目的であっただろう。

　郡守に竹島で獲ったという海驢を贈呈しながら編入の事實を通報することは、竹島に於いて領有權を行使した事實を確認させる意味をも持つ。そのような領有權の確認は露艦隊を撃破した事實を回想しながら竹島へ松樹を植える儀礼、形式的な調査を終えて島を一周することなどで實施した。松樹を栽植して、付録として和歌欄を設けたことは竹島が天皇の世界の一部として編入された事實の確認であり、それを「新竹島」と称した。從來の松島・リアンクルト、即ち、朝鮮の于山島・子山島・小于山・獨島・石島などと呼ばれた島を鬱陵島を意味する竹島と命名した事實を説明しながら「新竹島」と称して和歌を以て予祝した。

　著者は企畫された侵奪へ疑問を呈することや罪意識を感じることがない。彼は日本の侵略の方法として行われたロシアとの戦争に勝利した事實に興奮して東郷大將を褒め立て、17世紀に朝鮮人を拉致した漁民を「進取の氣象に富み、負けず魂を有せる海國男兒」とし、幕府の鎖國政策を違背して密輸した漁民を「資性大胆剛毅にして、冒險の氣象に富む」、中井を「勇取進取の氣象に富む海國の快男兒」とほめたてた。拉致や密輸した者であっても、隣國を侵略した戰爭犯であっても自國の利益のみ計れば良いという思考で、著者自ら侵略者であることを自負していた。6世紀から朝鮮が領有していた島を「250年前から隱岐漁民が發見した」ものと歪曲して、それを意識すらしていなかったのもその所以である。

　「全島綠樹鬱蒼」した島から「林相を見る能はず」という記録からは不法入國した日本人達の濫伐狀況と沒落していく原住民の経濟、縮小される朝鮮人の立場が窺える。また日本人との別れを惜しむ16歳の少年を「慧にして愛すべし」と評した部分からは日本の侵略政策に對する呼応如何によって選別的に處遇し、親日派を養成して行く日本の本質と、狀況によって親日派になっていく朝鮮人の変節を確認できる。

본서 출판에 대하여

　본서의 원고가 완성된 것은 작년 5월이었다. 당시 2, 3 재료가 아직 조사 중인 것이 있어서, 기다리고　있는 사이에, 진자이 사무관은 실업시찰로 한국에 도항하시고, 이어서 편자도 역시 滿韓여행의 길에 올라, 8월 하순에 귀국하여, 원고를 정리하는 일에 임했다. 마침 진자이 사무관이 나가노켄(長野縣)으로 전임되시어, 출판의 일이 크게 지연되게 되었다. 이리하여 11월 중에 인쇄를 마칠 계획으로 예약을 서둘렀는데, 인쇄소의 태만으로, 금년 2월이 되었는데도, 아직 인쇄에 이르지 못하였다. 이래서 나카시마(中島)군과 협의한 위에, 인쇄소를 변경하여, 얼마 후에 출판을 보게 되었다. 여기에 이 전말을 기록하여 예약한 제군에게 사과(謹謝)한다.

메이지 40년 상순　　　　　碧雲生

定價金貳拾錢

明治四十年四月卅日印刷

明治四十年五月八日發行

　　　　島根縣八束郡秋鹿村大字岡本九拾番屋敷

編者　　　　　　　　奥原福市

　　　　島根縣八束郡津村大字西川津百五拾番屋敷

發行兼印刷者　　　　　前田得一

　　　　島根縣松江市殿町八拾七番地

　發行兼印刷所　　　　　報光社

참고문헌 · 논문

山邊健太郞 『日韓倂合小史』 岩波書店, 1966.

歷史學硏究會編 『日本史年表』 岩波書店, 1966.

川上健三 『竹島の歷史地理的硏究』 古今書院, 1966.
　　　　　權五曄 譯 『日本의 獨島論理』, 白山, 2010년.

堀和生 「1905年 日本 竹 島領土編入」 『朝鮮史硏究会论文集』114, 1987

海野福壽 『韓國合倂』 岩波書店, 1995.

愼鏞廈 『독도, 보배로운 한국영토』 지식산업사, 1996.

梶村秀樹 『朝鮮史』 講談社, 1977.

愼鏞廈 『讀圖領有權資料의 探究』 제1 · 2 · 3권, 獨島硏究保全協會, 1998.

梁泰鎭 『獨島硏究文獻輯』 景仁文化社.

內藤正中 『竹島(鬱陵島)をめぐる日朝關係史』 多賀出版社, 2000
　　　　　權五曄 · 權靜 譯 『獨島와竹島』 제이앤씨, 2005

大西俊輝 『日本海と竹島』 東洋出版, 2003.
　　　　　權五曄 · 權靜 譯 『獨島』 제이앤씨, 2004.

權五曄 · 權靜 『古事記』中 고즈원, 2004.

宋炳基 『울릉도와 독도』 단국대학교출판부, 2005.

池內敏 『大君外交と武威』 名古屋大學出版會, 2006.

內藤正中 · 朴炳燮 『竹島＝獨島論爭』 新幹社, 2007.

內藤正中 · 金炳烈 『竹島 · 獨島』 岩波社, 2007.

大西俊輝 『續日本海と竹島』 東洋出版, 2007.

權五曄 · 大西俊輝 編注 『隱州視聽合紀』 東北亞歷史財團, 2007.

內藤正中 『竹島＝獨島問題入門』 新幹社, 2008.

朴炳涉 · 內藤正中 著, 保坂祐二 譯 『독도＝다케시마 논쟁』 보고사, 2008.

權五曄 · 大西俊輝 주석 『元祿覺書』 제이앤씨, 2009.

權五曄 編注 『控帳』 册舍廊, 2010.

權靜 編譯 『御用人日記』仙人, 2010.

宋炳基 『울릉도와 독도, 그 역사적 검증』 역사공간, 2010.

權五曄·大西俊輝 編注『竹島文談』韓國學術情報, 2010.

內藤正中저, 權五曄·權靜 역주『日本은 獨島/竹島를 이렇게 말한다』, 韓國學術情
報, 2011.

堀和生「1905年日本の竹島領土編入」,『朝鮮史研究会論文集』114, 987년

權五曄「三國史記」의 朴赫居世神話」,『日本文化學報』제31집(韓國日本文化學會, 2006,
11).

權五曄 「安龍福의 일본도해의 의미」,『日本語文學』 第31輯(韓國日本語文學會,
2006, 12).

權五曄「新羅國과 于山國」,『일어교육』제39집(한국일본어교육학회, 2007, 3).

權五曄「隱州視聽合紀와 독도」,『동북아역사논총』18호(동북아역사재단, 2007, 12)

權五曄「于山國의 종교와 독도」,『일본어문학』제35집(한국일본어문학회, 2007,
12)

權五曄「일본의 죽도발견」,『日語教育』제44집(韓國日本語教育學會,2008,6)

權五曄「元祿九丙子年朝鮮舟着岸一卷之覺書」,『日本語文學』第39輯(韓國日本語文學
會, 2008, 12)

權五曄「川上健三說의 虛實(1)」,『日本文化學報』第40輯(韓國日本文化學會, 2009, 2)

權五曄「通政大夫 安龍福」,『日本語教育』(韓國日本語教育學會, 2009, 12).

權五曄「竹島考의 安龍福」,『日本文化研究』(동아시아일본학회, 2010, 1).

權五曄「『控帳』의 竹島와 安龍福」,『日本文化學報』(한국일본문화학회, 2010, 2).

색인

권오엽(權五曄) ─────────────────────

1945년 전북 정읍 출생
현재 충남대학교 인문대학 명예교수
서울교육대학, 국제대학, 북해도대학
동경대학교 학술박사(廣開土王碑文과 天下思想)
일본 『古事記』·『萬葉集』·『平家物語』 연구

일본의 가요, 한일건국신화, 광개토왕비문에 관한 논문 다수
『廣開土王碑文의 世界』, 『독도와 안용복』

『好太王碑 論爭의 解明』, 『廣開土王碑文의 硏究』, 『獨島』, 『獨島와 竹島』, 『古事記와 日本書紀』, 『古事記』 上·中·下, 『隱州視聽合紀』, 『控帳』, 『日本 獨島 論理』, 『竹島文談』, 『일본은 독도를 이렇게 말한다』, 『囮嶋正義 古文書』, 『竹島渡海由來記拔書控』 上·下

오쿠하라 헤키운(奧原碧雲) ─────────────────────

明治 6년에 島根縣 야쓰카군(八束郡) 오카모토무라(岡本村) 현 島根縣 마쓰에시(松江市) 오카모토쵸우(岡本町)에 태어났다. 島根縣 尋常師範學校를 졸업하고, 이이시군(飯石郡) 미토야무라(三刀屋村) 尋常小學校에서 교원생활을 시작했다. 그 후 八束郡 아이가무라(秋鹿村)尋常高等小學校長으로 취임. 교육자로서만이 아니라, 향토사가, 時文家로서도 활약하고, 요사노 텟간(與謝野鐵幹)·아키코(晶子) 부처와도 교류했다. 저서에는 대저 「八束郡志」를 비롯하여 「島根縣名勝地」, 「八束郡秋鹿村志」 등이 있다. 아동용의 독본이나 교가·창가도 많이 손댔다. 昭和 10년에 沒. 본명은 후쿠이치(福市). 碧雲은 호.

竹島及鬱陵島

죽도 및 울릉도

초판인쇄 | 2011년 5월 16일
초판발행 | 2011년 5월 16일

저 자 | 오쿠하라 헤키운(奧原碧雲)
역 주 | 권오엽
펴 낸 이 | 채종준
펴 낸 곳 | 한국학술정보㈜
주 소 | 경기도 파주시 교하읍 문발리 파주출판문화정보산업단지 513-5
전 화 | 031) 908-3181(대표)
팩 스 | 031) 908-3189
홈페이지 | http://ebook.kstudy.com
E-mail | 출판사업부 publish@kstudy.com
등 록 | 제일산-115호(2000. 6. 19)

ISBN   978-89-268-2228-9 94380 (Paper Book)
        978-89-268-2229-6 98380 (e-Book)
        978-89-268-2138-1 94380 (Paper Book Set)
        978-89-268-2139-8 98380 (e-Book Set)

내일을여는지식 ■은 시대와 시대의 지식을 이어 갑니다.